트랜시스 응용 프로그램

TRNSYS 16 사용자 가이드북

서승직 · 최원기 공저

머 리 말

　환경과 에너지 문제는 우리나라 사회 경제 전반에 걸친 구조적 변화를 요구하고 있으며, 최근 정부에서도 '저탄소, 녹색성장'을 표방하고 이에 맞춘 정책을 펴고 있다. 또한 건축 분야에 있어서도 친환경 건축물, 건물 에너지 효율 등급 인증 제도에 대한 정부 및 지자체를 중심으로 다양한 인센티브를 부여해 보급을 장려하고 있으며, 국가 전체 에너지 소비의 약 24%를 차지하는 건물 부분의 에너지 소비를 줄이기 위해 기존의 단열 규제가 아닌 총량 베이스에 기초한 정책을 시범 운영할 계획이다.

　여기에 발맞춰 건축 디자인을 전공하는 학생들을 위해 보다 쉽게 자신이 설계한 건물의 에너지 성능을 종합적으로 평가할 수 있는 방법을 제공하고, 또한 건축 환경과 설비 분야를 전공하거나 기타 관련 분야의 학생들에게 건물 에너지 해석 프로그램의 하나인 TRNSYS 16에 대한 전반적인 이해의 폭을 넓히고자 본 교재를 집필하였다.

　본 교재는 총 4권으로 구성되어 있다. 제1권은 건축물 에너지 해석에 기초가 되는 제반 이론과 유한 차분법 그리고 표준 기상 데이터에 대하여 소개하고 있으며, 이를 통해 정량적 해석을 위해 제반 지식을 습득할 수 있도록 하였다. 제2권은 이전 버전과 비교해 달라진 TRNSYS 16 Simulation Studio 전반에 걸친 상세한 내용과 TRNBuild 사용법을 자세히 소개하고 있어, 디자인을 전공하는 학생들에게 초점을 맞춰 기술되었다. 제3권은 TRNSYS 응용 프로그램인 TRNEdit, TRNFlow, TRNOpt, PREP 그리고 프로그래머 가이드에 대하여 소개하고 있으며, 이를 통해 프로그램 개발자로까지 발전할 수 있도록 구성하였다. 끝으로 제4권은 건축 분야에 많이 사용되는 TRNSYS 컴포넌트에 대하여 소개하고 있다.

　아직 완전한 프로그램 안내서로서의 부족한 점은 많이 있지만 단계적으로 수정·보완해 나갈 것이며, 특히 실무 중심의 안내서가 될 수 있도록 노력해 나갈 것이다.

　끝으로 본 교재 편집에 도움을 준 인하대학교 환경설비 연구실 대학원생들과 출판을 위해 수고를 아끼지 않으신 일진사 사장님과 편집부 여러분께 진심으로 감사를 드린다.

저자 씀

차 례

part 1

트랜에디트(TRNEdit)

제 11 장 TRNSED language reference ································ 100

제 12 장 TRNEdit 메뉴 ······································· 118

● 참고 문헌 ··· 134

part 2

공기 유동 해석, 최적화 및 전달함수 생성
; TRNFLOW, TRNOPT & PREP

part
3

프로그래머 가이드 (Programmer's Guide)

트랜에디트(TRNEdit)

: TRNSED 응용 프로그램 생성 및 입력 파일 편집 프로그램

Part 1에는 TRNEdit 프로그램에 대한 정보는 물론 TRNSYS 입력 파일 문법(TRNSYS Input file syntax)에 대한 설명이 포함되어 있다.

TRNEdit는 TRNSYS Suite의 중심이 되기 위해 디자인된 프로그램인 TRNSHELL로부터 고안되었다. TRNSYS Studio가 TRNSHELL의 역할을 대신하지만, TRNEdit는 여전히 몇 가지 고유한 특징을 제공한다.

- 입력 파일의 텍스트 편집 – 고급 사용자를 위한 것(제 9 장의 9-1절 참조)
- 매개변수 실행(parametric runs)을 위해 지원(제 9 장의 9-2절 참조)
- TRNSED 입력 파일의 편집과 배포 프로그램(distributable programs)의 생성(제 10 장 참조)

제 1 장~제 10 장까지는 접근법에 대하여 설명하고 있다. 전체적인 TRNSED 언어에 대한 설명은 제 11 장에서 제공하고 있으며, TRNEdit에 관한 전반적인 설명은 이 곳에서 제공되고 있다.

TRNSED로 알려진 TRNSYS 기반 자립형 응용 프로그램의 재배포는 특별한 라이센스의 동의에 종속된다. 실제 라이센스 동의는 사용자의 TRNSYS 설치 디렉토리의 [license.txt] 파일에서 제공된다.

이 라이센스 동의에 기본적인 항은 사용자가 무료로 이러한 응용 프로그램을 배포할 권리를 갖는 것이며, 사용자는 만약 이러한 응용 프로그램을 판매하고자 할 경우에는 TRNSYS 개발자와 사전에 접촉하여 협상해야 한다. 만약 사용자가 라이센스에 대한 의문점이 있는 경우에는 사용자에게 TRNSYS를 판매한 사람과 접촉하기 바란다.

어떤 프로그램 배급자는 기본적으로 'Create TRNSED' 함수를 활성화시키지 못할 수도 있다. 만약 이러한 경우에는 'TRNSED/Create distributable' 메뉴 항목은 TRNEdit에서 이용할 수 없게 될 것이다. 사용자는 이것을 활성화시키기 위해 배급자와 접촉해야 한다.

1. 입력 파일 문법(Input file syntax)

TRNSYS 제어문은 3개의 범주로 구성된다. 즉, 시뮬레이션 제어문(simulation control statements)과 컴포넌트 제어문(component control statements) 그리고 목록 제어문(listing control statements)이 그것이다.

- 시뮬레이션 제어문은 TRNSYS 시스템의 운용에 관한 지시를 하며, 시뮬레이션의 길이와 에러 오차와 같은 것을 지정한다.
- 컴포넌트 제어문은 시뮬레이션되는 시스템에서의 컴포넌트와 그의 상호 연결을 지정한다.
- 목록 제어문은 TRNSYS 프로세서의 출력에 영향을 주며, TRNSYS 입력 파일의 마지막에 END문 신호를 보낸다. 어떤 제어문은 TRNSYS에서 요구하는 추가적인 정보를 제공하는 데이터가 수반되어야 한다.

제어문 행의 형식은 유연성이 있다. : 이들은 첫 번째 열에서 시작할 필요는 없으나 적어도 하나의 공백 또는 콤마로 행에서의 각 항목을 분류해야 한다. 완전한 공백만을 갖는 행은 무시된다.

행의 첫 번째 열에 '*'를 갖는 행은 설명 행으로써 해석될 것이다. : 출력은 되지만, TRNSYS에 의해 무시된다. '!' 다음에 오는 모든 문자 또한 무시되며 제 5 장의 설명을 참고하기 바란다.

다음 장에는 각 제어문의 버전에 따른 설명을 포함한다. 그러나 TRNSYS 프로세서는 단지 각 제어의 처음 3 문자만을 요구하며, 공백 또는 콤마로 구분되는 나머지 문자는 무시된다. 각 제어(SIM, TOL, LIM, etc.)의 3 문자만을 남겨둔 요약만으로도 충분하다.

2. 시뮬레이션 제어문

시뮬레이션 제어문은 사용된 허용 오차와 시뮬레이션 지속 시간과 같은 트랜시스 시뮬레이션에 대한 정보를 지정하는 데 사용된다. 여기에는 VERSION, SIMULATION 그리고 END와 같은 많은 제어문이 있으며, 각 시뮬레이션은 반드시 SIMULATIN과 END문을 포함해야 하며 그 외 시뮬레이션 제어문은 선택사항(옵션)이다.

TOLERANCES, LIMITS, SOLVER, EQSOLVER 그리고 DFQ문은 제어문에 포함되지 않을 경우 기본값으로 가정된다. 각 제어문의 활용 및 형식은 2-1절부터 소개되며 CONSTANTS, EQUATIONS, LOOP-REPEAT 그리고 ASSIGN문을 제외한 나머지는 TRNSYS 시뮬레이션에서 각 Type에 단지 하나의 제어문만이 허용된다.

참고로 제어문을 설명하는 각 절 제목 끝에 '*'가 위치하면 이 기능은 TRNSYS 16에 새로이 추가된 것이다.

2-1   VERSION Statement

트랜시스 15에 새로 추가된 문으로 VERSION문은 다음과 같은 형식을 갖는다.

VERSION xx.x

이 명령은 작성된 트랜시스 버전 번호를 부여함으로써 추후 상위 버전의 트랜시스와 호환성를 쉽게 할 수 있을 것이다. 이 버전 번호는 트랜시스 kernal 폴더에 저장되고, 작동될 수 있다. 예를 들어, TRNSYS 버전 16 배포판의 경우, 다양한 Parameters가 Inputs으로 이동되었으며, TRNSYS는 시뮬레이션되는 DECK 파일이 이전 버전으로 생성된 것을 인식할 수 있으며, 이 Parameters은 이동되지 않을 것이다.

2-2   SIMULATION Statement

   모든 시뮬레이션에 반드시 필요한 문으로 첫 번째 UNIT-TYPE문에 선행하여 트랜시스 입력 파일에 위치되어야 한다. 이 SIMULATION문은 시뮬레이션의 시작과 종료 시간을 결정할 뿐만 아니라 시간 간격의 결정에도 사용된다. 이 SIMULATION문의 형식은 다음과 같다.

SIMULATION t_o, t_f, Δt

〈표 2-1〉 시뮬레이션문의 기호 설명

기 호	설 명
t_o	시뮬레이션이 시작되는 연도(year)의 시작되는 시간(누적 시간)
t_f	시뮬레이션이 종료되는 연도(year)의 종료되는 시간(누적 시간)
Δt	시뮬레이션 시간 간격 [hours]

   t_o의 값은 시뮬레이션이 시작되는 해(year)의 시간과 일치해야 한다. TRNSYS 16은 이 시뮬레이션 시작 시간을 지정하는 데 중요한 변화가 있었다는 점을 명심해야 한다. TRNSYS 15나 그 이전 버전의 경우, 시작 시간(starting time)은 첫 번째 시간 간격 (first time step)의 끝에서의 시간으로써 지정되었으나, TRNSYS 16의 경우, 이 시작 시간은 첫 번째 시간 간격의 처음의 시간으로써 지정된다.

   예) SIMULATION 744 912 .25

   즉, 2월 1일부터 일 주일간 1/4 시간(= 15분) 간격으로 시뮬레이션을 행하는 것을 나타낸다.

2-3   Convergence Tolerances(TOLERANCES)

   이 TOLERANCES문은 선택 사항이며, 시뮬레이션이 진행되는 동안에 사용되는 허용 오차를 지정하는 데 사용한다. 이 TOLERANCES문의 형식은 다음과 같다.

| TOLERANCES | ε_D , ε_A | – 상대 오차 |
| TOLERANCES | $-\zeta_D$, $-\zeta_A$ | – 절대 오차 |

<표 2-2> 오차문의 기호 설명 및 기본값

기 호	설 명	기본값
$\varepsilon_D\,(\zeta_D)$	적분 오류를 제어하는 상대(절대) 오차	0.01
$\varepsilon_A\,(\zeta_A)$	입·출력 변수의 수렴을 제어하는 상대(절대) 오차	0.01

단, 새로운 방정식 Solver(Solver = 1)에 대한 오차는 다르게 고려된다. 모든 방정식에 대한 평균 표준 편차(mean standard deviation)가 계산되며, 수렴에 도달하는 지정된 오차보다 작아야만 한다.

지정된 절대 오차값은 모든 연결된 출력값이 ζ_A의 값에 의해 변경되고, 모든 통합 출력값이 ζ_D의 값에 의해 변경될 때까지 TRNSYS가 수렴하지 않도록 지시한다.

예를 들면, 온도값은 ζ_A[℃] 내에 수렴할 것이고, 에너지 플럭스값은 ζ_A [kJ/hr] 내에 수렴할 것이며, 절대습도는 ζ_A [kg$_{H_2O}$/kg$_{Air}$] 내에 수렴할 것임을 나타낸다.

지정된 상대 오차값은 모든 연결된 출력값이 이들 절대값의 1%보다 작은 값($<100\,\varepsilon_A$)에 의해 변경되고, 모든 통합 출력값이 이들 절대값의 1%(100 ε_D)에 의해 변경될 때까지 TRNSYS가 다음 시간 간격으로 이동하지 않도록 지시한다.

만약 TRNSYS 입력 파일 내에 TOLERANCES문이 존재하지 않으면 다음의 오차로 가정된다.

$\varepsilon_D = 0.01$

$\varepsilon_A = 0.01$

TOLERANCES문은 TRNSYS 입력 파일의 어느 곳에 위치해도 된다.

예) 상대 오차값이 모두 0.001로 설정되면, TOLERANCES문은 다음과 같다.

TOLERANCES 0.001 0.001

새로운 방정식 해석기(Solver = 1)의 오차는 다르게 고려된다. 모든 방정식에 대한 평균 표준 편차(mean standard deviation)가 계산되며, 수렴에 도달하기 위해서는 지정된 오차보다 작아야 한다.

2-4 LIMITS Statement

LIMITS문은 선택 제어문으로 미분방정식 그리고/또는 대수방정식이 수렴되지 않음이 결정되기 전에 하나의 시간 간격 동안 TRNSYS에 의해 수행될 반복 횟수에 관한 제한값을 설정하는 데 사용된다.

LIMITS문의 기본 형식은 아래와 같으며, 각 기호의 특징은 〈표 2-3〉과 같다.

LIMITS m n p

〈표 2-3〉 LIMITS문의 기호 설명 및 기본값

기 호	설 명	기본값
m	WARNING 메시지가 출력되기 전 한 시간 간격 동안에 수행될 수 있는 최대 반복 횟수	25
n	시뮬레이션이 오류(error)로 멈추기 이전에 출력될 WARNING 메시지의 최대 횟수	10
p	선택적 제한값	m

만약 어떤 컴포넌트가 한 시간 간격에서 'p'번 호출되면, 이 컴포넌트는 이 시간 간격에서의 모든 연속적인 호출에 대하여 추적하게 될 것이다(3-5절 참조). 그리고 'p'가 사용자에 의해 지정되지 않으면, TRNSYS는 'p = m'으로 설정한다.

만약 LIMITS문이 TRNSYS 입력 파일에 존재하지 않으면, 〈표 2-3〉의 기본값으로 가정된다.

예) 시뮬레이션에 대하여 20번의 경고와 50번의 경고 메시지로 제한하고자 할 경우, LIMITS문은 다음과 같다.

LIMITS 20 50

만약 이 시뮬레이션에서 대수 또는 미분방정식이 20번의 반복과정 동안 수렴되지 않으면 하나의 WARNING 메시지가 출력된다. 20번씩 호출되는 모든 컴포넌트는 이 메시지가 출력되기 이전에 추적된다. 그리고 만약 50번의 WARNING 메시지가 출력되면, 시뮬레이션은 'error' 메시지와 함께 멈추게 된다.

2-5   NAN_CHECK Statement*

TRNSYS 시뮬레이션 디버거를 괴롭혔던 하나의 문제는 Fortran의 경우, 에러로 표시되지 않은 수많은 서브루틴을 통해 지나칠 수 있는 'Not a Number(NaN)' 조건이다. 예를 들어, '0으로 나눔'은 NaN으로 설정되는 변수로 귀결된다. 그리고 이 NaN은 이하의 방정식에 사용될 수 있으며, 이들 또한 NaN으로 설정되는 원인이 된다. 이 문제는 Range Check나 Integer Overflow 오류가 발생하고, 실제로 시뮬레이션 진행이 멈출때까지 지속된다. 이 문제를 완화시키기 위해 NAN_CHECK문이 TRNSYS 입력 파일에 선택적인 디버깅 특징으로써 추가되었다. 이 제어문의 형식은 다음과 같이 매우 간단하다.

NAN_CHECK n

여기서, n은 NAN_CHECK 특징을 사용할 경우에는 '1', 그렇지 않은 경우에는 '0'이다.
만약 NAN_CHECK문이 존재한다면, TRNSYS kernel은 매 반복 과정에서 각 컴포넌트의 모든 출력값을 검사하고, 만약 이러한 출력값 가운데 하나라도 Fortran NaN 조건으로 설정된 것이 있으면 'clean error'를 생성한다. 이 검사는 많은 시간을 소요하므로 시뮬레이션의 실행이 훨씬 느리게 되는 입력 파일에 NAN_CHECK 설정을 하는 것을 사용자에게 권장하지는 않는다.

2-6   OVERWRITE_CHECK Statement*

비표준이고 사용자 작성 TRNSYS Type 경로에서의 일반적인 오류(common error)는 전반적인 출력값 배열에 너무 작은 공간만을 남겨두는 것이다. 기본적으로 각 Type은 전반적인 TRNSYS 출력값 배열에 20개의 위치를 부여한다. 그러나 특정 Type이 예를 들어 21번째 위치에 작성되는 것을 막을 방법이 전혀 없다. 이는 온전한 총체적 출력값 배열은 항상 접근이 가능하기 때문이다.

OVERWRITE_CHECK문을 활성화시킴으로써 TRNSYS kernel은 각 Type이 할당된 위치를 벗어나 작성되지 않도록 검토한다. NAN_CHECK문과 같이 OVERWRITE_CHECK문은 많은 시간을 소요하게 되므로, 시뮬레이션이 에러로 멈출 때의 디버깅 도구로써만 사용되어야 한다. 이 OVERWRITE_CHECK문의 형식은 다음과 같다.

OVERWRITE_CHECK n

여기서, n은 OVERWRITE_CHECK 특징을 사용할 경우에는 '1', 그렇지 않은 경우에는 '0'이다.

2-7   TIME_REPORT Statement*

이 TIME_REPORT문은 각 유닛에 대하여 소요되는 시간을 내부적으로 계산할 것인지 그렇지 않을 것인지를 지정하는 것이다. 만약 이 특징을 사용할 경우, listing 파일의 마지막에 이 정보가 포함된다. TIME_REPORT문의 형식은 다음과 같다.

TIME_REPORT n

여기서, n은 TIME_REPORT 특징을 사용할 경우에는 '1', 그렇지 않은 경우에는 '0'이다.

2-8   CONSTANTS Statement

CONSTANTS문은 동일한 컴포넌트 특징을 가지나 서로 다른 매개변수, 초기 입력값 또는 시간 의존변수의 초기값이 사용되는 많은 시스템을 시뮬레이션할 때 매우 유용하다. 다음 절에 소개되는 EQUATIONS문은 CONSTANTS문의 보다 강력한 버전이지만, CONSTANTS는 TRNSED utility에서 사용될 수 있는 기능을 보유하고 있다.
CONSTANTS문은 다음의 형식을 갖는다.

CONSTANTS n
NAME1 = value1
NAMEi + 1 = valuei + 1
NAMEn = valuen

여기서, NAMEi와 $value_i$는 다음과 같이 지정된다.

● NAMEi는 문자열로 첫 문자 다음에 문자 또는 숫자가 최대 7자까지 허용된다. 만약 8자 이상이 사용될 경우, 9번째 이상의 문자는 무시된다. 그러므로 'A2', 'AIZ' 그리고 'BOY' 등이 유효한 상수명(constant name)이 된다. 문자열 'TEMPERATURE'는 마치 'TEMPERAT'와 같이 처리된다.

● value$_i$는 수치값 또는 간단한 산술식이다. 값은 숫자, 이미 지정된 상수 또는 간단한 표현이 될 수 있다. CONSTANTS 프로세서는 사칙 연산을 이용한 이전에 정의된 상수와 숫자로 작성된 간단한 표현을 인식한다. 일례로,

```
CONSTANTS 2
A = 10
FLW = A * 50
```

간단한 표현은 하나의 중요한 예외를 제외하고 Fortran 산술문과 매우 유사하게 처리된다. 이들 표현들은 일반적인 산술 표현의 선행 계산 순서에 상관없이 항상 좌측에서 우측으로 값이 계산된다. 이 법칙은 긴 표현을 작성할 때 항상 기억해 두어야 한다. 다음의 예제에서 'C'에 할당되는 값을 계산해 보면,

입력 예	결과값
1) CONSTANTS 3	
A = 1	
B = 2	
C = A * B + 2	A = 1, B = 2, C = 4
2) CONSTANTS 3	
A = 1	
B = A + 1	
C = A + B * 2	A = 1, B = 2, C = 6

CONSTANTS 다음에 오는 숫자에 해당하는 행들이 사용된다. TRNSYS 입력 파일의 연속적인 입력 행들의 경우 상수명은 숫자가 요구되는 어디에서든지 표현이 가능하다. 이것이 발견되면 CONSTANTS문에서 지정된 값에 의해 이 상수명은 대체된다.

상수명은 Type 9 DATA READER 또는 서브루틴 DynamicData에 의해 읽히는 수치 데이터의 장소에 나타나지 않을 수 있다는 점을 기억하기 바란다. 하나의 시뮬레이션에 CONSTANT와 EQUATION문에 의해 지정되는 'n' 변수들의 상한값이

있으며, 이 값은 TRNSYS Source Code 디렉토리에 위치한 TrnsysConstants file 내에서 설정된다. CONSTANTS문과 EQUATIONS문의 'n' 값의 한계는 Trnsys-Constants file을 수정하고, TRNDll.dll 파일을 재컴파일링함으로써 변경될 수 있다.

2-9 EQUATIONS Statement

EQUATIONS문은 변수들이 상수, 이전에 지정된 변수 그리고 TRNSYS 컴포넌트로부터의 출력값에 대한 대수 함수로써 지정될 수 있도록 한다. 그리고 이러한 변수들은 TRNSYS 입력 파일의 숫자들을 대신하여 컴포넌트의 입력값으로 표현하는 데 사용될 수 있다.

즉, 매개변수들의 수치값 그리고 시간 의존변수와 입력값의 초기값 등으로 사용이 가능하다는 것이다. EQUATIONS문의 성능은 앞 절에서 소개한 CONSTANTS문과 중복된 것도 있지만 훨씬 초과하는 성능을 가지고 있다.

EQUATIONS문은 다음의 형식을 갖는다.

```
EQUATIONS n
NAME1 = … equation 1 …
NAME2 = … equation 2 …
.
.
.
NAMEn = … equation n …
```

EQUATIONS 프로세서의 법칙과 성능은 다음과 같다.

- 주어진 시뮬레이션 내에서 EQUATIONS과 CONSTANTS문에 의해 최대 n 변수명까지 지정될 수 있다. 만약 더 많은 EQUATIONS 또는 CONSTANTS이 필요하다면 사용자는 TrnsysConstants file을 적당한 값으로 수정하고, TRNDll.dll 파일을 재컴파일링함으로써 변경될 수 있다.
- 필요한 만큼의 EQUATIONS문이 있을 수 있으며, 이들은 TRNSYS 입력 파일 내의 END문 앞의 어느 곳에서나 위치할 수 있다.

- 각 방정식들은 독립된 행에 위치해야 한다. 한 행의 길이는 TrnsysConstants file 의 변수 nMaxEquations에 의해 설정된다. 긴 행들은 TrnsysConstants file을 수 정하고, TRNDll.dll 파일을 재컴파일링함으로써 조정될 수 있다.
- 지정되어야 할 변수명은 문자로 시작되어야 하며, 중요한 수문자 체계(alphanumeric character)를 1에서 maxFileWidth까지 구성해야 한다. maxFileWidth는 TrnsysConstants file 내의 변수 모음이다.

  긴 방정식들은 TrnsysConstants file을 수정하고, TRNDll.dll 파일을 재컴파일 링함으로써 조정될 수 있다. 입력 파일에 상첨자 또는 하첨자가 사용될 수 있으나, 모든 문자들은 내부적으로 상첨자로 전환된다.

  변수명은 선행된 EQUATIONS 또는 CONSTANTS문에 의해 이미 지정된 것을 가질 수 없다. TIME, sin, max 등과 같은 어떤 변수명은 내장함수로 지정되어 있 으므로 변수명으로 지정할 수 없다. 이용 가능한 함수들에 관한 내용은 2-9-1절에 소개된다.
- 변수명을 제외하고, 여백은 방정식의 어디에서도 나타날 수 있으며 읽을 수 있다.
- 지정된 변수는 항상 '='를 수반해야 하며, 단지 하나의 '='만이 방정식에 포함되어 야 한다.
- '=' 우측의 대수 표현은 숫자, EQUATIONS 또는 CONSTANTS문에 의해 지정된 변수명 또는 TRNSYS 컴포넌트들의 출력값을 수반할 수 있다. TRNSYS 출력값들 은 콤마(,) 또는 여백에 의해 분리된 '[   ]' 내에 유닛과 출력 번호를 위치시킴으로 써 인용된다. 즉, [5, 3]은 UNIT 5의 세 번째 출력값을 의미하는 것이다.
- 방정식들은 Fortran에서 사용되는 정확히 동일한 법칙들을 이용하여 작성되어야 한다. '( )'는 필요한 경우 사용 가능하며, '**' 또는 '^'는 지수를 표현하는 데 사용 될 수 있다.

1. 이용 가능한 수학적 함수들

EQUATIONS 프로세서는 다음의 함수들을 인식한다. 그리고 콜론(:)은 인수(argumen)를 표시하는 데 사용되고, 이러한 함수명은 내장되어 있으며, 변수명으로 사용할 수 없다.

- AE (: , : , :) : 첫 번째와 두 번째 인수 사이의 차(difference)가 세 번째 인수의 값보다 작으면 1이 된다.
- ABS (:) : '(   )' 안의 표현식에 대한 절대값을 표시
- ACOS (:) : '(   )' 안의 표현식에 대한 arc cosine으로 [degree] 값
- AND (: , :) : 콤마로 구분된 '(   )' 안 표현식의 Boolean AND 값

- ASIN (:) : '(   )' 안의 표현식에 대한 arc sine으로 [degree] 값
- ATAN (:) : '(   )' 안의 표현식에 대한 arc tangent로 [degree] 값
- COS (:) : '(   )' 안의 [degree] 표현식의 cosine 값
- EQL (: , :) : 콤마로 구분된 첫 번째 표현식과 두 번째와 같으면 1, 그렇지 않으면 0
- EXP (:) : '(   )' 안 표현식의 지수값으로, $e^{(:)}$
- GT (: , :) : 콤마로 구분된 첫 번째 표현식이 두 번째보다 크면 1, 그렇지 않으면 0
- INT (:) : '(   )' 안 표현식의 정수값. 이 함수는 실수값을 잘라낼 것이며, 표현식에 0.5를 더하여, 반올림 처리하기도 한다.
- OR (: , :) : 콤마로 구분된 '(   )' 안 표현식의 Boolean OR 값
- LN (:) : '(   )' 안 표현식의 자연로그값으로, $\ln(:)$
- LOG (:) : '(   )' 안 표현식의 상용로그값으로, $\log_{10}(:)$
- LT (:, :) : 콤마로 구분된 첫 번째 표현식이 두 번째보다 작으면 1, 그렇지 않으면 0
- MAX (: , :) : '(   )' 안에 콤마로 구분된 표현식에서의 최대값
- MIN (: , :) : '(   )' 안에 콤마로 구분된 표현식에서의 최소값
- MOD (: , :) : 첫 번째 표현식을 두 번째 표현식으로 나눴을 때의 나머지. 반복되는 일함수(daily function)는 다음과 같이 시간을 24로 나눈 나머지에 의해 생성될 수 있다.

$$REPEAT = 7 + MOD(TIME, 24)$$

- NOT (:) : 콤마로 구분된 '(   )' 안 표현식의 Boolean NOT 값
- SIN (:) : '(   )' 안의 [degree] 표현식의 sine 값
- TAN (:) : '(   )' 안의 [degree] 표현식의 tangent 값

다음의 변수들은 사전에 지정된 값들을 가지며, 재지정되지 않을 수 있다.
- CONST : 이것은 '상수'를 가리키며, 상수 입력값에 의해 지정되는 유닛과 출력 번호로써 [0, 0]와 상호 교환되는 데 사용될 수 있으며 3-3절에 소개되어 있다.
- TIME : 이것은 시뮬레이션의 현재 시간을 나타낸다.

EQUATIONS 또는 CONSTANTS문에 의해 지정된 변수명은 수치값 또는 Inputs문 다음에 함께 오는 유닛 번호, 출력 번호를 대신하여 사용될 수 있다. Inputs으로써 사용된 변수들은 이들의 성분값이 변경되는 것에 의해 매 시간마다 그 값이 계산된다. 매개변수 또는 입력의 초기값 그리고 시간 의존 양들에 대한 수치값을 대신하여 사용된 변수들은

시뮬레이션이 시작될 때 한 번 값이 평가되므로, TIME 또는 컴포넌트의 출력값으로 보낼 수 없다.

> **주의** : 초기값 또는 매개변수에 사용되는 방정식들은 시뮬레이션이 시작될 때 오직 한 번만 계산될 것이므로, 시간에 따라 값이 변하는 방정식들은 초기값 또는 매개변수로써 사용될 수 없다.

다음 예제는 EQUATIONS 프로세서의 몇 가지 성능을 설명하기 위한 것이다.

```
EQUATIONS 8
Twopi = 2 * PI
PI = 3.1415
abc = 22.5 * (1.005 + 4.19)
TEMP0 = 20
FLOW = [2, 2] + [4, 2]
TIME2 = MOD (TIME, 24)
Load = [20, 5]
Fract = MAX (0,(1-[20, 4]/Load))
UNIT 17 TYPE 34
PARAMETERS 3
TwoPi 32.3 ABC
INPUTS 5
2, 7 FLOW TIME2 Fract 0, 0
0.0 15.0 22.5 abc 15.5
DERIVATIVES 1
TEMP0
```

2. Additional Checking Functions

다음의 함수 모음은 사용자가 상세한 시스템을 지정할 때 오류 검사의 또 다른 수준을 제공하기 위해 사용될 수 있다.

- EQWARN (, ,) : 만약 ‘(   )’ 안의 첫 번째 표현식이 두 번째 표현식과 같으면 1, 그렇지 않으면 0이 됨과 동시에 에러 메시지를 작성한다.
- GTWARN (, ,) : 만약 ‘(   )’ 안의 첫 번째 표현식이 두 번째 표현식보다 크면 1,

그렇지 않으면 0이 됨과 동시에 에러 메시지를 작성한다.

● GEWARN (, ,) : 만약 '( )' 안의 첫 번째 표현식이 두 번째 표현식보다 크거나 같으면 1, 그렇지 않으면 0이 됨과 동시에 에러 메시지를 작성한다.

● NEWARN (, ,) : 만약 '( )' 안의 첫 번째 표현식이 두 번째 표현식과 같지 않으면 1, 그렇지 않으면 0이 됨과 동시에 에러 메시지를 작성한다.

모든 경우에 마지막 인수는 오류의 유형을 설정한다. 즉, 0 = 아무것도 하지 않고, 1 = 사용자에게 경고하며, 2 = 에러를 생성한다. 다음의 간단한 예제를 보여주고 있다.

```
EQUATIONS 7
COLLECTOR_WIDTH = 3.5
N_PIPES = 12
SPACING = 0.3
WIDTH_USED = N_PIPES * SPACING
ERROR1 = GTWARN (WIDTH_USED, COLLECTOR_WIDTH, 1)
*
MAX_SPACING = COLLECTOR_WIDTH / N_PIPES
SPACING_ACTUAL = MIN (SPACING, MAX_SPACING)
```

2-10 Convergence Promotion Statement (ACCELERATE)

ACCELERATE문은 TRNSYS에게 특별한 출력값을 수렴시키기 위한 수렴 속도를 증진할 수치 기법을 사용할 것을 지시한다. ACCELERATE문은 Powell' Method TRNSYS Equation Solver(2-15절 참조)와 함께 사용되지 못한다. 그러나 ACCELERATE문은 대수적 반복 과정이 명백히 동일한 문제를 야기시킬 때 수치적 수렴을 증진시키는 강력한 방법이다.

ACCELERATE문의 형식은 다음과 같다.

```
ACCELERATE n
    u1, o1 u2, o2 ⋯ ui, oi ⋯ un, on
```

<표 2-4> ACCELERATE문의 기호 설명

기 호	설 명	비 고
n	수렴 속도를 증가시킬 Outputs의 개수	50개 이하
ui	수렴 속도를 증가시킬 Outputs의 Unit 번호	
oi	수렴 속도를 증가시킬 Unit ui의 Outputs 번호	

　단지 하나의 ACCELERATE문만이 허용되며 최대 50개의 출력값에 대하여 지정된다. ACCELERATE문은 TRNSYS 입력 파일 내에서 SIMULATION문과 END문 사이의 어느 곳이든지 위치할 수 있다.

　ACCELERATE문의 목적은 시뮬레이션의 매 시간 간격마다 수렴하는 데 필요한 반복 횟수를 줄이는 것이다. 특히 이것의 사용은 Recyclic Information Loops를 갖는 시뮬레이션에서 효과적이다. [그림 2-1]은 k 컴포넌트를 포함한 Recyclic Information Loop를 나타낸다. 컴포넌트 k의 Output은 $f(x)$라 칭하는 첫 번째 컴포넌트의 입력값 x로부터의 결과이다. 수렴에 있어 TOLERANCES 제어문에서 지정된 대수 오류 오차 (algebraic error tolerance) 내에서 x는 $f(x)$와 같다.

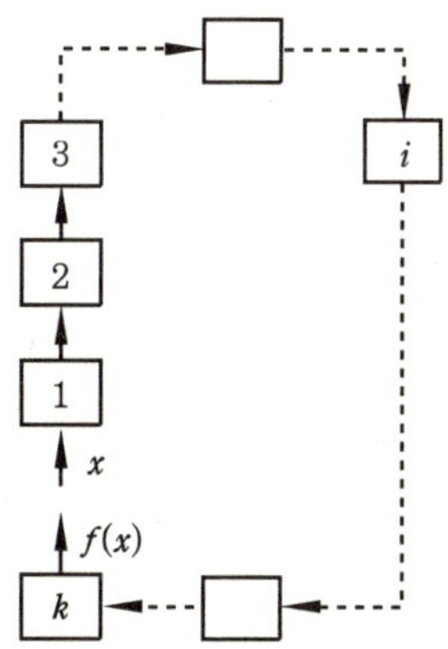

[그림 2-1] Recyclic Information Flow

　[그림 2-2]는 이러한 상황에 대한 연속 치환법을 이용하는 예를 보여준다. 이 반복 과정은 첫 번째 컴포넌트의 입력값으로써 초기 예상값 x_1으로 시작한다. Information Loop가 진행된 다음에 출력값 $f(x_1)$은 컴포넌트 k에 의해 제공된다. 그리고 이 출력은 첫 번째 컴포넌트의 입력에 대하여 두 번째 예상값 x_2으로써 사용된다. 해는 함수 $f(x)$ 곡선과 $f(x) = x$와의 교점에서 발생한다.

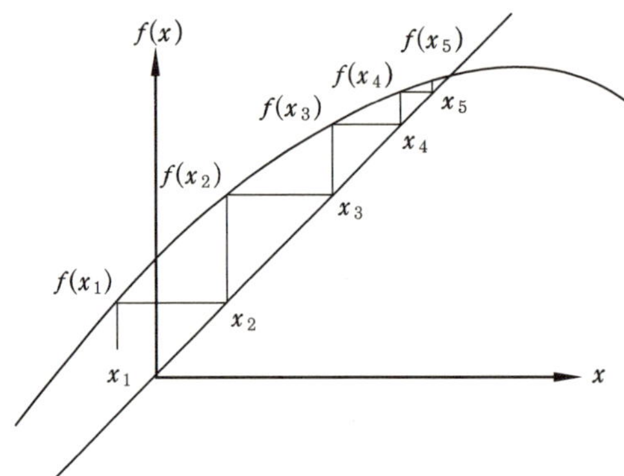

[그림 2-2] 연속 치환법에 의한 수렴

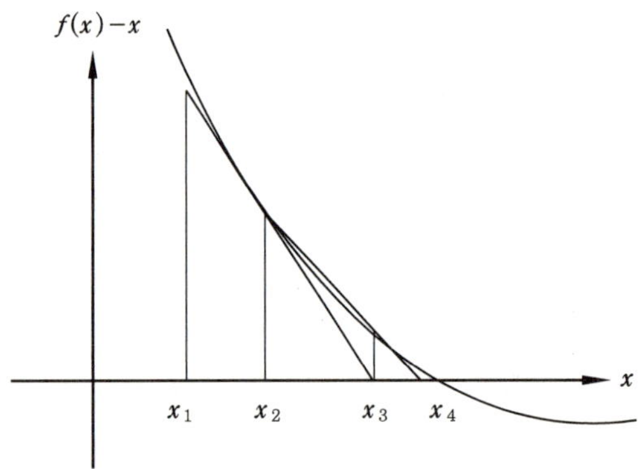

[그림 2-3] 할선법에 의한 수렴

이 시스템의 수렴은 컴포넌트 1의 출력에 대한 ACCELERATE문을 사용함으로써 개선될 수 있다. 이 경우, TRNSYS는 $f(x) = x$에 대한 해를 찾기 위해 할선법(secant method)을 사용할 것이다. 연속 치환법의 두 번의 반복 후에, x의 가장 최근의 값과 $f(x) - x$가 [그림 2-3]에서 설명된 직선 해를 평가하기 위해 사용된다. x_1과 x_2의 이전 평가는 새로운 예상값 x_3을 낳는다.

[그림 2-3]에 나타난 예제의 경우, x_2와 x_3은 해에 매우 근접한 값에 도달하는 데 사용된다. 만약 x의 새로운 예상값이 이전 예상값보다 해에서 더 멀어진다면 할선법은 취소되고, 다시 다음 두 번의 반복 과정을 위한 연속 치환법이 적용된다. 이러한 방법을 통해 TRNSYS 알고리즘은 제어함수의 변경에 의해 잘못된 해에 대하여 보호한다.

ACCELERATE문은 제어기의 On/Off 속성에 기인한 제어 신호의 새로운 값을 계산하는 데는 사용될 수 없다.

2-11 Calling Order Specification Statement (LOOP)

LOOP문은 사용자가 시뮬레이션이 진행되는 동안 컴포넌트의 호출 순서에 있어 약간의 조절을 할 수 있도록 한다. LOOP문은 TRNSYS Manual '08-Programmer's Guide'에서 소개된 Powell' Method TRNSYS Solver(Solver 1)과 함께 사용되거나 필요로 하지 않는다. LOOP 명령은 거슬러 올라가는 능력을 보유하고 있으며, 그 형식은 다음과 같다.

LOOP n REPEAT y

u1 u2 ⋯ un

〈표 2-5〉 LOOP문의 기호 설명

기 호	설 명	비 고
n	LOOP 안에서 호출된 Unit 번호	50개 이하
y	Unit가 호출될 횟수	
ui	Unit 번호	

최대 10개의 LOOP문이 TRNSYS 입력 파일에 나타날 수 있으며, 이들은 SIMULATION문과 END문 사이의 어느 곳이든지 위치할 수 있다. 총계 250개의 유닛이 10개의 LOOP문에 나열될 수 있다.

TRNSYS는 단지 수렴되지 않은 Inputs이나 도함수의 존재 [(INFO(5)>0)]에 의해서나 다른 시간함수 [(INFO(9) = 1)]에 지시된 시뮬레이션의 시간에 명백히 의존하는 Outputs의 컴포넌트 서브루틴만을 반복적으로 호출한다.

만약 LOOP문이 TRNSYS 입력 파일에 존재하지 않으면, 유닛들이 호출되는 순서는 몇 가지 예외를 제외하고는 TRNSYS 입력 파일에 이들이 나타난 순서와 동일하다.

계산 순서는 입력 파일에서 컴포넌트들의 순서를 간단히 재배치시키면 어느 정도 변경될 수 있다. 계산 순서가 정보의 흐름 방향과 동일할 경우, 가장 효과적인 계산 설계가 된다. 비록 유닛들이 호출되는 순서가 시뮬레이션의 결과에는 영향이 없을지라도, 요구되는 계산량에는 영향을 미치기 때문이다. 그리고 TRNSYS는 시뮬레이션 Output의 끝부분에 각 유닛이 호출된 횟수를 요약한다.

특히 멀티 재순환 정보 흐름 루프(multiple recyclic information flow loop)를 갖는 몇몇 시뮬레이션의 경우 몇몇 유닛들을 여러 번 호출하는 이점이 있으며, 시뮬레이션 파일 내의 존재하는 다른 유닛들이 호출되기 이전에 이들 유닛들이 국소 해(local solution)에 수렴할 수 있도록 한다. 이 Type의 제어는 LOOP문을 통해 가능하다.

LOOP문의 운용은 다음의 간단한 예제에 의해 가장 잘 설명된다.

지시된 순서에서 다음의 유닛과 LOOP문을 포함한 TRNSYS 입력 파일을 고려하자.

```
UNIT 1 TYPE 12
 .
 .
 .
UNIT 5 TYPE 13
 .
 .
 .
UNIT 2 TYPE 14
 .
 .
 .
LOOP 3 REPEAT 2
1 3 2
UNIT 3 TYPE 36
 .
 .
 .
UNIT 7 TYPE 37
 .
 .
 .
```

LOOP문이 없으면 TRNSYS는 입력값을 검토하기 위해 지정된 오차 범위 내에 수렴할 때까지 호출이 필요한 경우, Units 1, 5, 2, 3, 7을 이 순서대로 반복해서 불러와야 한다. LOOP문의 경우 각 반복 과정에서의 호출 순서는 Units 1, 5, 2, 1, 3, 2, 1, 3, 2, 3, 7이 된다. 비록 호출 순서는 변경되었지만, 만약 이 Unit의 입력값이 이전에 호출한 값과 오차 범위 내에 일치하지 않으면, TRNSYS는 단지 한 유닛만을 호출할 것이다.

2-12 Differential Equation Solving Method Statement (DFQ)

선택적인 DFQ Card는 사용자가 미분방정식을 수치적으로 해석하기 위해 TRNSYS에 내장된 세 가지 알고리즘 중 하나를 선택할 수 있도록 한다.
DFQ Card의 기본 형식은 다음과 같다.

DFQ k

<표 2-6> DFQ문의 k값에 따른 특징

k	설　　　　　　명	비　고
1	Modefied-Euler's Method (a 2nd Order Runge-Kutta Method)	기본값
2	Non-Self-Starting Heun's Method (a 2nd Order Predictor-Corrector Method)	
3	Fourth-Order Adams Method (a 4th Order Predictor-Corrector Method)	

이들 알고리즘에 관한 설명은 (Chapra and Canale, 1985)과 대부분의 수치 해석 서적을 통해 쉽게 찾을 수 있다.

세 가지 알고리즘 모두 매 시간 간격에서 시스템 모델을 구성하는 대수 및 미분방정식을 TRNSYS가 동시에 해석할 수 있도록 한다. 비록 '4th Order Predictor-Corrector Method'와 같은 고차적 방법은 향상된 정확성과 경감된 계산 시간을 보이겠지만 이것은 대수 및 미분방정식을 동시에 해석하기 위해 필요한 것이기 때문에 TRNSYS 시뮬레이션에서는 일반적인 경우가 아니다.

일반적으로 'Heun's Method'가 가장 효과적이라고 하지만, 'Modified Euler Method'는 많은 컴포넌트에서 사용된 미분방정식들을 푸는 해석적인 방법에 있어 가장 안정된 방법임이 경험적으로 증명되었다.

2-13 Convergence Check Suppression Statement (NOCHECK)

TRNSYS는 수렴을 체크하기 위해 최대 20개의 다른 Inputs를 Inputs 목록으로부터 제거할 수 있도록 허용한다. 이것은 NOCHECK문의 사용을 통해 행해지며, 그 형식은 다음과 같다.

NOCHECK n
u1, i1 u2, i2 ··· ui, ii ··· un, in

〈표 2-7〉 NOCHECK문의 변수 설명

기 호	설 명	비 고
n	수렴 체크를 수행하지 않는 Inputs의 개수	n ≤ 20
ui	수렴 체크를 수행하지 않는 Input의 유닛 번호	
ii	수렴 체크를 수행하지 않는 Input의 유닛 번호의 Input 번호	

단지 하나의 NOCHECK문만이 허용되며, 이것은 END문 앞의 어느 곳이든지 위치 가능하다.

유닛 앞에 (−) 부호를 위치시킴으로 하나의 Input 명세에서의 Output 쌍은 수렴 체크를 금지하지 못할 것이므로, 대신에 NOCHECK문을 사용해야 한다.

이 NOCHECK문은 TRNSYS 프로세서의 기본적인 에러 검사 함수를 금지할 수 있으므로 매우 주의해 사용되어야 하며, 시스템의 정보 흐름의 주의깊은 분석 없이 적용될 경우 신뢰할 수 없는 부정확한 결과를 산출할 수 있다.

다음은 이 옵션이 적용되어 훌륭한 결과를 얻을 수 있는 상황에 관하여 설명한다.

시뮬레이션의 어떤 Types은 에너지 흐름과 온도 모두를 입력값으로써 갖는 컴포넌트를 필요로 한다. 예로 탱크 또는 rock-bed 에너지 손실이 난방 공간에 추가된 주택 난방 공간이 있다. 이 주택 모델(Type 12 또는 Type 19)은 온도와 축열 유닛으로부터 유체의 질량 유량을 입력값으로 요구한다. TRNSYS는 컴포넌트의 입력값에 대수적 수렴 시험을 적용하기 때문에, 이 경우 실내로의 입력값으로 유체 온도, 질량 유량 그리고 열 손실이 수렴을 위해 검토될 것이다. 만약 기본 오차를 이용한 상대적 수렴 시험이 모든 입력값과 온도가 100℃ 근처의 축열(저장) 유닛에 적용되면, 축열(저장) 유닛의 출구 온도에 있어 1℃ 미만의 변화는 수렴 시험을 만족할 것이다. 왜냐하면, 이것은 입력값 크기의 1% 미만이기 때문이다. 축열 손실은 3000과 유사하게 될 것이며 한 번의 호출에서 다음 호출까지 수렴에 도달하기 위해서는 30 미만으로 변화해야 할 것이다. 만약 축열 유체의 질량 유량이 많으면, 주택의 입구 온도에 있어 1℃의 변화는 전달되는 에너지에 있어 큰 변화를 나타내게 될 것이다. 이러한 환경 조건 하에서 기본 에러 오차는 아마도 열악한 에너지 평형의 원인이 될 것이다.

에너지 평형 문제에서의 해는 시뮬레이션에서의 절대 오차를 사용해야 한다. 이것은 시뮬레이션 입력 파일 내에 'TOLERANCES -0.1, -0.1'문을 삽입함으로써 행해질 수 있다. 이렇게 지정된 오차의 경우, 유닛의 입력은 대수적 수렴에 도달하기 위해 TRNSYS가 정하는 것에 앞서 크기가 0.1 이하로 변화해야 할 것이다. 이것은 주택으로의 축열 유체의 온도 입력에 대한 합리적인 요구로 이것은 100 근처이기 때문이다. 그러나 축열 유닛의 에너지 손실은 훨씬 크게 되며, 주택과 축열 유닛의 온도의 변화에 민감하게 된다. 그 결과 반복 계산은 시스템 온도에 있어 사소한 변화에 축열 손실은 민감하게 반응하기 때문에 연결된 온도의 수렴을 위해 요구되는 설정점을 훨씬 벗어나 나아가게 된다. 이와 같은 상황은 시뮬레이션 실행에 있어 느리고 값비싼 대가를 낳게 될 것이다.

이것은 TRNSYS 사용자에게 2개의 동등한 비합리적인 대안만을 넘겨준다. 첫 번째는 기본적인 오차(상대 오차)를 사용하는 것으로 열악한 에너지 평형을 가져온다. 두 번째는 절대 오차를 사용하여 주택 모델에서 축열 유닛 에너지 손실을 제거하는 것이다. 이들 어떠한 대안도 시스템의 열적 거동의 정확한 특징을 제공하지 못할 것이다. 이러한 문제에 대한 방법은 적절한 에너지 평형을 얻기 위해 절대 오차를 사용하고, NOCHECK문을 사용하여 수렴에 대한 주택 모델의 Tank 손실 입력을 TRNSYS에서 검토하지 않도록 하는 것이다.

NOCHECK문은 TRNSYS가 특히 역해석(back-solving)이 사용되는 Powell's Method Solver를 채택할 때 특히 중요하게 된다. Powell's Method TRNSYS Solver를 사용할 경우, 제어 신호와 다른 특정 TRNSYS Input Types은 검토되지 않는다.

이 Solver에 대한 보다 상세한 설명은 다음 2-14절에 소개된다.

2-14 Equation Solving Method Statement* (EQSOLVER)

TRNSYS 버전 16의 경우, EQUATIONS문 블록을 해석하기 위해 새로운 방법들이 추가되었다. EQUATIONS문에 대한 추가적인 정보는 2-9절에 소개되어 있다.

EQUATIONS 블록이 해석되는 순서는 EQSOLVER문에 의해 조절되며, 이 명령의 형식은 다음과 같다.

EQSOLVER n

〈표 2-8〉 EQSOLVER문의 n값에 따른 특징

n	설　　　　　　　　명	비 고
1	컴포넌트의 출력 또는 TIME이 변화하면, 이 값들에 의해 Equations Block이 업데이트된다. 그리고 첫 번째 Equations Block에 의존하여 컴포넌트가 업데이트된다. 모든 방정식들이 적절히 업데이트될 때까지 반복 루프가 계속되며, 이 방정식 블록화 방법은 TRNSYS 버전 15 이전에서 사용된 방법과 가장 유사하다.	기본값
2	만약 컴포넌트 출력 또는 TIME이 2-3절의 TOLERANCES문에서 설정된 값 이상으로 변화하면, 이들 값들에 따른 Equations Block이 업데이트된다. 그리고 첫 번째 Equations Block에 의존하여 컴포넌트들이 업데이트된다. 모든 방정식들이 적절히 업데이트될 때까지 반복 루프가 계속된다.	
3	컴포넌트로써 방정식들을 처리하며, 모든 컴포넌트들이 업데이트된 후에 이들을 업데이트한다.	

2-15 SOLVER Statement*

　TRNSYS는 주어진 시스템을 모델화하는 대수 및 미분방정식이 결합된 시스템을 해석하기 위한 두 가지 방법("Successive Substitution" Method와 "Powell's" Method)을 포함하고 있다.

　SOLVER문은 컴퓨터를 사용한 도식을 선택하기 위해 TRNSYS에 추가되었다. 선택적인 SOLVER card는 사용자가 TRNSYS에 내장된 두 알고리즘 중 하나를 선택할 수 있도록 하며 대수 및 미분방정식의 시스템을 수치적으로 해석할 수 있도록 한다. SOLVER card의 형식은 다음과 같다.

SOLVER k

　여기서, k는 0 또는 1의 정수이다. 만약 SOLVER card가 TRNSYS 입력 파일에 존재하지 않으면, 기본값으로 SOLVER 0이 가정된다. 만약 k = 0이면, SOLVER문은 2개의 추가적인 매개변수 RFmin와 RFmax를 수반한다.

SOLVER 0 RFmin RFmax

이 두 해석 알고리즘은 다음과 같다.
- 0 : Successive Substitution
- 1 : Powell's Method(Powell, 1970a and 1070b)

이들 알고리즘에 관한 설명은 참고문헌 또는 대부분의 수치 해석 서적에 잘 나타나 있다. 그리고 2-15-1절과 2-15-2절에 간단히 소개된다.

1. Solver 0 : Successive Substitution

이 'Successive Substitution' 기법의 경우, 주어진 모델의 출력값은 시스템에서 다음 모델의 입력값으로 대체(치환)된다. 따라서, 이 다음 모델의 성능은 재계산되며, 이 출력값이 그 다음 모델의 입력으로 대체(치환)된다.

이러한 치환은 주어진 시간 간격에서 모든 연결된 출력값들의 교환이 끝날 때까지 계속된다. 즉, 이들 교환은 TOLERANCES문에 의해 정해진 것보다 작다. 이 시점에서 TRNSYS kernel은 수렴에 도달하여 다음 시간 간격에서 시뮬레이션이 진행되도록 하는 과정을 처리하도록 간주한다.

일반적으로 말하면, TRNSYS는 시간 간격당 적어도 한 번은 모든 컴포넌트를 호출한다. 그리고 TRNSYS Solver는 동일한 시간 간격 동안 호출되어야만 하는 컴포넌트(적어도 하나의 입력값이 지정된 오차를 호출하는 범위를 벗어나 변경되는 컴포넌트에 한하여)를 추적한다.

모든 컴포넌트가 수렴되거나 최대 반복 횟수에 도달하면, TRNSYS는 다음 시간 간격으로 진행한다.

주의 : 어떤 컴포넌트는 INFO(9)의 값에 의존하여 다른 거동을 갖는다. 예를 들면, 프린터는 정상적인 반복 과정의 일부분이 아니므로, 이들은 단지 다른 모든 컴포넌트들이 수렴된 후에 호출된다. 이에 관한 자세한 설명은 TRNSYS Manual '08-Programmer's Guide'를 참고하기 바란다.

비록 상대적으로 간단하지만, 대부분의 TRNSYS 시뮬레이션에서 사용되는 연속 치환 컴퓨터 기법은 태양열 가정용 급탕 시스템, 건물, HVAC 시스템과 같은 에너지를 저장하는 시스템들을 시뮬레이션하기에 효과적이며 신뢰할 수 있는 것으로 증명되었다.

이들 시스템들은 Re-cyclic Loop와 제어기 신호에 거의 영향을 받지 않는 50쌍 이하의 미분방정식과 100개 이하의 동시적 선형인 대수방정식들을 갖는다. TRNSYS가 미분방정식이 없는 비선형 대수방정식 모음을 해석하는 데 사용될 경우, 컴퓨터를 이용한 기법의 한계는 명백하다. 이 유형의 방정식들은 에너지 저장이 무시할 정도로 사소한 경우의 시스템에서 발생한다. 즉, 부하와 직접적으로 연결된 태양광 발전 시스템이나 정상상태 조건에서 운전되는 냉동기 시스템이 그것이다. 연속 치환 해석 기법(successive substitution solution method)은 비선형 대수방정식을 해석하는 데 효과적이지 않으며 사실상 방정식들이 상당히 비선형적이면 해를 찾을 수 없을 수도 있다.

만약 수치적 문제점들의 원인이 되는 대수방정식 루프들이 명백히 일치한다면, ACCELERATE문이 이 문제점을 해석하는 데 사용될 수 있다. 또 다른 경우, Solver 0에 수치적 이완법을 추가시켜 관련된 수치적 문제점의 유형에 따른 속도와 신뢰성을 향상시킬 수 있다. 이 두 가지 방법은 다음에 설명된다.

(1) The ACCELERATE Statement

ACCELERATE 명령은 Re-cyclic 정보 흐름을 갖는 문제에서 수렴을 개선하기 위해 TRNSYS 버전 13부터 추가되었다. ACCELERATE 명령은 사용자가 선택된 Input-Output connection을 깨뜨리고, 이것은 단일 변수 Newton's Method Solution Algorithm으로 대체하는 것을 허락한다.

비록 많은 환경 조건에서 유용한 방법이지만, ACCELERATE 명령은 다음 두 가지 이유로 불만족스러울 수 있다. ; ① 이것은 사용자에게 적절한 Input-Output connection인지를 확인할 것을 요구한다. ② 이것은 많은 상황에서 다중 변수법(multiple variable solution method)이 요구될 때도 단일변수 해석법(single variable solution method)으로 이행한다. TRNSYS 16 이전 버전에서 다뤘던 수치적 수렴 문제에 있어 또 다른 방법은 컴포넌트 모델 내에 수렴 향상을 위한 기법을 사용자가 코딩하는 것이다. 예를 들어, 기기의 2개 또는 그 이상의 부분을 묘사하는 비선형 방정식들이 내부적으로 단일 컴포넌트 모델로 해석된다는 점에서 TRNSYS에 통합 컴포넌트(combined component) 모델들이 개발되었다.

비록 통합 컴포넌트 모델들은 수치적 문제들을 배제할 수 있지만, 이들은 컴포넌트 모듈 방식을 줄이고 사용자가 해석 기법을 수행할 것을 요구하므로, TRNSYS의 본래 목적을 파괴하는 것이다.

(2) Numerical Relaxation

Numerical Relaxation은 몇 가지 분류의 문제점에 관한 TRNSYS Solver 0의 성능을 상당히 향상시키는 것으로 증명되었다.

건물에서의 공기 유동과 온도의 결합은 이러한 문제의 일반적인 예로 연속 치환법을 사용할 경우 쉽게 해석되지 않는다. 그래서 TRNFLOW에서 성공적으로 적용 (Weber et al., 2003)이 된 후, TRNSYS kernel에 수치적 이완법의 수행이 결정되었다.

다음의 간단한 예는 수치적 이완법의 목적을 설명하는 데 사용될 수 있다.
먼저 다음의 방정식 시스템을 고려해보자.

$$\begin{cases} y = ax + b \\ y = x \end{cases} \tag{2-1}$$

Solver 0은 단지 이 시스템을 $-1 < a < 1$에서만 해석할 것이다.

TRNSYS 시뮬레이션에서 만약 2개의 Units이 Re-cyclic Information Loop로 연결된 경우에 이 방정식 시스템이 나타나며, [그림 2-4]는 이 시스템의 개념도를 정리한 것이다.

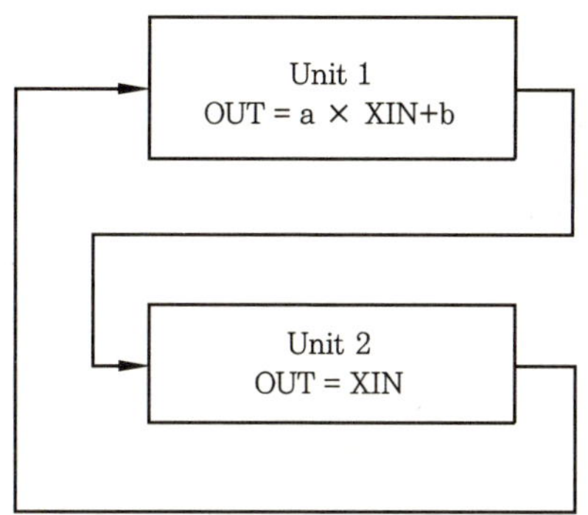

[그림 2-4] TRNSYS에서의 간단한 선형 방정식

- Unit 1 : $OUT_{1,1} = a \times XIN_{1,1} + b$
- Unit 2 : $OUT_{2,1} = XIN_{2,1}$
- Connections : $XIN_{2,1} = OUT_{1,1}$와 $XIN_{1,1} = OUT_{2,1}$

[그림 2-5]는 Solver 0이 $a = -1$과 $b = 1$을 갖는 이러한 문제를 해석하기 위해 시도하는 방법을 보여준다.

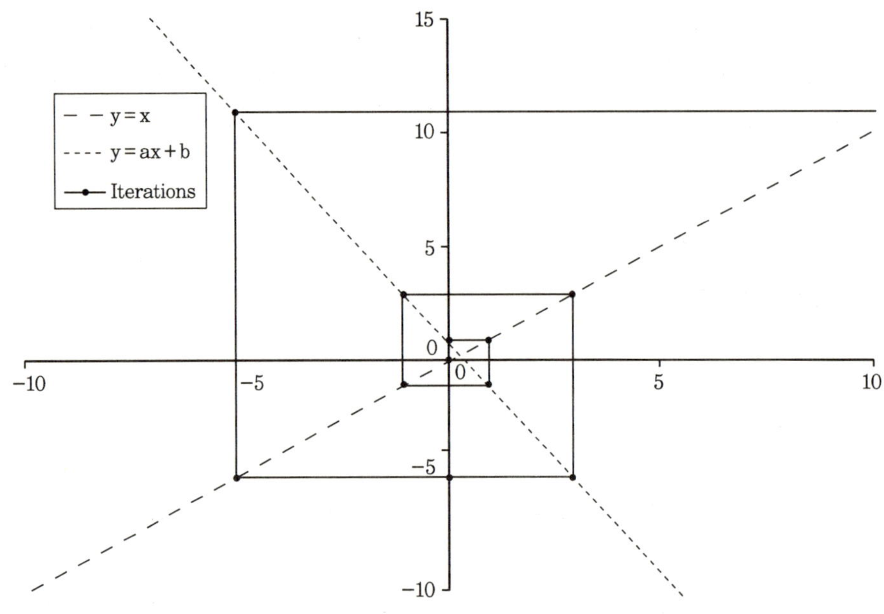

[그림 2-5]   이완법이 없는 Solver 0

추정값 0에서 시작하여, 유닛 1의 출력의 연속적인 값은 다음과 같다. : 1, −1, 3, −5, 11, −21 등. 해 $x = y = 1/3$는 결과에 도달하지 못할 것이다.

이완법은 이들 변화를 제한하기 위한 출력값에 약간의 제동을 추가하는 것으로 구성되며, 일반적인 형식은 다음과 같다.

$$OUT_{n+1} = OUT_n + RF\left(OUT_{n+i} - OUT_n\right) \tag{2-2}$$

여기서, RF는 이완 계수로 $0 \leq RF \leq 1$이다. 만약 RF = 1이면, 이완법이 적용되지 않은 Solver 0임을 나타난다.

그리고 RF = 0이면, 아무런 Solver도 없음을 나타내며, OUT은 상수로 일정하게 된다.

동일한 예제(a = −2, b = 1)를 갖고, RF가 2/3보다 작으면 연속 치환법은 해에 수렴될 것이다.

예를 들면, RF = 0.4이면, 이 출력의 연속적인 값은 0.400, 0.320, 0.336, 0.333이 되며, 그 개념도가 [그림 2-6]이다.

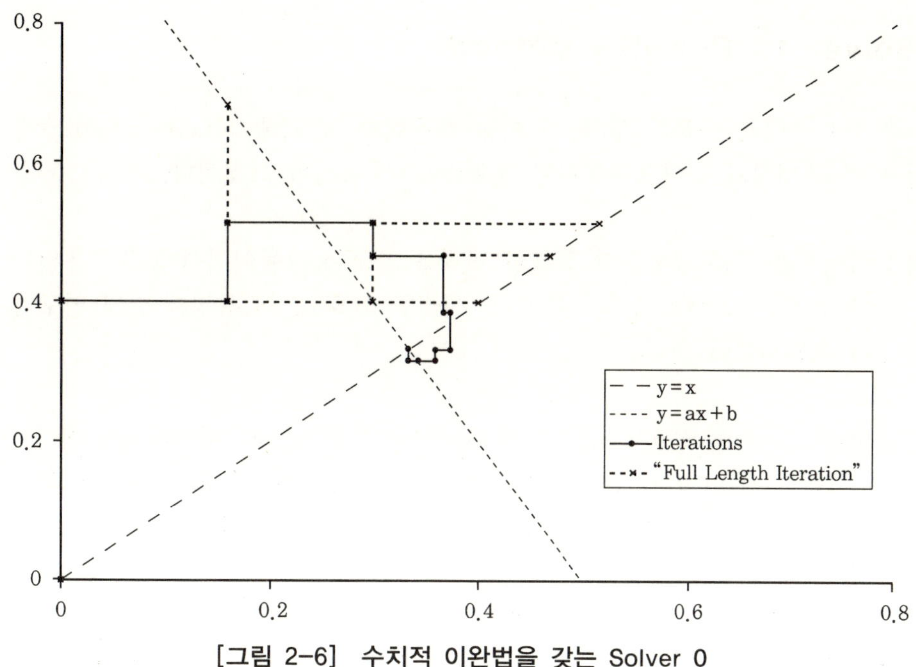

[그림 2-6] 수치적 이완법을 갖는 Solver 0

주의 : 만약 $a > 1$이면, 수렴을 이끄는 RF의 (+) 값을 찾는 것은 불가능하다. 이 경우에는 (−) 값의 RF를 사용할 필요가 있다.

(3) Implementation of the Relaxation in TRNSYS

이완 계수는 각 출력에 대하여 독립적으로 선택되며, 이 출력은 이완 계수를 수정하기 위한 채택된 법칙인 다음의 EMPA에 의해 제안된 것에 의해 수정된다.

만약 $((OUT_{n+1} - OUT_n)(OUT_n - OUT_{n-1}) < 0)$이면,

$$RF_{n+1} = \frac{RF_n}{2} \tag{2-3a}$$

그렇지 않으면,

$$RF_{n+1} = 1.5\, RF_n \tag{2-3b}$$

바꿔 말하면, 이완 계수는 해가 진동하면 (× 0.5)를 통해 감소하며, 해가 같은 방향으로 계속 진행하면, (× 1.5)를 통해 증가하게 되는 것이다.

2. Solver 1 : Powell's Method

Solver 1의 개발은 다음의 두 가지 이유 때문이다. : 역해석(back-solving)에 대한 필요성과 이산 제어기 출력으로부터의 진동(oscillation)이 그것이다.

주의 : 역해석은 드문 경우지만 특정한 법칙을 따르는 시뮬레이션에서 사용되는 모든 TRNSYS 컴포넌트에서 요구된다. 이러한 이유로, 이 특징은 단지 연구 분야에서 고려되어야 한다.

또한, Discrete-state Controllers는 Solver 1을 사용하는 데 채택되어야 한다. 한 예로 이것은 이력 현상(hysteresis)을 갖는 On/Off Controller인 Type 2에 의해 주어진다. 사용자가 Solver 1에 대한 제어기를 개발하고자 한다면, 템플릿으로써 Type 2를 사용하여야 한다.

선택된 Solver와 예측할 수 없는 결과(그러므로 Type 2에 의해 오류 메시지가 생성됨)를 유도할 수 있는 컴포넌트에 의해 예정된 Solver 사이의 불일치에 대하여 주목할 필요가 있다. 일반적으로 Solver 0을 사용하고, Solver 1로 전환하기 전에 감소된 time steps과 time delays를 고려할 것을 권장한다.

(1) Back-Solving and Discrete Variables in TRNSYS

TRNSYS에서 Inputs과 Outputs 사이의 구분은 컴포넌트 모델의 일반적인 법칙에 한계를 두는 것이다. 하나의 모델이 방정식화 될 때, 반드시 Inputs가 되는 것과 Outputs가 되는 것을 결정하여 생성해야 한다. 예를 들면, 모델은 주어진 질량 유량과 온도에 대한 에너지 흐름을 계산하기 위해 개발된다. 그러나 또 다른 응용에서 에너지 이동량을 알 수 있으며 모델을 질량 유량을 계산해야 한다. 동일한 물리적 모델이 여기에 사용되지만, Inputs과 Outputs은 서로 다르다. 정상적으로 TRNSYS는 정보 흐름의 변경을 조절하기 위해 서로 다른 컴포넌트 모델(모드)을 필요로 한다. 그러나 Powell's Method Solver는 TRNSYS 방정식들을 역해석할 수 있으므로 효과적으로 다음에서 설명되는 것처럼 주어진 Output에 대하여 Input를 해석할 수 있다.

어떤 TRNSYS 컴포넌트 모델 내의 방정식들은 다음의 일반적인 형식으로 줄어들 수 있다.

$$\dot{X}_i = D_i(X_i, \dot{X}_i, U_i, t) \tag{2-4}$$

$$\dot{X}_i = F_i(U_i, t) \tag{2-5}$$

여기서, U_i와 X_i는 각각 i번째 모듈에 대한 Inputs과 Outputs의 벡터이며, t는 시간 그리고 D_i와 F_i는 각각 미분 및 대수방정식을 표현하는 함수이다.

유사한 방정식들의 모음은 모든 컴포넌트에서 결합된 방정식 모음에 대하여 작성될 수 있다.

$$\dot{X} = D\,(X\,,\,\dot{X}\,,\,U\,,\,t) \tag{2-6}$$

$$\dot{X} = F\,(U\,,\,t) \tag{2-7}$$

여기서, U와 X는 모든 컴포넌트에 대한 Inputs와 Outputs을 포함한 벡터이다. TRNSYS 모델에서의 각 Input은 또 다른 컴포넌트, 방정식 또는 지정된 값으로부터의 Output이다. 이 추가적인 정보는 행렬방정식으로써 쓸 수 있으며, 다음과 같다.

$$AU + BX + D = 0 \tag{2-8}$$

여기서, A와 B는 요소값 '0'과 '±1'을 갖는 결합된 행렬식이다. 그리고 D는 경계조건의 벡터이다. 이제 대수-미분방정식 체계는 $U(t)$와 $X(t)$를 결정하기 위해 해석될 수 있다.

이 새로운 컴퓨터 계산 기법에 의해 동시에 해석되는 비선형 방정식들의 개수는 매우 많게 될 수 있다. 컴퓨터에 의한 작업을 최소화하기 위해, 동시에 해석되는 방정식의 개수를 감소시키기 위한 방법을 채택할 필요가 있다. 어떤 TRNSYS Inputs는 상수이거나 명백히 시간에 의존하는 값으로 항상 알 수 있는 값들이다. 게다가 어떤 TRNSYS 컴포넌트들의 모든 Inputs에 대하여 이러한 유형으로 하는 것이 가능하다. 이 경우, 이들 컴포넌트의 Outputs은 다른 컴포넌트들과 독립적으로 계산될 수 있다. 일단 이러한 컴포넌트들의 Outputs이 알려지면, 이들이 연결된 Inputs 또한 기지의 값이 되며, 추가적인 컴포넌트들을 독립적으로 평가하는 것이 가능하게 된다. 이러한 처리과정은 동시에 해석될 필요가 있는 컴포넌트들만이 남을 때까지 반복된다. 이 과정은 방정식을 구획화하는 첫 번째 단계이며, 이것은 일련의 거대한 방정식 모음을 작은 모음으로 쪼개어 해석이 보다 쉽게 수행되도록 하는 것이다.

방정식의 나머지 모음은 수치적으로 해석된다. 여기에는 이러한 유형의 시스템을 위해 잘 개발된 많은 수치 해석 기법들(Broyden, 1965 ; Gerald and Wheatley,

1984)이 있다. TRNSYS 버전 14 이후 미분방정식들은 유한 차분의 음해법(Gear, 1967)으로 해석되며, 이것은 복합된 대수 및 미분방정식 체계를 매 시간 간격에 대하여 해석될 수 있는 대수방정식 체계로 전환할 수 있기 때문이다. 이 방법은 힘든 문제에 있어서도 매우 잘 안정된 해를 얻을 수 있다. 게다가 비록 TRNSYS가 변수 시간 간격을 채택하지 않더라도 이 방법은 변수 시간 간격을 사용하는 것이 가능하다. 대수방정식들의 이러한 체계를 해석하기 전에, TRNSYS는 Jacobian Matrix를 수치적으로 해석하고, 이것을 lower triangular form으로 치환한다. 이 치환은 본래의 시스템을 보다 효율적으로 해석될 수 있는 작은 방정식들의 모음으로 쪼개는 방정식 블록화를 쉽게 한다(Duff et al., 1986). 각 방정식 블록은 Powell's Method(Powell, 1970a and 1970b)를 사용하여 해석된다. 이 방법은 Newton's Method와 steepest descent approach을 결합시키며, 비선형 방정식을 해석하기 위한 가장 안정적이고 효과적인 알고리즘의 하나이다.

컴퓨터 해석 기법의 주요한 장점은 동시에 해석되는 방정식의 유효한 모음이 지정되는 것과 같이 Inputs 또는 Outputs이 지정되면, Solution Method가 문제되지 않는다는 점이다. 이처럼 TRNSYS는 backward problem을 해석할 능력을 가지고 있다. 즉, 하나 또는 그 이상의 Outputs이 지정되고 대응하는 Inputs가 결정되어야 하는 문제를 해석할 능력이 있다는 것이다. Backward problem의 한 예가 Examples 절에서 제공된다.

불행히도 Powell's Method Computational Scheme의 불리한 점 또한 존재한다. 왜냐하면, Alternative Solver는 Jacobian Matrix을 수치적으로 결정하기 때문에 TRNSYS는 종종 TRNSYS 13(TRNSYS 13이 이 문제를 해석할 수 있다면)에서 사용된 기법보다 매 시간 간격에 대하여 보다 많은 컴포넌트를 호출할 필요가 있다. TRNSYS 14와 그 이후 버전에서의 컴퓨터 해석 기법은 훨씬 더 진보했으며, 따라서 경험적인 컴퓨터 계산의 어려움 없이 매우 다양한 문제들을 해석할 수 있다. 그러나 어떤 문제들은 Successive Substitution Computational Scheme이 보다 효과적인 해석법이 될 수 있기 때문에, 이 두 가지 컴퓨터 계산 기법이 동시에 TRNSYS 14 이후 버전에서 사용자에게 제공된다. 대부분의 경우, 사용자는 간단한 Successive Substitution Method을 사용하여 TRNSYS 입력 파일을 해석하려고 한다. 만약 문제에 직면하면, 다른 해석 방법을 채택하면 된다.

과거의 일반적인 Equation Solvers와 TRNSYS 13에서 야기된 문제는 이력 속성(hysteresis properties)을 증명할 때의 불연속적인 상태(discontinuities or discrete state)가 존재하는 것이다. 많은 기존 TRNSYS 컴포넌트는 이러한 유형의 방정식들을 포함하고 있다. 가장 일반적인 예가 표준 TRNSYS library의 Type 2로써 제공되는 On/Off Differential Controller이다. 이 컴포넌트는 제어 신호를 이전 계산으로부터의 제어 신호와 입력된 2 온도차에 기인해 '0' 또는 '1'로 계산한다.

Controller의 Output과 Inputs 사이의 함수 관계는 [그림 2-7]과 같다. 만약 온도차가 ΔT_{min}보다 작으면, 제어 신호는 '0'이다. 만약 온도차가 ΔT_{max}보다 크면, 제어 신호는 '1'이다. 그러나 온도차가 ΔT_{min}과 ΔT_{max} 사이에 있으면, 출력 제어 신호는 이전의 제어 신호값에 의존하여 '0'이거나 '1'이다. 수학적 거동의 이러한 유형은 방정식 시스템이 수치적 해로의 수렴을 방해하는 계산에서의 진동을 유발시킨다. 사실상 선택된 ΔT_{min}과 ΔT_{max}의 값에 의존한 안정된 수치 해가 없을 수도 있다.

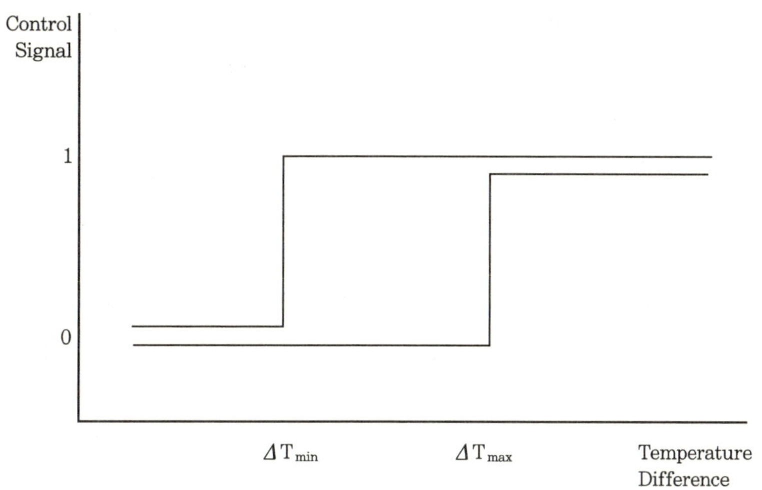

[그림 2-7] TRNSYS Type 2 Controller with Hysteresis Properties

TRNSYS 컴포넌트 라이브러리에는 Type 11 Flow Diverter, Type 12 Energy/Degree-Day Space Heating or Cooling Load 그리고 Type 13 Pressure Relief Valve와 같은 On/Off Control의 많은 예제가 있다. TRNSYS 컴포넌트 모델들에서 나타나는 불연속적인 다른 예제들은 열전달 계수나 마찰 계수 그리고 성층화된 온수 저장 탱크의 내부 절점 유동 제어 로직에서의 불연속적인 변화에 원인이 되는 난류 유동에서부터 층류 유동까지 변화가 있다. 반복 처리 과정 동안 컴포넌트 Outputs는 서로 다른 Jacobian 식으로부터 일련의 다른 방정식들을 해석함으로써 상태가 바뀔 수 있다. TRNSYS의 이전 버전에서는 지정된 반복 횟수 후에 상태가 변화하는 이 거동으로부터 수렴 문제를 다루어 왔었다. 예를 들면, Type 2 On/Off Differential Controller는 제어기 상태가 현재의 값에서 응결되기 전에 허용되는 상태변화의 횟수인 NSTK라 불리는 매개변수들을 가지고 있다. 비록 응결된 제어기 상태는 대부분의 수렴 문제점을 제거할 수 있지만, 짧은 기간의 시뮬레이션의 경우 부정확한 결과를 유도할 수 있다.

TRNSYS 14의 Powell's Method Solver는 이러한 문제가 되는 불연속 문제들을 조종하기 위해 매우 다른 접근법을 제공하였다. 컴포넌트 모델보다는 TRNSYS 실행 프로그램이 직접적으로 불연속적인 변수들을 조절한다. 매 시간 간격의 시작될 때, 모든 불연속 변수들의 값이 알려진다. TRNSYS는 이러한 값들을 방정식들의 수렴된 해가 얻어지거나 지정된 반복 횟수 범위를 벗어날 때까지 이들의 현 상태를 유지하도록 강제한다. 이러한 계산 과정 동안, 컴포넌트 모델들은 실질적으로 그들의 설정을 변경하지 않고 불연속적인 변수들의 '바람직한' 값을 계산한다. 수렴된 해가 얻어지거나 최대 반복 횟수를 초과한 후, TRNSYS는 현재의 불연속 변수의 값들과 '바람직한' 값들을 비교한다. 만약 이들이 다르지 않다면, 수렴해가 얻어진 것이며, 이 시간 간격에 대한 계산이 완료되게 된다.

그렇지 않다면, TRNSYS는 불연속적인 변수들의 값을 '바람직한' 설정으로 변경하고, 이 과정을 반복하며 이전에 사용된 불연속적인 변수들의 똑같은 설정으로 계산을 반복하지 않는다. 만약 모든 불연속적인 변수들로 시도된 후에도 해가 얻어지지 않으면, TRNSYS는 경고 메시지를 보내고 다음 시간 간격으로 이동한다.

불연속적인 변수들을 다루는 이러한 방법은 반복 과정을 통해 수치적 진동을 제거하고, 만약 정말로 해가 존재한다면 방정식의 정확한 해를 찾는 것이다. 불연속적인 변수를 이용하는 컴포넌트 모델에서의 최소한의 변경(수정)은 컴퓨터 해석 기법의 장점을 위해 필요하다. 이러한 변경(수정)은 많은 TRNSYS 라이브러리 컴포넌트를 만드는 데 사용되었다. 이러한 이유로, Type 2 Controller의 Powell's Method Mode는 TRNSYS Equation Solver가 Powell's Method(Solver = 1)인 경우에 사용될 수 있다. 그리고 Type 2에 대한 보다 상세한 정보는 TRNSYS 매뉴얼을 참고하기 바란다.

본 장에서 소개된 역해석 기법을 사용하기 위해 다음에 나열된 기본 법칙을 따라야 한다.

① Powell' Method TRNSYS Equation Solver는 Solver 1이 사용되어야 한다.

② Powell' Method Control Mode는 Type 2 – Mode 0이 사용되어야 한다.

③ 초기값들은 '0'이 아닌 합리적인 값으로 지정되어야 한다.

④ The input to be solved should be specified as −1, 0 in the input file with an initial value equal to the value the input will take if no backwards solution is found.

⑤ 지정된 Output은 다음 형태를 갖는 방정식으로 설정되어야 한다.

EQUATION 1

[5, 3] = 65(set the third output from Unit 5 to a constant value of 65)

⑥ 지정된 Output은 TRNSYS Equation Processor에서 허용되는 어떠한 형태도 가능하다. 일례로

[5, 3] = 65 + MOD(TIME) + 0.5 * [1, 1]

⑦ NOCHECK Statement은 다음 변수들과 함께 사용되어야 한다.

- All Inputs to the Type 2 Controllers(required to eliminate convergence problems)
- All Inputs which do not need to be checked for convergence at each iteration.

  예를 들어, 유동 루프 내의 모든 컴포넌트들의 질량 유량이 그것이다.

⑧ 미분방정식 Solver는 Modified-Euler Method (DFQ 1)로 설정한다.

비록 음해법(back_solving technique)이 매우 유용하지만, 많은 컴포넌트 루틴들의 조직화(formulation)를 위해 대부분의 경우에 이것이 사용될 수 없다. Internal Convergence Enhancement Algorithms 때문에, 컴포넌트 루틴들을 작성하는 모든 사용자들은 컴포넌트 조직화 과정에서 음해법을 고려해야 한다.

2-16 ASSIGN Statement과 Logical Unit Numbers

ASSIGN문은 TRNSYS 입력 파일로부터 논리적 Unit 번호(logical unit number)를 파일에 할당하는 역할을 하며 이 문의 형식은 다음과 같다.

ASSIGN   filename   lu

여기서, filename은 상세한 파일의 전체 이름으로 필요한 경우 경로를 포함한다. 이 것의 길이는 maxFileWidth 문자와 같거나 작아야 한다. 공백이 전체 경로에 따옴표가 포함되는 한 경로명에 포함될 수 있다. 경로명에 공백이 없는 경우에는 따옴표가 필요하지 않다. MaxFileWidth는 TRNSYS Source Code 디렉토리에 위치한 TrnsysConstants file에서 설정되고, 이것은 필요한 경우 수정될 수 있으며, 새로운 TRNDll.dll 파일로 생성된다. 경로는 입력 파일의 위치에 대하여 상대적이다.

lu는 파일명에 할당되는 Logical Unit Number이다.

특정한 몇 가지 약정과 단축 기능이 ASSIGN문에 적용된다. 첫 번째로, 경로나 파일명에 공백이 포함되면, 전체 경로는 이중 따옴표에 의해 표시되어야 한다. 두 번째로, 사용자는 부호 "***"를 이용하여 확장자를 제외한 경로 전체를 대체할 수 있다. 이 경우, 입력 파일의 위치와 이름은 사용자가 지정한 파일 확장자와 함께 추가될 수 있다. 예를 들면, 입력 파일의 위치는 다음과 같다.

d:\Trnsys16\MyProjects\SDHWProject\InputFile.dck

ASSIGN문은

ASSIGN   ".out"   16**
동등한 표현으로

ASSIGN   "d:\Trnsys16\MyProjects\SDHWProject\InputFile.out"   16

세 번째로, 부호 ".\"는 경로의 나머지에 TRNSYS root 디렉토리의 위치를 추가하는 데 사용될 수 있다. 예를 들면, 만약 TRNSYS가 C: 드라이브의 Program Files에 설치되었다면, ASSIGN문은

ASSIGN   ".\Weather\TMY2\Wisconsin\Madiwon_WI.tm2"   14

윈도우에서 허용되는 ASSIGN문 만큼 TRNSYS 입력 파일에서 사용될 수 있으며, 이들은 END문 앞의 어느 곳에든지 위치할 수 있다. Logical Unit 6는 TRNSYS 16 kernel에 의해 자동적으로 할당되고, 주어진 시뮬레이션에 관한 정보를 포함하는 List file에 사용된다.

TRNSYS에서 사용되는 몇 가지 Logical Unit Number는 다음과 같다.

<표 2-9〉 TRNSYS 사용 Logical Unit Numbers

LU	Device or File	비 고
4	TRNSYS log file(*.log) : Short version of the listing files (see here below) parsed by the simulation studio.	
5	keyboard	

6	TRNSYS listing file(*.lst) : listing of input file, error messages, warnings, notices, simulation run statistics and other information.	
7	Units.LAB	
8	ASHRAE.COF(for use with Type 19 only)	
9	TRNSYS Input(deck) file	

추가적으로 사용자는 Type 9와 데이터 파일을 읽을 필요가 있는 컴포넌트를 구성할 때에는 Logical Unit Number를 지정해야 한다. 위에서 나열된 Logical Unit Number 의 재사용은 반드시 회피해야 한다.

Type 56과 TRNFlow와 같은 컴포넌트들 또한 고정된 값의 Logical Units을 사용한다. 일반적으로 사용자 파일들은 30보다 큰 Logical Units에 의해 통제되어야 하며, Simulation Studio에 의해 자동적으로 행해진다.

TRNEdit와 TRNSED와 같은 TRNSYS Utility Program과의 보다 나은 호환성을 위해, 다음의 약정이 출력과 입력 파일(*.dck) 내에 Plot files을 할당할 때 사용되어야 한다.

Output files과 Plot files은 모두 입력 파일과 동일한 이름을 가져야 한다. 예를 들면, [TEST.DCK]라 불리는 입력 파일인 [\trnsys16\ test\] 디렉토리에 위치한다면, 다음의 ASSIGN문이 입력 파일 내에 사용되고 위치해야 한다.

```
ASSIGN \TRNSYS16\TEST\TEST.OUT 31
ASSIGN \TRNSYS16\TEST\TEST.PLT 32
```

2-17 INCLUDE Statement

독립된 파일 내에 TRNSYS 입력 파일의 일부분을 갖는 것은 매우 유익하며, 이것은 메인 파일에 INCLUDE문을 포함시켜 가능하게 된다. 이 방법의 경우, 메인 TRNSYS 입력 파일을 변경함이 없이 포함된 파일을 재작성하거나 항목을 변경하는 것이 가능하며, 기본 형식은 다음과 같다.

INCLUDE "c:\Program Files\Trnsys16\file.inc"

TRNSYS 입력 파일 판독기가 이 행에 도달하면, 새로운 파일(file.inc)이 열린다. TRNSYS는 이 두 번째 파일에서 어떤 유효한 TRNSYS 명령문을 읽고 이 파일을 닫으며, 메인 TRNSYS 입력 파일로 되돌아간다. TRNSYS는 INCLUDE문 위치에서 입력 파일을 계속해서 읽어나간다.

List file은 메인 입력 파일과 이 파일에 포함된 모든 명령문을 포함한다. 그리고 INCLUDE문은 반복 수행되는 것은 불가능하다.

2-18 END Statement

END문은 TRNSYS 입력 파일의 제일 마지막 행에 위치해야 한다. 이것은 TRNSYS 프로세서에 더 이상 제어문이 뒤따르지 않으며 시뮬레이션을 시작해도 된다고 신호를 보낸다. 이 END문은 다음의 간단한 형식을 갖는다.

END

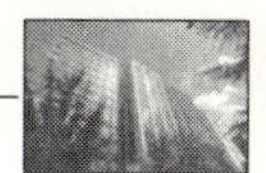

3. 컴포넌트 제어문

모듈러 시스템에 관한 설명은 컴포넌트 Type에서 사용된 이들 PARAMETERS의 값과 INPUTS의 초기값 그리고 시간 의존변수들과 각 컴포넌트 모델에서 채택된 INPUTS, PARAMETERS 그리고 DERIVATIVES의 개수는 물론 시스템의 정보 흐름 다이어그램 내에 포함된 정보의 모든 것을 포함한다. 이 정보의 모든 것은 요구되는 정보에 따라 6개의 컴포넌트 제어문(component control statements)의 사용을 통해 TRNSYS로 전달된다.

6개의 컴포넌트 제어문은 다음과 같다.
- UNIT-TYPE
- PARAMETERS
- INPUTS
- DERIVATIVES
- TRACE
- FORMAT(for certain Types only)

시스템 모델에서의 각 컴포넌트는 UNIT-TYPE문에 의해 인식된다. 각 UNIT-TYPE 문 다음에 PARAMETERS, INPUTS 그리고 DERIVATIVES 제어문(and possibly the FORMAT and TRACE Statements)이 오며, 각각은 이들이 요구하는 충분한 데이터와 함께 수반된다. 다음의 절들은 이들 컴포넌트 제어문 각각에 대한 상세한 형식에 관하여 설명하고 있다.

3-1 UNIT-TYPE Statement

시스템에서 각 컴포넌트에 대한 정보는 UNIT-TYPE문으로 시작되며, 그 형식은 다음과 같다.

UNIT n TYPE m Comment

여기서, n은 컴포넌트의 UNIT 번호이다. 이용 가능한 UNIT 번호는 정수로 1부터 k 까지로 k는 TrnsysConstants.f90(기본값 = 999)에서 설정된다.

m은 컴포넌트의 TYPE 번호이다. 이용 가능한 TYPE 번호는 정수로 1에서부터 999까지이다.

Comment는 선택적인 주석문이다. 이 주석문은 출력에 대한 설명이 대부분이지만, 무시해도 아무런 상관이 없다. 이것의 기능은 우선적으로 사용자에게 시스템에서의 특정 컴포넌트에 대한 UNIT과 TYPE 번호를 이해하는 데 도움을 준다.

모든 시스템 컴포넌트는 반드시 UNIT-TYPE문과 함께 시작되어야 한다. 여기서, 지정되는 UNIT 번호는 고유한 값이어야 하며, 2개의 UNIT이 같은 번호를 공유할 수 없다.

예제 : UNIT 6 TYPE 15 EXAMPLE COMPONENT
　　　　UNIT 26 TYPE 26 PLOTTER

3-2　PARAMETERS Statement

컴포넌트의 PARAMETERS는 PARAMETERS Control Statement에 의해 지정되며, 이 다음에 추가적인 데이터가 따른다. 그리고 이 컴포넌트 제어문의 기본 형식은 다음과 같다.

PARAMETERS n

여기서, n은 다음 행에 위치하는 PARAMETERS의 개수이다.

일반적으로 이것은 컴포넌트에 의해 요구되는 매개변수들의 개수이지만, 만약 주어진 컴포넌트에 대하여 하나 이상의 PARAMETERS문이 사용된다면, 이 값은 작아질 수 있다.

입력 파일에서 다음의 비주석 행은 매개변수들의 적절한 순서에 맞게 해당 값을 포함해야 한다. 다음의 형식은 모두 가능하다. 콤마 또는 한 칸 이상의 공백으로 각각의 값을 구분한다. 이 값들은 필요한 경우 하나 이상의 행에 위치할 수 있으며 이들 행들은 일반적으로 다음과 같은 형식을 갖는다.

$V_1, V_2, \cdots, V_i, \cdots, V_n$

여기서, V_i는 i번째 PARAMETER의 값, CONSTANTS 또는 EQUATIONS 명령에 의해 지정된 이름이다.

PARAMETERS문은 이전의 UNIT-TYPE문에서 지정된 UNIT에 대한 PARAMETERS을 지정한다.
PARAMETERS문의 특정 번호는 각 UNIT에 의해 정해진다.

TRNSYS는 기본값에 대하여 준비된 것이 없다. 모든 PARAMETERS의 n값은 해당 컴포넌트 모델에서 요구하는 순서에 맞게 보충 데이터 행들에서 반드시 지정되어야 한다. 만약 컴포넌트 모델이 아무런 PARAMETERS를 갖지 않는다면, 뒤따라 와야 하는 PARAMETERS 제어문과 추가적인 데이터는 생략될 수 있다.

일례로 TYPE 3 펌프 모델은 다음과 같이 4개의 PARAMETERS를 필요로 한다.

```
UNIT 1 TYPE 3 PUMP
PARAMETERS 4
100. 4.19 100. 0.2
```

몇 가지 컴포넌트들은 독립된 항목들로써 논리적으로 정리된 많은 수의 PARAMETERS를 필요로 한다. 이것은 TYPE 19 Zone과 TYPE 40 Microprocessor의 경우에 그러하다. 이러한 상황에서 하나의 컴포넌트 모델을 기술하는 데 있어 하나 이상의 PARAMETERS문을 사용하는 것은 많은 장점을 갖는다.
PARAMETERS문에 의해 지정된 값들을 포함하는 데이터 행(들)은 아래의 예와 같이 각 PARAMETERS문 행에 뒤따라 와야 한다.

```
UNIT 1 TYPE 4 TANK
PARAMETERS 3
2 .42 4.19
PARAMETERS 3
1000 1.44 -1.69
```

TRNSYS 코드 내의 내부 제약들은 Parameters/Unit과 Parameters/Simulation의 3개수를 제한한다. 그러나 이러한 값들은 TrnsysConstants file에 의해 재설정될 수 있다.

3-3   INPUTS Statement

일반적으로 컴포넌트에 대한 INPUT 값은 시스템 모델의 다른 컴포넌트들로부터의 OUTPUT 값이다. 그러므로 각 컴포넌트의 각각의 INPUT 변수들에 대한 적당한 UNIT 과 OUTPUT 변수 번호를 지정할 필요가 있다. 게다가 TRNSYS는 각 INPUT에 대하여 초기값 지정을 요구한다. 이 정보는 INPUT 제어문에 의해 전달되며, 적어도 2개의 추가적인 데이터 행들이 뒤따른다. PARAMETERS문의 경우처럼, 각 UNIT에 대하여(단, TYPE 24-29의 UNITS는 제외) 허용되는 INPUTS문은 여러 개가 될 수 있다. 그리고 INPUTS 제어문은 다음의 형식을 갖는다.

INPUTS n

여기서, n은 다음 행에 뒤따르는 INPUTS의 개수이다.

전형적으로 이것은 컴포넌트에 의해 요구되는 INPUTS의 개수이지만 2개 이상의 INPUTS문이 주어진 컴포넌트에 사용된다면 이 개수는 작아도 된다.

INPUTS 제어문 다음의 첫 번째 비주석문 행은 UNIT과 컴포넌트의 INPUT 변수들이 될 수 있는 OUTPUT 변수들의 위치 번호를 지정하며, 이 행의 형식은 다음과 같다.

$u_1, o_1 \; u_2, o_2 \cdots u_i, o_i \cdots u_n, o_n$

여기서,
   u_i : i 번째 INPUT과 연결되는 UNIT 번호를 나타내는 정수
   o_i : i 번째 INPUT과 연결되는 u_i UNIT의 해당 OUTPUT의 번호를 나타내는 정수

u_i, o_i 쌍은 지정된 변수명의 EQUATION에 의해 대체될 수 있다. 만약 입력변수의 초기값이 시뮬레이션으로부터의 입력변수값으로써 지정된다면, 사용자는 $u_i = 0$, $o_i = 0$으로 지정하거나 'CONST'를 사용해야만 한다. 이 특징은 하나 또는 그 이상의 INPUTS을 컴포넌트 상수로써 유지시켜 다른 INPUTS의 변화에 따른 영향을 검토하고자 할 때 유용하다.

그리고 하나의 u_i, o_i 쌍은 콤마로 서로 분리시키며, 그 다음 쌍과는 여러 개의 공백으로 분리시키도록 권장하고 있다. 비록 이 형식을 반드시 지킬 필요는 없지만 TRNSYS 입력파일의 가독성을 향상시킬 수 있다. 또한, 필요한 경우 하나 또는 그 이상의 행이 사용될 수 있다.

두 번째 데이터 행은 2개의 형식이 있다. Type 25 Printers, Type 26 Plotters, Type

27 Histogram Plotters 그리고 Type 65 Online Plotters를 제외한 모든 컴포넌트의 경우, 이 행은 다음 형식으로 n개의 INPUT 변수들의 초기값을 지정한다.

$$V_1 , V_2 , \cdots , V_i , \cdots , V_n$$

여기서,
  V_i : i번째 INPUT 변수의 초기값 [1]

모든 n값이 지정되어야 하며, 컴포넌트 TYPE에서 요구하는 순서대로 나타나야 한다. 어떠한 기본값들도 가정되지 않으며 필요한 경우 두 행 이상을 사용해도 된다.

이 데이터 행의 다른 형태는 Type 25 Printer, Type 26 Plotter, Type 27 Histogram Plotter 그리고 Type 65 Online Plotter 컴포넌트에만 있다. 이들 컴포넌트 Types의 경우 두 번째 데이터 행은 n개 INPUTS 각각에 대한 이름표(label)를 포함해야 한다. 이 이름표들은 출력되거나 그래프로 표시되는 INPUTS를 인식하는 데 사용된다.

이 두 번째 데이터 행의 형식은 다음과 같다.

$$Label_1 , Label_2 , \cdots , Label_i , \cdots , Label_n$$

여기서, $Label_i$는 i번째 INPUT에 대한 프린터 또는 플로터의 이름표이다.

이름표의 문자 길이는 maxLabelLength까지만 가능하며, 'comma(,)'나 'blanks'를 포함할 수 없다. 그리고 이들은 적어도 하나 이상의 'blanks'나 'comma(,)'로 구분되어야 한다. maxLabelLength의 값은 TrnsysConstants 파일에서 설정되며 변경될 수 있다. 그러나 이들 변경사항이 효력을 갖기 위해서는 TRNSYS code가 재컴파일되고, 재링크되어야 한다.

Example 1 :
TYPE 2 컴포넌트는 3개의 INPUTS를 갖는다. 첫 번째 INPUT은 UNIT 17의 두 번째 OUTPUT이며, 두 번째 INPUT은 UNIT 3의 네 번째 OUTPUT이며, 세 번째 INPUT은 UNIT 7의 첫 번째 OUTPUT이다. 세 INPUTS의 초기값은 각각 0, 100 그리고 0.5이다. TRNSYS에 이 정보를 전달하는 데 필요한 3행은 다음과 같다.

```
INPUTS 3
17,2 3,4 7,1
0.0 100.0 .5
```

---

[1] This value may be a number or may be represented by a CONSTANT-defined variable name or a constant EQUATION-defined variable name.

Example 2 :
TYPE 25 Printer는 시뮬레이션 진행에 따른 2개의 시스템 OUTPUTS의 값을 인쇄한다. 이들 두 OUTPUTS은 프린터의 INPUTS와 같다. 첫 번째 INPUT은 UNIT 17의 세 번째 OUTPUT이며, 두 번째 INPUT은 UNIT 20의 첫 번째 OUTPUT이다. 두 출력되는 값들은 각각 TAMB와 TSOL로 인식되는 이름표를 갖는다. 다음의 3행은 이 정보를 전달한다.

```
INPUTS 2
17,3 20,1
TAMB TSOL
```

Example 3 :
마지막 두 절의 예제에 연속하여, UNIT 1 TYPE 4 tank의 INPUTS는 다음과 같이 기술될 수 있다.
INPUT #1 is connected to UNIT 2, OUTPUT 1
INPUT #2 is connected to UNIT 2, OUTPUT 2
INPUT #3 is connected to UNIT 3, OUTPUT 1
INPUT #4 is connected to UNIT 3, OUTPUT 2
INPUT #5 is to be temporarily held constant with a value of 60
이들 INPUTS의 초기값들은 각각 60., 0.0, 21., 0.0 그리고 60.이다. 따라서, 이 컴포넌트의 제어행 (control line)들은 다음과 같다.
```
UNIT 1 TYPE 4 TANK
PARAMETERS 6
2 .42 4.19 1000 1.44 −1.69
INPUTS 5
2,1 2,2 3,1 3,2 0,0*
60. 0.0 21. 0.0 60.*
```

TRNSYS의 내부 제한(limits)은 시뮬레이션의 총 INPUT 개수와 Unit의 INPUT 개수를 제한한다. 이들 제한은 TRNSYS Source Code 디렉토리에 위치한 TrnsysConstants file을 수정함으로써 재설정될 수 있다.

그러나 이들 변경이 효력을 발생하기 위해서는 TRNSYS DLL이 재컴파일되고 재링크되어야 한다.

3-4 DERIVATIVES Statement

시스템 컴포넌트의 수학적 모델과 관련된 수치 해석적으로 해석된 시간 의존 미분방정식들의 개수와 이에 대응하는 의존변수들의 초기값들은 DERIVATIVES 제어문과 이것에 따르는 하나의 데이터 행에 의해 지정된다. DERIVATIVES문은 다음 형식을 따른다.

DERIVATIVES n

여기서, n은 컴포넌트 모델 내의 수치적으로 해석된 시간 의존 미분방정식들의 개수이다.

DERIVATIVES문에 따르는 데이터 행은 그들의 적절한 순서대로 n개의 의존변수들의 초기값을 포함한다. 이 초기값들은 필요한 경우 한 행 이상이 위치될 수 있다.

만약 컴포넌트 모델이 시간 의존 미분방정식을 해석하기 위해 DTDT array를 사용하지 않으면, DERIVATIVES 제어문과 이것에 따르는 데이터 행은 생략되어야 한다. Unit 당 단지 하나의 DERIVATIVES문만이 허용된다.

Example 1 :
가상의 TYPE 73 컴포넌트는 이 컴포넌트의 수학적 설명에 3개의 미분방정식을 수치적으로 해석한다. 미분방정식의 3개의 시간 의존 해들의 초기값은 각각 100.0, 80.0 그리고 60.0이다. 다음 2행은 이 정보를 전달한다.

```
DERIVATIVES 3
100.0, 80.0, 60.0
```

Example 2 :
이전 장의 예제에 연속하여, TYPE 4 tank의 한 부분에 1개의 미분방정식을 사용한다. 이 경우 탱크의 초기 온도가 시간 의존 해의 초기값으로 60이다. 따라서, 이 컴포넌트의 제어문은 다음과 같다.

```
UNIT 1 TYPE 4 TANK
PARAMETERS 6
2 .42 4.19 1000 1.44 -1.69
INPUTS 5
2,1 2,2 3,1 3,2 0,0
60. 0.0 21. 0.0 60.
DERIVATIVES 1
*Note the use of the constant input feature.
60.
```

TRNSYS의 내부 제한(limits)은 시뮬레이션당 도함수의 개수를 제한한다. 이 제한은 nMaxDerivatives로써 TrnsysConstants 파일에서 설정된다.

이 제한은 TRNSYS Source Code 디렉토리에 위치한 TrnsysConstants 파일의 수정을 통해 재설정되며, 이것이 효력을 발생하기 위해서는 TRNSYS DLL이 재컴파일되고 재링크되어야 한다.

3-5   TRACE Statement

TRACE 제어문의 사용은 선택사항이다. 컴포넌트에 대한 제어문으로 이것이 포함되면, 시뮬레이션 과정에서 TRNSYS에 의해 이 컴포넌트가 호출될 때마다 이 컴포넌트의 PARAMETERS, INPUTS, OUTPUTS 그리고 DERIVATIVES의 값들이 출력된다. 이 특징은 사용자 작성 Type 서브루틴을 디버깅하고, TRNSYS 시뮬레이션에서 직면하게 되는 문제점들을 조사하는 데 유용하다.

TRACE문은 부피가 큰 출력값을 산출할 수 있으며, TRACE 출력이 시작되고 끝나는 것은 시뮬레이션에서의 시간적인 특징이 포함되어야 한다. TRACE문은 다음의 형식을 갖는다.

TRACE ton toff

여기서, ton은 TRACE Output이 시작되는 시뮬레이션 상의 시간
toff은 TRACE Output이 멈추는 시뮬레이션 상의 시간

PARAMETERS, INPUTS 그리고 DERIVATIVES문과 함께 TRACE문은 이전의 UNIT-TYPE문과 관련이 있다. UNIT-TYPE문 다음에 오는 이들 제어문의 순서는 선택사항이며, 각 컴포넌트에 단지 한 개의 TRACE문만이 포함되어야 한다.

Example 1 :
시뮬레이션이 시작될 때, 24시간동안만 컴포넌트의 TRACE문을 사용할 경우는 다음과 같다.

```
.
.
TRACE 0 24
.
.
```

Example 2 :
이전 예제에서 지정된 UNIT 1 TYPE 4 TANK의 시뮬레이션에서, 첫 날 정오부터 2시까지의 TRACE문을 사용할 경우 다음과 같다.

```
UNIT 1 TYPE 4 TANK
PARAMETERS 6
```

```
2 .42 4.19 1000 1.44 -1.69
INPUTS 5
2,1 2,2 3,1 3,2 0,0
60. 0.0 21. 0.0 60.
DERIVATIVES 1
60
TRACE 12. 14.
```

하나의 시간 간격동안 LIMITS문에서 지정된 횟수 이상 호출되는 어떠한 컴포넌트에서도 자동적으로 TRACE문은 수행될 것이다.

3-6 ETRACE Statement

TRNSYS 15 버전 이하의 경우, 이 추적 기능(tracing feature)은 컴포넌트 디버깅을 위해서만 이용 가능하였다. 그러나 16 버전이 되면서, ETRACE문이 추가되어 사용자는 컴포넌트의 결과를 추적할 수 있을 뿐만 아니라 모든 반복 계산에 기초한 EQUATIONS의 결과들도 추적할 수 있게 되었다. ETRACE문의 형식은 다음과 같다.

ETRACE TimeOn TimeOff

여기서, TimeOn은 EQUATION 추적이 시작되는 누적시간이며, TimeOff는 EQUATION 추적이 끝나는 누적시간이다. 여기서, 누적시간이란 해당 연도의 1월 1일 오전 1시를 1로 하여 12월 31일 밤 12시를 8760으로 하는 시간의 누적값을 의미한다.

EQUATION 추적을 시작하면 매 시간 간격에서 EQUATIONS의 결과를 출력할 뿐만 아니라 해당 EQUATION이 호출된 이유에 관한 정보를 사용자에게 제공할 수 있다.

3-7 FORMAT Statement

선택사항인 FORMAT문은 출력 형식을 조절하기 위해 Type 25 Printer와 Type 28 Simulation Summarizer와 함께 사용될 수 있으며 이것을 파일에 지시한다.

FORMAT의 형식은 다음과 같이 매우 간단하다.

FORMAT
(valid FORTRAN Format Specification)

FORTRAN Format Specification은 1열에 ' ('을 포함해야 하며, TrnsysConstants 파일에서 설정된 maxFileWidth 변수의 문자의 길이보다 작게 지정되어야 한다.

maxFileWidth 변수의 수정은 TNRSYS DLL (TRNDll.dll)의 재컴파일을 요구한다. TRNSYS는 단지 실수만을 출력하므로, 숫자로 지정된 형식은 ' F ' 또는 ' E '가 되어야 한다.

그리고 FORMAT문은 단지 Type 25와 Type 28과 같은 특정 Types의 출력값에만 영향을 미친다. 보다 명확히 설명하면 이 FORMAT문은 Type 25의 PARAMETER에 의해 설정되는 'Lunit > 0'인 경우와 Type 28의 'Output Mode = 1'인 경우에만 영향을 미치고 그 외의 경우에는 무시된다. TRNSYS 16의 경우 컴포넌트는 이것과 관련된 하나의 FORMAT을 가질 수 있다.

4. 목록 제어문

목록 제어문은 TRNSYS 출력 목록의 형식을 지정하는 데 사용되며, 다음과 같은 제어문이 있다.

WIDTH, NOLIST, LIST and MAP.

이들 제어문들은 모두 선택사항이며 TRNSYS 입력 파일에 이들이 없으면 모두 기본값으로 가정된다. 이들 제어문 각각의 이용 방법과 형식은 다음의 4-1절부터 소개된다. 그리고 단지 하나의 WIDTH와 MAP card만이 TRNSYS 입력 파일에 허용된다.

4-1 WIDTH Statement

주의 : 이 명령문은 더 이상 쓸모가 없음.

WIDTH문은 선택적 제어문이며, TRNSYS Output 행에 허용될 수 있는 문자의 개수를 설정할 때에 사용된다. WIDTH문의 형식은 다음과 같다.

WIDTH n

여기서, n은 출력되는 행에 허용되는 문자의 개수로, $72 \leq n \leq 132$이어야 한다.
WIDTH문은 TRNSYS Processor의 출력과 결과를 출력하는 TRNSYS Components 모두에 영향을 미치며, n의 제안된 값은 다음과 같다.

video screen 72
line printer 120 (or 132 If available)

만약 WIDTH문이 TRNSYS 입력 파일에 포함되지 않으면, 행당 출력되는 문자의 개수는 120(mainframe) 또는 72(personal computer)로 가정된다.

Example : 만약 각 행당 132개 문자를 갖는 Line Printer가 이용 가능하다면, 다음 형태의 WIDTH문이 TRNSYS 입력 파일에 포함될 수 있을 것이다.

WIDTH 132

4-2　NOLIST Statement

NOLIST문은 TRNSYS 입력 파일의 목록화하는 것을 취소할 때 사용된다. 이것은 다음의 간단한 형식을 갖는다.

NOLIST

NOLIST 제어문은 단지 TRNSYS processor의 출력에만 영향을 미친다. 이것은 보다 빨리 중요한 시뮬레이션을 실행할 수 있도록 TRNSYS 결과물을 줄일 때 유용하다. NOLIST문은 ERROR 메시지의 출력은 건너뛰지 못한다. 원할 경우 많은 NOLIST문들이 TRNSYS 입력 파일에 위치될 수 있으며, NOLIST문은 SIMULATION문 앞에 위치할 수도 있다. 실시간 경고와 오류 메시지가 List file에 출력되며 입력 파일을 세심하게 디버그할 수 있을 때까지는 NOLIST문을 사용하지 않는 것이 좋다.

4-3　LIST Statement

LIST문은 NOLIST문에 의해 TRNSYS Processor 목록화가 생략된 것을 다시 되돌리는데 사용되며, 다음의 형식을 갖는다.

LIST

목록들은 TRNSYS 입력 파일의 시작 단계에서부터 'on'으로 가정된다. 원할 경우 많은 LIST문들이 TRNSYS 입력 파일에 나타날 수 있으며, 이 입력 파일의 어느 곳이든지 위치 가능하다.

Example : TRNSYS 프로세서 목록화는 입력 파일 처음에는 운용하지 않으며, Unit 1 Type 4 컴포넌
트 Control cards의 경우 잠시 운용되다가 입력 파일의 나머지 부분에 대하여도 운용하지 않는다고
가정하자. 그럼 Control cards의 순서는 다음과 같이 될 것이다.
SIMULATION 0 24 .25
NOLIST
⋮
LIST
UNIT 1 TYPE 4
⋮
NOLIST
⋮
END

4-4 MAP Statement

MAP문은 특히 컴포넌트 상호 연결을 디버깅할 때 유용한 컴포넌트 출력값의 도표 목
록(component output map listing)을 얻는 데 사용되는 선택적 제어문이다. 이 MAP문
의 형식은 다음과 같다.

MAP

MAP 제어문의 인식은 각각 연결된 UNIT, TYPE 그리고 INPUT 번호와 이것에 연결
된 OUTPUTS의 목록에 뒤따르는 UNIT과 TYPE에 의해 각 컴포넌트를 출력하도록
TRNSYS에게 명령한다. 이 인쇄 출력은 TRNSYS kernel 루틴의 일부인 EXEC 서브루
틴이 호출된 후에만 발생되므로, 입력 파일 프로세서에 의해 인식된 오류에 의해 시뮬레
이션이 멈추면 나타나지 않게 될 것이다. 간단한 MAP의 예제는 다음과 같다.

〈표 4-1〉 TRNSYS component OUTPUT MAP

UNIT 1	TYPE 9	UNIT/	TYPE/	INPUT
OUTPUT	4	3	1	5
OUTPUT	5	10	16	1
OUTPUT	6	3	1	3
		4	12	3
UNIT 10	TYPE 16	UNIT/	TYPE/	INPUT
OUTPUT	1	3	1	4
etc.				

5. 주석 행(Comment Lines)

주석행(설명행)은 TRNSYS 입력 파일이나 데이터 파일의 어디에든지 포함될 수 있다. 그리고 이 주석행은 다음의 두 형식 중 하나를 취할 수 있다.

```
* Comment
! Comment
```

첫 번째의 경우, '*'는 행의 첫 번째 열에 위치되어야 하며, 첫 번째 열에 '*'를 갖는 모든 행은 주석행으로 해석될 것이다. 전체 행이 아무런 수정없이 출력된다.

```
예제 :
*THIS IS AN EXAMPLE OF A COMMENT LINE
*THIS IS ANOTHER ONE
*ETC
```

두 번째 경우, '!' 다음에 나타나는 모든 텍스트는 TRNSYS processor에 의해 무시된다. 그러나 '!' 앞에 나타나는 텍스트는 kernel에 의해 처리된다. 즉, 이것은 '!'의 위치가 행의 어느 곳이든지 가능함을 의미한다.

```
예제 :
EQUATIONS 1
AA = [5,6]*Efficiency !AA is output six of unit 5 multiplied by the efficiency.
```

6. 제어문 예제
(Control Statement Example)

간단한 탱크와 펌프, 두 개의 컴포넌트를 사용하여 모델화된 시스템을 가정하자. 프린터는 펌프로부터의 유체의 온도와 질량 유량을 출력하기 위해 포함될 수 있다.

```
*24 HOUR SIMULATION WITH 1/4 HOUR TIME-STEPS
SIMULATION 0 24 .25
ASSIGN TEST.PLT 21
*REFER TO CHAPTER IV FOR THE TYPE 4 TANK
UNIT 1 TYPE 4 TANK
PARAMETERS 20
2 .42 4.19 1000 1.44 -1.69 1
1 1 55 3 16200
2 2 55 3 16200
0. 20. 100.
INPUTS 7
2,1 2,2 1,3 1,4 0,0 0,0 0,0
60. 0.0 60. 0.0 60. 1.0 1.0
DERIVATIVES 2
60. 60.
*REFER TO CHAPTER IV FOR THE TYPE 3 PUMP
UNIT 2 TYPE 3 PUMP
PARAMETERS 4
350.0 !maximum possible flow rate [kg/hr]
4.19 !fluid specific heat [kJ/kg·K]
100.0 !maximum power consumption [kJ/hr]
0.0 !fraction of pump power converted to fluid thermal energy [0..1]
INPUTS 3
1,1 1,2 0,0
60. 350. 1.0
UNIT 3 TYPE 25 PRINTER
PARAMETERS 10
1 !print time step [hr]
0 !simulation time at which printing will begin [hr]
24 !simulation time at which printing will end [hr]
21 !logical unit of output file where results will be written
2 !units(2:print TRNSYS supplied units)
```

```
-1 !print times are relative to the simulation start time
1 !append results onto the existing file
1 !print a header
0 !use tabs to delimit printed results
1 !print labels
*THE PRINTER PRINTS EVERY HOUR
INPUTS 2
2,1 2,2
FLOW TEMP
END
```

7. Data Echo와 Control Statement Errors

앞 장에서 설명한 TRNSYS 입력 파일의 다양한 제어문을 포함한 정보는 TRNSYS에서 처리된다. 만약 각 행에 아무런 오류가 없고, 이 목록이 NOLIST문에 의해 꺼지지 않는다면, 시뮬레이션이 시작되기 전에 출력은 산뜻한 형식으로 전개된다.

몇 가지 예외의 경우 입력 파일에 발견되는 어떤 오류들은 입력 파일의 모든 행들이 처리된 후에 시도된 시뮬레이션을 정지시킬 것이다.

TRNSYS는 적절한 오류 메시지와 함께 대부분의 입력 오류들에 응답할 수 있도록 프로그램화 되었으나, TRNSYS 오류 체크 기능이 절대 완전한 것은 아니다.

8. 입력 파일 문법 (Input File Syntax)의 요약

TRNSYS 시뮬레이션은 일련의 제어문과 본 장에서 설명되는 데이터 행들에 의해 지정되고 조종된다. SIMULATION문은 각 TRNSYS 입력 파일에 반드시 나타나야 하며 일반적으로 입력 파일의 앞 부분에 위치한다. TOLERANCES, LIMITS, CONSTANTS, EQUATIONS, ACCELERATE, LOOP-REPEAT, DFQ, NOCHECK, EQSOLVER, SOLVER 그리고 ASSIGN문은 선택사항들이다. 이러한 제어문들은 제 2 장에서 이미 소개되었다.

시스템 모델에서의 각 컴포넌트는 UNIT-TYPE문에 의해 인식되며, 컴포넌트 Parameters에 값을 할당하는 명령이 뒤따르며, 모든 컴포넌트 Inputs에 대한 소스를 확인하고 시간 의존 미분방정식과 Inputs에 초기값을 할당한다. 선택적인 TRACE문(또는 EQUATIONS 블록의 경우 ETRACE문)은 사용자 작성 Type 서브루틴의 디버깅을 돕는 데 이용 가능하며, TRNSYS 시뮬레이션에서 직면하는 문제점들을 조사하는 데 이용될 수 있다. 선택적인 FORMAT문은 특정 컴포넌트의 Output의 형식을 지정하는 데 사용될 수 있으며, 이들 컴포넌트 제어문은 제 3 장에서 소개되었다.

몇몇 선택적인 제어문들이 TRNSYS Output 목록에 영향 미치기 위해 사용될 수 있다. 이들은 제 4 장에서 소개되었다. 특히 MAP 제어문은 컴포넌트 상호 연결 디버깅에 매우 유용하다.

주석행과 공백행 또한 TRNSYS 입력 파일에 포함될 수 있다. 이 제어 입력 파일(control input file)은 END문으로 끝나야 한다.

TRNSYS 프로세서는 각 제어문의 단지 첫 3자만을 필요로 한다. 그러므로 SIM은 SIMULATION, TOL은 TOLERANCES 등을 대신하여 사용될 수 있다.

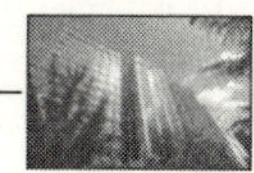

9. TRNEdit 사용법

9-1 TRNSYS Input files의 실행과 편집

TRNEdit는 TRNSYS 입력 파일 [*.dck]을 편집하는 데 활용될 수 있다. TRNSYS 설치로 생성되는 단축 아이콘을 통해 프로그램을 실행시킬 수 있으며, 확장자 [*.dck]인 표준 TRNSYS 입력 파일이 아닌 확장자 [*.trd]인 TRNSED 파일을 열어 프로그램을 시작할 수 있다. [*.dck] 파일을 열기 위해서는 필터를 'TRNSED file' 대신에 'TRNSYS files'로 변경해야 한다.

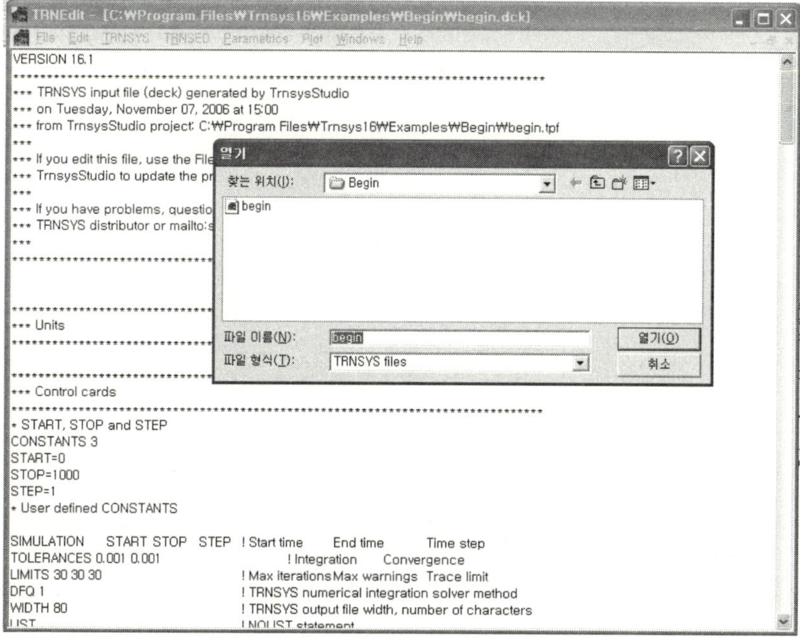

[그림 9-1] TRNEdit에서의 TRNSYS Input file 수정

일단 입력 파일이 준비되면, F8 키를 누르거나 TRNSYS/Calculate 메뉴를 사용하여 입력 파일을 실행시킬 수 있다[그림 9-2].

[그림 9-2] 실행 메뉴

시뮬레이션을 실행시킨 후[그림 9-3], 시뮬레이션 Output 파일들이 Windows 메뉴를
통해 접근될 수 있다. Listing과 log 파일들이 시뮬레이션에 관한 정보를 포함하고 있으
며, 다른 파일들은 시뮬레이션에 사용된 Input과 Output files이다 [그림 9-4].

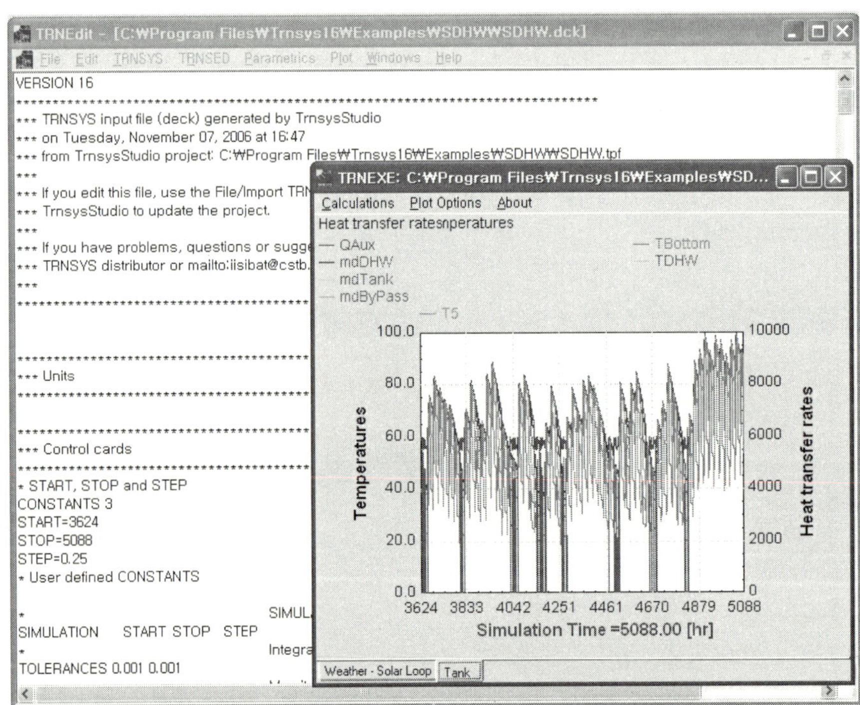

[그림 9-3] TRNEdit에서 TRNSYS 입력 파일의 실행 예

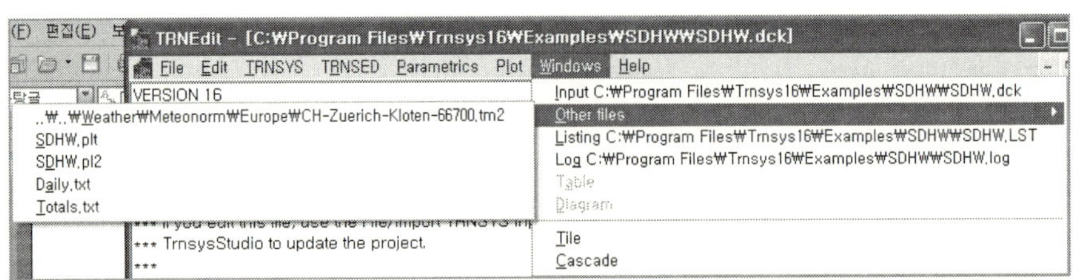

[그림 9-4] Windows 메뉴를 통한 생성된 파일 목록 확인

결과는 텍스트 모드에서 출력 파일을 자세히 살펴봄으로써 분석될 수 있으며, [그림 9-5]와 같이 Plot 메뉴를 통해 기본적인 Plots를 생성할 수도 있다.

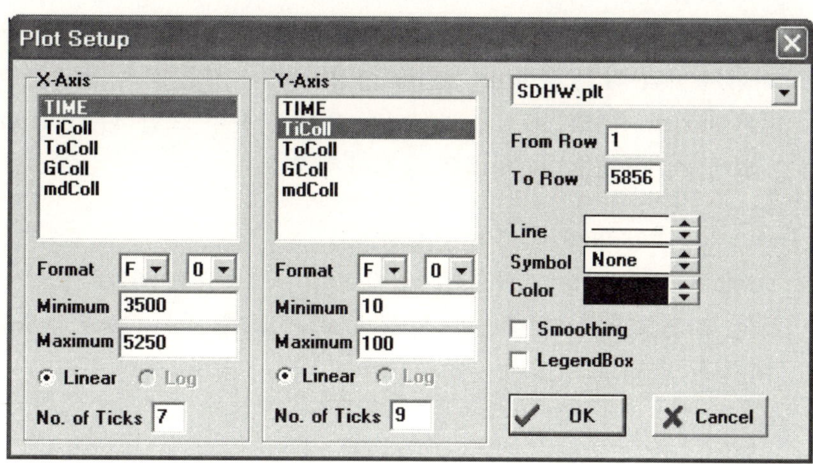

[그림 9-5] Plots를 통한 분석

9-2 **Parametric Runs**

동일한 TRNSYS 시뮬레이션을 몇 가지 중요한 매개변수들의 값을 변경시켜 실행시키는 것이 가능하다.

1. Preparing the Input file

본 절에서 사용된 입력 파일의 위치는 다음과 같다.

[\Examples\Parametric Runs\SDHW-ParametricRuns.dck]

이것은 동일한 디렉토리에서 TRNSYS Studio Project로부터 생성되었으나, 'Parametric Studies'에 적용하기 위해 다음 법칙들에 따라 수정되었다.

(1) Input and Output files

각 Parametric Run에 의해 생성되는 모든 Output 파일들은 ***.out, ***.ou2,

***.ou3 등과 같이 할당되는 서로 다른 확장자를 갖지만, DCK 파일과 동일한 파일 명을 갖는다. TRNEdit는 자동적으로 이들 파일에 실행번호를 부여할 것이다. 서로 다른 이름을 갖는 Input/Output 파일들에 대하여 이렇게 행하지는 않는다.

이 예제에 있어 두 가지 특징 모두를 사용하고 있다. 항상 동일한 기상 자료를 사용하며, 하나의 요약 파일 [Totals.txt]을 생성하지만, 일별 분석 결과는 매 실행에 대하여 다른 파일로 출력된다. Totals.txt를 위해 사용된 프린터는 Output 파일을 구성하기 위해 추가되었으며, 라벨은 출력하지 않는다.

(2) **Identifying the Parameters for the Study**

Parametric Table 기능은 TRNSYS 입력 파일에서 CONSTANTS로 선언되는 변수를 변경할 수 있도록 한다. Studio는 EQUATIONS을 갖는 Deck 파일을 생성하였으며, 여기에 몇 가지 수정이 필요하다.

[수정 전]

```
* EQUATIONS "Simulation Parameters"
*
EQUATIONS 4
AColl = 5.0
DHWDailyLoad = 200
mdCollMax = 40*AColl
VStorage = 0.060*AColl ! In m^3
*$UNIT_NAME Simulation Parameters
*$LAYER Main
*$POSITION 331 136
```

[수정 후]

```
* ––– CONSTANTS that come from the "Simulation parameters" block in the Studio
CONSTANTS 2
AColl = 5.0
DHWDailyLoad = 200
* ––– Other varaibles are left as equations
EQUATIONS 2
mdCollMax = 40*AColl
VStorage = 0.060*AColl ! In m^3
```

2. Creating the Parametric Table

Parametrics/New Table 메뉴는 입력 파일에서 지정된 모든 CONSTANTS를 보여주는 창을 생성할 것이다.

사용자는 [그림 9-6]과 같이 이들을 선택한 후 [>] 버튼을 클릭함으로써 CONSTANTS를 Parametric Table에 추가할 수 있다.

이 예제의 경우, 급탕 부하가 200과 300 L/day인 경우의 집열기 면적이 1~10 m^{2}까지 5단계로 변할 경우의 영향을 분석하고 한다.

원할 경우 이 도표는 File / Save 메뉴를 통해 [*.tbl] 파일로써 저장될 수 있다.

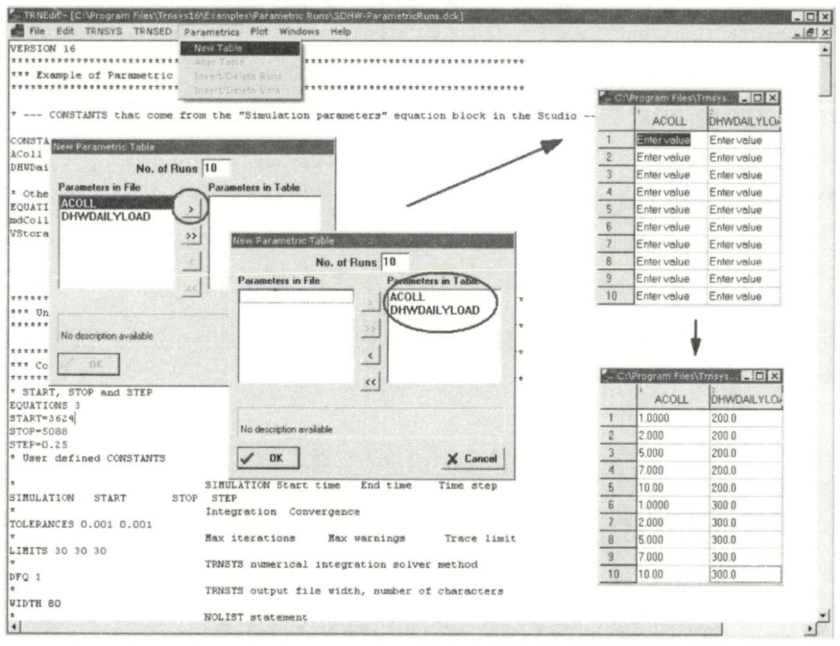

[그림 9-6] Parametric Table의 생성

3. Running the Table

Table이 활성화되면, TRNSYS 메뉴에 Run Table 메뉴가 이용 가능하게 된다. 이것은 모든 TRNSYS 실행을 [그림 9-7]과 같이 연속적으로 수행할 것이다.

Parametric study가 진행되는 동안, TRNSYS 메뉴의 'Run Table' 메뉴는 'Stop Table' 메뉴로 바뀌며, Parametric Run을 멈출 때 사용될 수 있다.

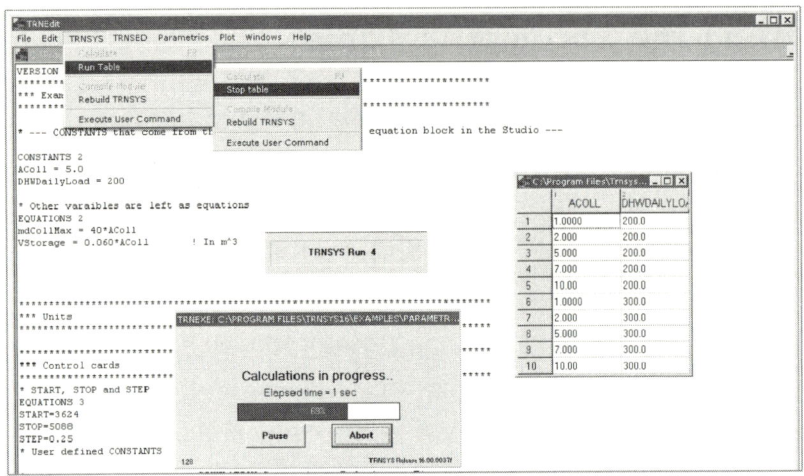

[그림 9-7] Parametric Table의 실행

4. Analyzing the results

본 예제에 있어 사용자는 생성된 10개의 Output 파일(SDHW-ParametricRuns1.out 에서부터 SDHWParametricRuns10.out까지)을 갖는다. 시뮬레이션 요약 또한 Totals.txt 에 출력되고, 10개의 Parametric Run에 대한 요약을 포함하고 있으며 라벨들은 한 번 입력되어야 한다. [그림 9-8]은 MS Excel 파일로 요약 파일을 열고, 이것을 그래프로 나타낸 것을 보여주고 있다.

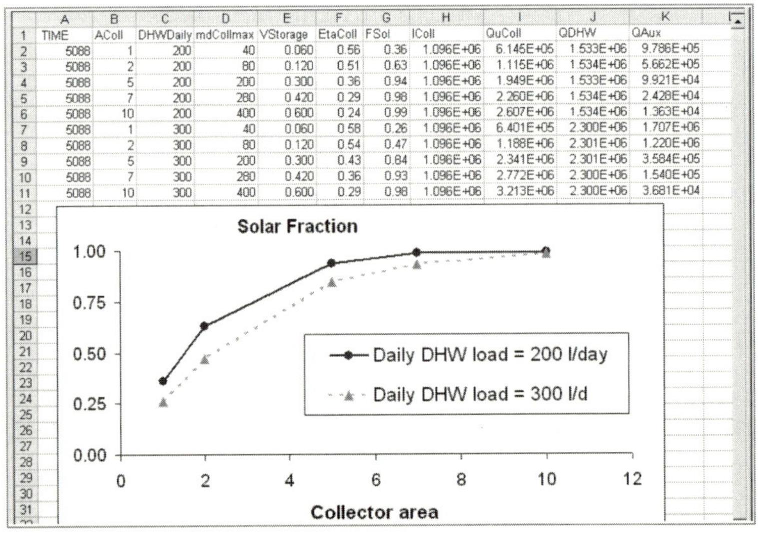

[그림 9-8] MS Excel에서 Parametric Run의 출력값을 분석한 예

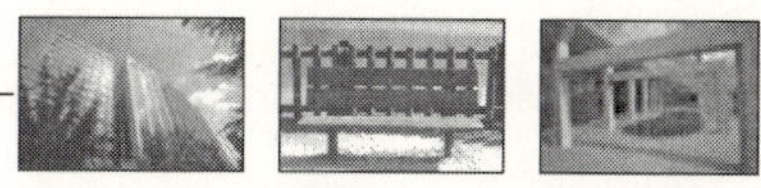

10. TRNSED 응용 프로그램 생성법

본 장에서는 Simulation Studio와 TRNEdit/TRNSED를 이용한 TRNSYS 기반을 재배포할 수 있는 응용(TRNSYS-based re-distributable application) 프로그램을 생성하는 방법에 관하여 설명한다.

10-1 Starting point : TRNSYS Studio project

예제 파일 [Examples\TRNSED-Advanced\SDHW-TRNSED(Studio).tpf]을 먼저 연다. 이것은 SDHW 예제에 약간의 수정을 가한 것이다. 이 수정은 다음에 나열되어 있다.

[그림 10-1]과 같이 Control Cards에서 Write TRNSED Commands를 'True'로 설정하고, Deck 파일명을 SDHW-TRNSED(Studio).trd로 변경한다. 왜냐하면, TRNSED 응용 프로그램은 확장자 [*.trd]로 지정되어야 한다.

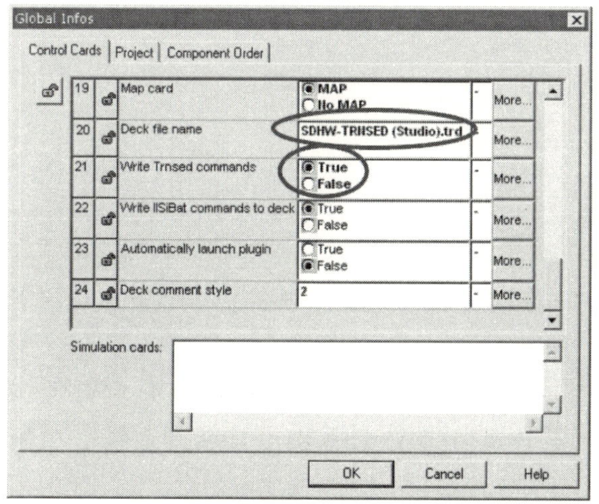

[그림 10-1] TRNSED 프로젝트를 위해 수정된 Control Cards

TRNSED는 프로젝트에 대한 사용자가 이용할 수 있는 매개변수들 몇 개만을 갖는 간소화된 View를 나타낼 것이다. 사용자는 이들 매개변수를 'unlocked' 상태를 유지한 채 선택할 필요가 있으며, 반면에 사용자는 모든 다른 매개변수들을 'lock' 상태로 감출 수 있다.

이것은 시뮬레이션에서 모든 컴포넌트의 매개변수를 열어, 관련된 매개변수들에 대한 'lock' 아이콘을 클릭함으로써 행해진다. 또한, 각 탭의 좌측 상단의 'lock' 아이콘을 클릭함으로써, 하나의 컴포넌트에 대한 모든 매개변수들을 잠그는 것이 가능하다. 사용자는 변경을 원하지 않는 Studio 내의 모든 영역에 대하여 'lock' 시켜야 한다. 이것은 [그림 10-2]의 예와 같이 매개변수뿐만 아니라 입력 및 도함수의 초기값 그리고 파일명도 포함한다.

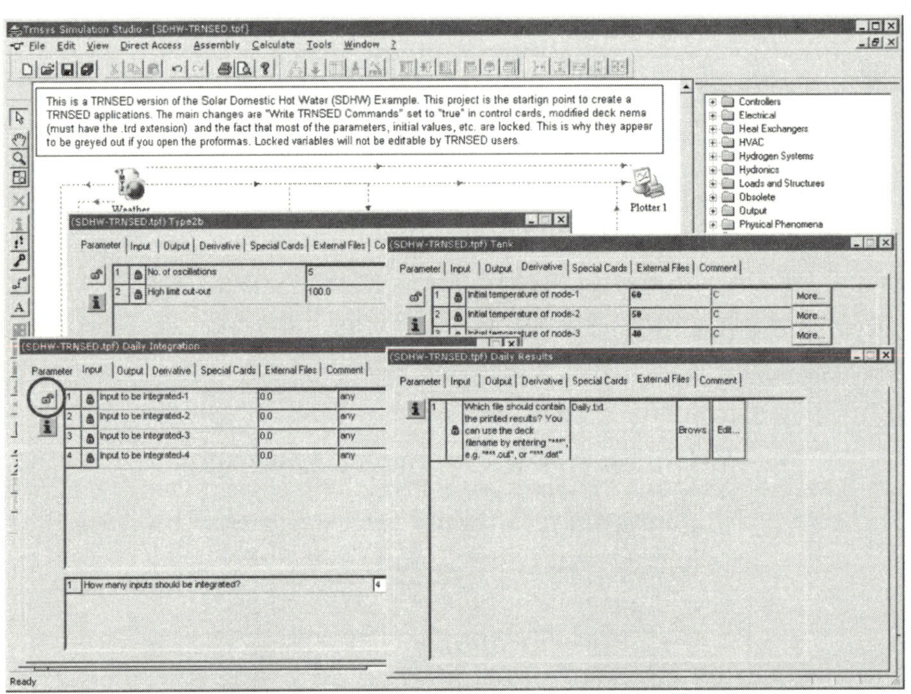

[그림 10-2] 컴포넌트의 모든 변수 및 파일명에 대한 잠금 예

이 경우 사용된 기상 데이터, 태양열 집열기의 경사 및 방위각, 설치 면적, 탱크 체적 그리고 혼합 밸브를 거친 보조 난방과 가정용 급탕의 설정점은 사용자가 변경할 수 있도록 허용한다.

일단 모든 'lock-unlock' 설정이 정확히 완료되면, 사용자는 Calculate/Create Input file 메뉴 또는 'pen' 버튼을 이용하여, TRNSYS 입력 파일 [*.dck]을 생성할 수 있다.

10-2　Editing the TRNSED file in TRNEdit

　입력 파일을 생성한 후, TRNEdit를 시작하여 이 파일을 연다. TRNEdit는 이 입력 파일이 그것의 확장자와 Studio에 포함된 TRNSED 명령에 의해 TRNSED 파일임을 인식한다.

　TRNEdit는 입력 파일의 소스 코드를 보여주는 탭과 파일의 TRNSED 형식을 보여주는 2개의 탭을 생성한다. 이 두 탭은 [그림 10-3]과 같다.

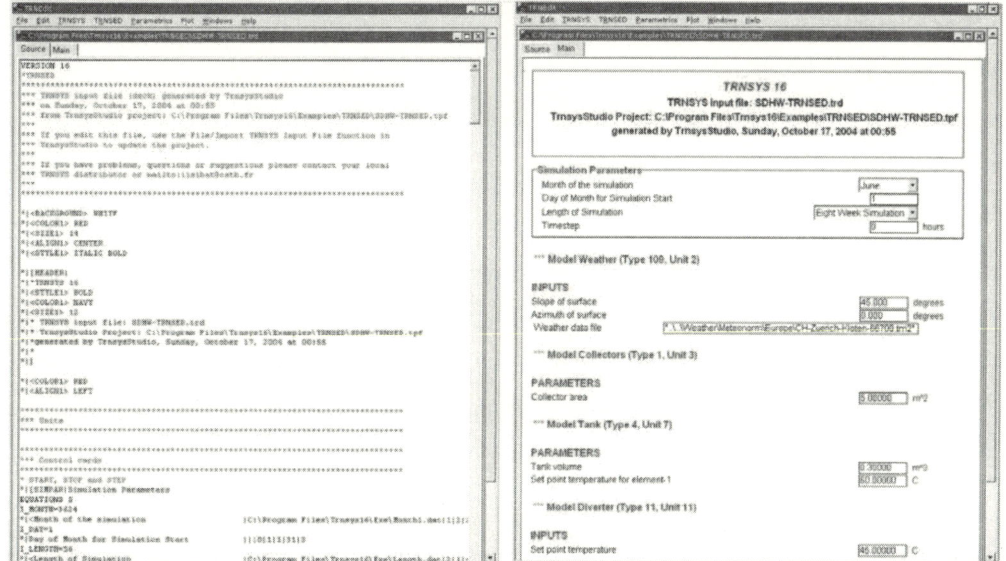

[그림 10-3]　Opening the Input file in TRNEdit : The Source Tab and the TRNSED View

　두 탭을 앞뒤로 번갈아 가며 움직임으로써 사용자는 변경에 따른 소스 코드의 영향을 TRNSED View에서 즉시 확인할 수 있다.

10-3　Basic formatting

　모든 TRNSED 명령은 '*|'와 함께 시작된다. 첫 번째 문자 '*'는 TRNSYS에서 이들 지시를 무시할 것이 확실하다. TRNSED 파일의 첫 번째 몇 행들은 제목 및 Comment

Block을 설정한다. 사용자는 이것을 다음 행들과 어울리도록 수정할 수 있다.

```
*|<BACKGROUND> WHITE
*|<COLOR1> RED
*|<SIZE1> 20
*|<ALIGN1> CENTER
*|<STYLE1> ITALIC BOLD
*|[HEADER|
*|*Solar Domestic Hot Water System
*|<STYLE1> BOLD
*|<COLOR1> NAVY
*|<SIZE1> 12
*|* TRNSYS input file: SDHW-TRNSED.trd
*|* A simple TRNSED demo
*|]
```

몇 가지 TRNSED 명령들이 다음에 설명된다.

● Groups : TRNSED Controls에 의해 이 group은 실행 또는 정지될 수 있다. 그리고 이 명령은 group 설정을 인식할 수 있도록 '[,]'에 의해 둘러쌓인다. TRNSED Controls를 위해 그룹명을 가지며, TRNSED View에 표시되는 그룹 타이틀을 갖는다. 이 그룹 명령의 형식은 다음과 같다.

```
*|[GroupName|Group title
  ⋮
*|]
```

● Text Style 속성 : 대표적인 것으로 '*|<COLOR1> RED'가 있다. 이 명령은 주석문의 색상을 설정한다. 사용자는 일반적인 색상명(color name)이나 다음의 문법 형식과 유사한 Red, Green 그리고 Blue levels(1~255)에 대한 값을 지정함으로써 특정 색상을 사용할 수 있다. 참고로 다음 숫자는 SEL 로고에 사용된 암적색(darker red)이다.

```
*|<color1> rgb(204, 0, 0)
```

다른 명령어로는 다음과 같다.

*|⟨STYLE1⟩ (e.g. bold, italic), *|⟨ALIGN1⟩ (left, center, right).

● 주석문 : 이 명령은 '*|*'로 시작한다. 이 명령어 다음의 텍스트는 단지 TRNSED에
  의해 표시만 된다.
  　사용자는 파일에 추가적인 그룹들을 생성할 수 있다. Type 109(Data Reader and
  Weather Data Processor)에 관한 장에서

```
*|*
*|* *** Model Weather(Type 109, Unit 2)
*|*
CONSTANTS 2
*|*INPUTS
SLOPEOFS = 45
*|Slope of surface |degrees|degrees|0|1|0|90.000|1000
AZIMUTHO = 0
*|Azimuth of surface |degrees|degrees|0|1|-
360|360.000|1000
UNIT 2 TYPE 109 Weather
*$UNIT_NAME Weather
*$MODEL .\Weather Data Reading and Processing\Standard Format\TMY2\
    Type109-
*$POSITION 103 129
*$LAYER Weather/Data Files # Weather-Data Files #
PARAMETERS 4
2 ! 1 Data Reader Mode
36 ! 2 Logical unit
4 ! 3 Sky model for diffuse radiation
1 ! 4 Tracking mode
INPUTS 3
0,0 ! [unconnected] Ground reflectance
0,0 ! [unconnected] Slope of surface
0,0 ! [unconnected] Azimuth of surface
*** INITIAL INPUT VALUES
0.2 SLOPEOFS AZIMUTHO
```

*** External files
ASSIGN "..\..\Weather\Meteonorm\Europe\CH-Zuerich-Kloten-66700.tm2" 36

사용자는 STUDIO에 의해 삽입된 불필요한 주석문들을 제거하고, 'LOCATION'라 불리는 그룹 내의 이 컴포넌트와 관련된 모든 Input 영역들을 둘러싸기 위해 이것을 수정할 수 있다.

* Weather data file and Collector azimuth and slope
*|[LOCATION]|Location
CONSTANTS 2
SLOPEOFS = 45
*|Slope of surface |degrees|degrees|0|1|0|90.000|1000
AZIMUTHO = 0
*|Azimuth of surface |degrees|degrees|0|1|-
360|360.000|1000
UNIT 2 TYPE 109 Weather
PARAMETERS 4
2 ! 1 Data Reader Mode
36 ! 2 Logical unit
4 ! 3 Sky model for diffuse radiation
1 ! 4 Tracking mode
INPUTS 3
0,0 ! [unconnected] Ground reflectance
0,0 ! [unconnected] Slope of surface
0,0 ! [unconnected] Azimuth of surface
*** INITIAL INPUT VALUES
0.2 SLOPEOFS AZIMUTHO
*** External files
ASSIGN "..\..\Weather\Meteonorm\Europe\CH-Zuerich-Kloten-66700.tm2" 36
*|? Weather data file |1000
*|]

모든 개별 컴포넌트들을 그룹에 포함하기 위해 이와 유사한 변경을 하면, 사용자는 [그림 10-4]와 유사한 TRNSED View를 얻게 될 것이다.

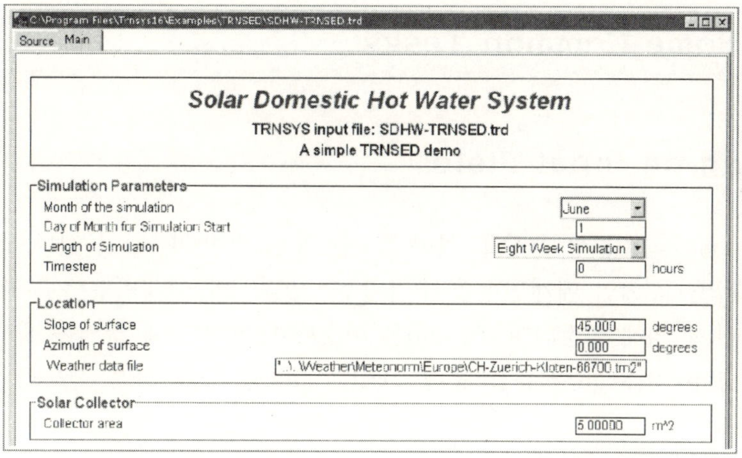

Solar Domestic Hot Water System

TRNSYS input file: SDHW-TRNSED.trd

A simple TRNSED demo

Simulation Parameters

Month of the simulation — June

Day of Month for Simulation Start — 1

Length of Simulation — Eight Week Simulation

Timestep — 0   hours

Location

Slope of surface — 45.000   degrees

Azimuth of surface — 0.000   degrees

Weather data file — "..\..\Weather\Meteonorm\Europe\CH-Zuerich-Kloten-66700.tm2"

Solar Collector

Collector area — 5.00000   m^2

[그림 10-4] TRNSED View after Creating Groups

주의 : 만약 사용자가 Simulation Studio에서 몇 개의 매개변수들을 잠그지 못했거
나, 추가 매개변수들을 숨기고자 할 경우, TRNSYS 명령들을 수정함 없이
TRNSED 명령을 제거하는 것은 매우 쉬우며, '*|'로 시작되는 행들을 삭제하
거나 주석문화시킴으로써 가능하다.

이것은 '|' 앞의 두 번째 '*'를 추가함으로써 쉽게 행해진다. 다음의 예제는 Collector
Slope에 대한 입력 영역을 보여주며, 또 다른 하나는 Weather Data file을 선택하는 것
을 나타낸다.

```
SLOPEOFS = 4.5000000000000E + 01                        <== '*|'이 삭제됨
*|Slope of surface |degrees|degrees|0|1|0|90.000|1000
...
ASSIGN "..\..\Weather\Meteonorm\Europe\CH-Zuerich-Kloten-66700.tm2" 36
*|? Weather data file |1000
```

The modified version here below is the same as far as TRNSYS is concerned but
will not create the TRNSED input fields:

```
SLOPEOFS = 4.5000000000000E + 01
**|Slope of surface |degrees|degrees|0|1|0|90.000|1000
...
ASSIGN "..\..\Weather\Meteonorm\Europe\CH-Zuerich-Kloten-66700.tm2" 36
**|? Weather data file |1000
```

10-4 Some Common Tasks

1. Adding an Input Field

TRNSED demo의 유용성 향상을 위해 할 수 있는 것이 몇 가지 있다.

사용자는 Daily load인 매개변수를 추가할 수 있다. 이 매개변수는 시뮬레이션 내의 equation block에 의해 설정되며, Studio는 이것에 대하여 입력 영역을 생성할 수 없다.

예를 들어, Edit/Search 메뉴를 통해 'Daily load'에 관한 다음 행들을 찾아보자.

* EQUATIONS "Daily load"

EQUATIONS 2

mdDHW = [9,1] * 200 ! Multiply by daily consumption

TCold = 15

We will replace the constant 200 with a new variable, DayDraw:

mdDHW = [9,1] * DailyDraw ! Multiply by daily consumption

Then we have to define that variable and include it in a TRNSED command in the

   "DHW Load" group:

*|[DHW|DHW Load

Constants 1

DailyDraw = 200

*|Daily hot water draw |l/d|m^3/d|0|0.001|0|1000.00|9999

··· Rest of the DHW group

입력 영역을 추가하기 위한 형식은 다음과 같다.

TRNSYS CONSTANT or EQUATION(Variable = 12345.6789)

*|Description |Units1|Units2|Add|Mult|Min|Max|Help

여기서,

- Description : TRNSED에 의해 표시되는 기술적인 텍스트
- Unit1 : 최우선 단위 체계에서의 변수 단위들
- Unit2 : 두 번째 단위 체계에서의 변수 단위들
- Add/Mult : 1과 2 사이의 단위 변환 : Unit 2 = Add + Mult * Unit1

- **Min** : 매개변수의 최소 허용값
- **Max** : 매개변수의 최대값. 또한, 이 값은 변수를 표시하는 데 사용된 형식을 고정 시킨다. 만약 사용자가 최대값으로 '100'을 입력하고, 소수점 아래 3자리까지 표시 하기를 원한다면, 사용자는 '100.000'으로 지정할 필요가 있다.
- **Help** : 텍스트 파일에서의 도움말 번호로 확장자 [*.trd] 파일과 확장자 [*.hlp] 파일은 동일한 이름으로 지정되어야 한다.

이 행을 추가하면, DHW Load group을 [그림 10-5]와 같이 볼 수 있다.

[그림 10-5] 입력 영역의 추가 (Adding an Input Field)

2. Reorganizing TRNSED Fields

사용자는 'Location' 그룹의 제거를 고려할 수 있다. 기상 데이터 파일 선택은 'Simulation Parameters' 그룹으로 옮길 수 있으며, Collector Slope과 Azimuth은 'Solar Collector' 그룹으로 옮길 수 있다.

주의 : TRNSED Commands을 주변으로 이동할 때, 이 파일은 TRNSYS에 의해 실행 되어져야만 하는 것을 기억하는 것은 매우 중요하며, TRNSED 입력 파일을 수 정할 때, TRNSYS 문법에 맞추는 것 또한 중요하다.

[그림 10-6]은 초기 화면을 보여준다.

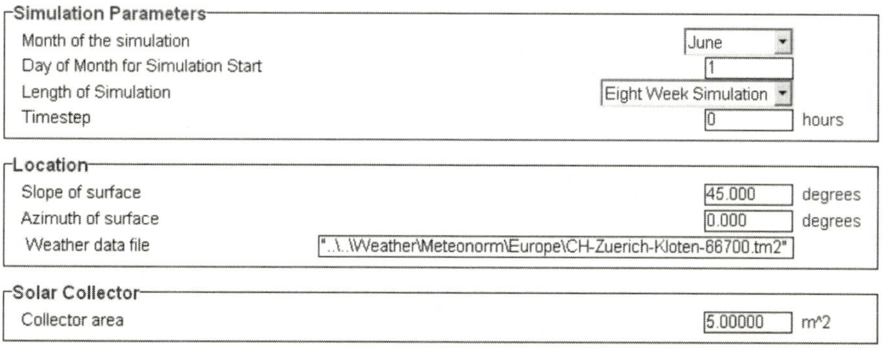

[그림 10-6] Reorganizing the Input file (1단계)

이 파일을 수정하기 위해서는, 'Solar Collector' 그룹에 대한 Opening 명령을 위로 이동하고, 'Location' 그룹의 기존 Opening을 'Solar Collector' 그룹으로 대체한다. 그리고 'Location' 그룹을 삭제하면, [그림 10-7]과 같이 된다.

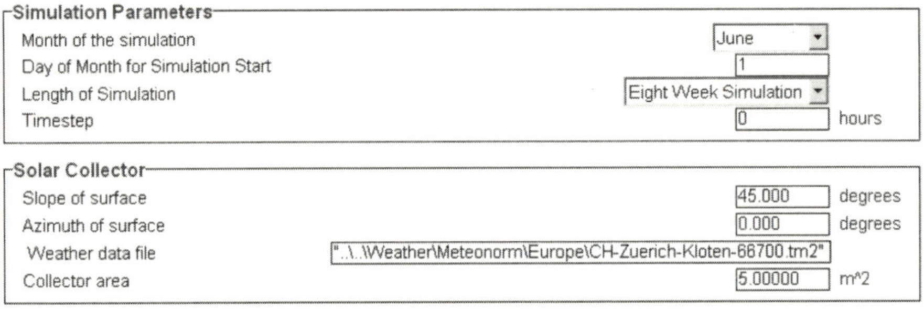

[그림 10-7]   Reorganizing the Input file (2단계)

'Simulation Parameters' 그룹 안으로 'Solar Collector' 그룹에 포함되어 있는 다음 두 행을 이동시킨다.

ASSIGN "..\..\Weather\Meteonorm\Europe\CH-Zuerich-Kloten-66700.tm2" 36
*|? Weather data file |1000

사용자는 반드시 두 행을 동시에 이동해야 한다. TRNSYS는 Type 109의 매개변수 가운데 하나인 Logical Number Unit(36)으로 인하여 Data Reader와 이 파일을 정확하게 관련시킬 것이다.

위와 같이 두 행을 이동하고, 'Simulation Parameters' 그룹을 Closing Statement한다. 또한, 다른 사용자가 시뮬레이션의 시간 간격을 변경하는 것을 방지하기 위해 '*|Timestep …'의 앞에 '*'를 하나 더 추가시켜, '**|Timestep …'로 변경하도록 한다. 그럼 [그림 10-8]과 같은 결과를 볼 수 있을 것이다.

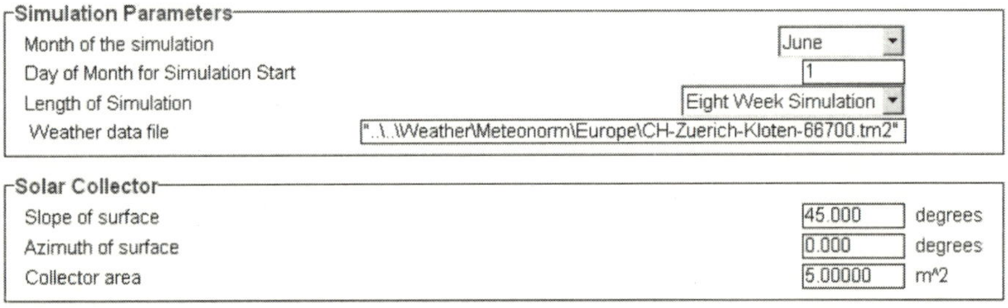

[그림 10-8]   Reorganizing the Input file (3단계)

10-5　Adding Pictures and Links

1. Pictures

　사용자는 보다 사용자에게 친숙한 파일을 만들기 위해 시스템 개념도를 추가할 수 있다. TRNSED는 [*.bmp]와 [*.jpeg] 파일을 사용할 수 있다. 본 절의 설명을 위해 [Examples\TRNSED-Advanced\Images] 폴더에 메인 이미지로써 사용할 파일인 'SDHWSchematics.bmp'이 포함되어 있다. 이 이미지는 TRNSYS STUDIO에서 개념도를 단순화하기 위하여 출력 항들을 숨긴 다음 스크린-샷을 통해 생성된 것이다.

　사용자는 첫 번째 그룹 내에 이 이미지를 삽입할 수 있다. 그룹의 closing 명령 전에 '*|*A Simple TRNSED demo' 행 아래에 다음의 행을 추가시키면 된다.

```
*|<img src = "Images\SDHW-Schematics.bmp">
```

　이미지를 추가하는 데 사용된 문법은 HTML 문법과 매우 유사한다. [그림 10-9]는 이미지를 삽입한 후, 메인 Application Tab의 스크린-샷을 보여준다.

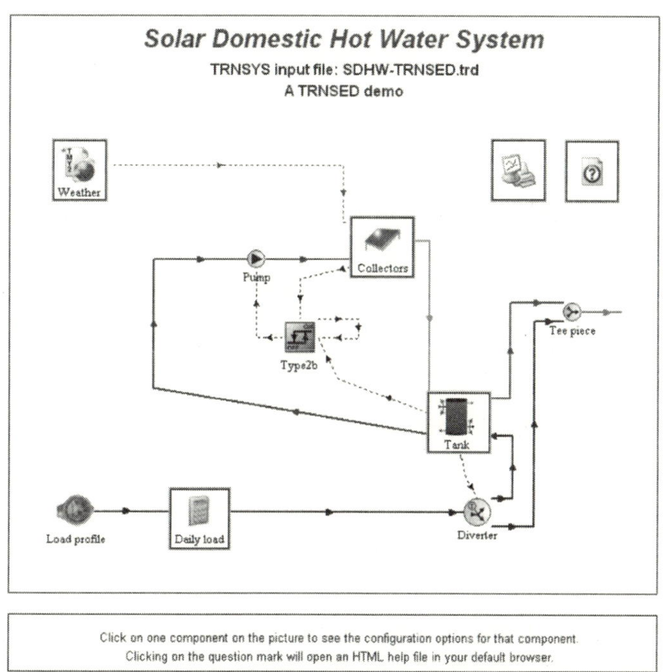

[그림 10-9]　Screenshot of SDHW-TRNSED-Advanced.trd, Main Screen

2. Links

사용자는 이미지에 사용자 클릭을 통해 도움말을 볼 수 있도록 하는 [?] 아이콘이 포함된다는 점에 주목할 수 있다. TRNSED는 사용자가 이미지에 어떠한 지침을 포함시키는 것을 가능하게 한다. 이 간단한 예제에 있어 사용자는 이미지의 어떤 것을 클릭할 경우, 도움말 파일이 나타나도록 할 수 있다.

이미지와 함께 프로그램이나 파일을 링크시키기 위해, 'img' tag를 가리키는 'href = …'를 추가하면 된다.

```
*|⟨img src = "Images\SDHW-Schematics.bmp" href ="Help\SDHW-Help.html"⟩
```

또한, 사용자는 이미지 위로 마우스가 움직일 때 사용자에게 간단한 설명이 보이도록 할 수 있으며, 이것은 다음과 같이 'hint'를 추가함으로써 가능하다.

```
*|⟨img src = "Images\SDHW-Schematics.bmp"  href = "Help\SDHW-Help.html"
  hint = "Click for help"⟩
```

10-6 Multiple Tabs

1. Adding Multiple Tabs

지금부터 사용자는 메인 페이지에 이미지를 가지고 있으며, 형태의 변경을 위해 너무 많이 스크롤 다운하지 않기 위해 컴포넌트들을 서로 다른 Tab에 배치하는 것은 좋은 생각이다.

Tabs은 Opening과 Closing Tag를 필요로 하고, 이름을 갖는다는 점에서 그룹과 비슷하다.

```
*|⟨TabWindow name = "Solar Collector"⟩
...
All TRNSED commands that should appear in the "solar collector" tab
...
*|⟨/TabWindow⟩
```

이 간단한 예제에서 사용자는 독립된 Tab에 각 컴포넌트를 포함시킬 수 있다. 사용자
가 가지고 있는 'Simulation parameters' 그룹의 경우

```
*|〈TabWindow name = "Simulation parameters"〉
*|[SIMPAR|Simulation Parameters
EQUATIONS 5
I_MONTH = 3624
...
ASSIGN "..\..\Weather\Meteonorm\Europe\CH-Zuerich-Kloten-66700.tm2" 36
*|? Weather data file |1000
*|]
*|〈/TabWindow〉
```

주의 : 지금까지 각 Tab 창은 단지 하나의 그룹만을 가진다. 일반적으로 사용자는 하
나의 Tab에 여러 개의 그룹을 포함할 수 있다. 각 그룹은 단지 하나의 Tab의
일부분이 된다. 동일한 그룹은 여러 Tab 창에 확장되어 사용될 수 없다.

2. Links between Tabs

사용자는 Tab 이름을 클릭함으로써 Tab 상호간을 이동할 수 있을 것이다. 또한, Tab
들은 이미지에 의해 서로 링크될 수 있다.

여기서는 다른 Tab으로부터 메인 Tab으로의 'Back' 링크를 추가시킬 것이다. 이렇게
하기 위해서는 사용자는 'Simulation Parameters' Tab 창에 하나의 그룹을 추가한다.

```
*|〈TabWindow name = "Simulation parameters"〉
*|[SIMPAR|Simulation Parameters
...
*|]
*|[SIMPAR-Back|
*|〈img src = "Images\Back.bmp" align = "center" href = "#Main" hint = "back
    to main"〉
*|]
*|〈/TabWindow〉
```

그리고 사용자는 모든 Tab에 대하여 똑같은 작업을 수행할 수 있으며, [그림 10-10]
은 'Solar Collector' Tab 창에 'Back' 링크가 추가된 화면을 보여준다.

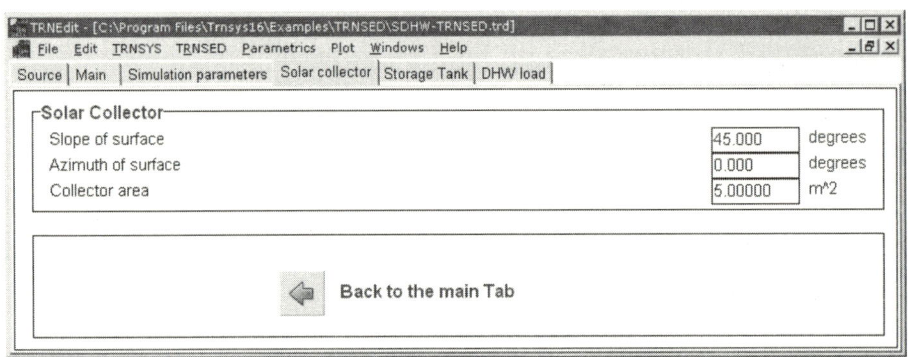

[그림 10-10] Adding a "Back" Button

10-7 Adding "hot spots" to pictures

지금까지는 그림의 어느 곳을 클릭하든지 같은 조치가 취해질 것이다. 또한, TRNSED
는 하나의 이미지에 클릭 가능한 영역을 지정할 수 있으며, 각 영역에는 서로 다른 조치
가 취해지도록 만들 수 있다.

1. Defining the Map of clickable areas

이 원리는 추가적인 텍스트 파일에 이미지에 대한 'Map'을 지정하기 위한 것이다. 이
Map은 단지 4각형 영역에만 지정될 수 있다는 점을 제외하고는 HTML Image Map과
유사한 문법을 사용하여 지정된다. TRNSYS 설치 디렉토리에 포함된 텍스트 파일은
[Images\SDHW-Schematics-Map.txt]이며, 다음과 같다.

```
! This file provides the mapping instructions for picture SDHW-Schematics.bmp
<area href = "#Simulation parameters" coords = "40,30,100,100" hint = "Simula-
    tion">
<area href = "Help\SDHW-Advanced-Help.html" coords = "600,30,660,100" hint
    = "Help">
```

〈area href = "#Solar Collector" coords = "365,110,434,175" hint = "Solar collec-
  tors"〉
〈area href = "#Storage Tank" coords = "450,300,520,365" hint = "Storage Tank
  Params"〉
〈area href = "#DHW Load" coords = "170,400,235,470" hint = "DHW Load"〉

각 행은 4각형은 지정하고, 이 사각형 내에 마우스가 위치할 때 수행되는 조치를 지정한다. 이 href = "…" 문에 의해 지시되는 링크는 TRNSED 응용에서의 Tabs은 물론 외부 파일이 될 수 있다.

2. Telling TRNSED to use a Map with an Image

다음 명령은 TRNSED 응용에서 생성된 Map과 이미지를 연관시킨다.

*|〈img src = "Images\SDHW-Schematics.bmp" usemap = "Images\SDHW-Sche-
  matics-Map.txt"〉

Map을 사용하는 이미지에는 아무런 href나 hint 설명도 나타나지 말아야 한다.

10-8   Adding a Pull-down menu for file selection

이것은 사용자가 컴퓨터의 브라우저를 통해 입력 파일들의 목록으로부터 선택하는 것보다 편리하게 파일을 선택할 수 있도록 한다.

지금까지 [그림 10-11]과 같이 'Simulation Parameters' Tab으로부터 기상 데이터 파일을 선택하였다.

다음의 TRNSED 명령에 의해 'Open' 대화 상자가 화면에 나타나게 된다.

ASSIGN "Weather\US-CA-San-Francisco-23234.tm2" 36
*|? Weather data file |1000

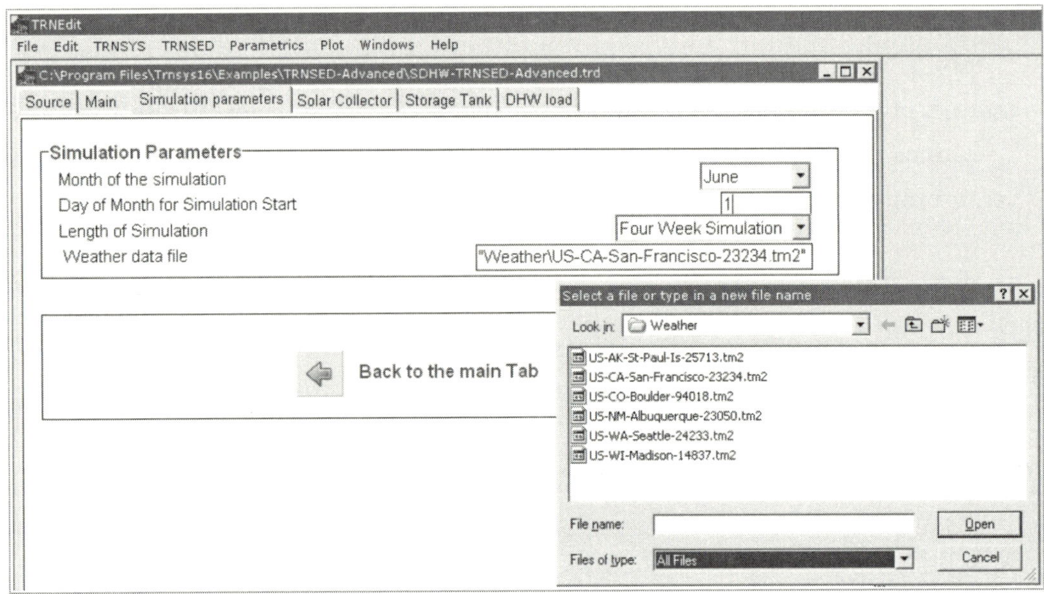

[그림 10-11] Selecting an Input or Output file with a "Browse" Dialog box

이것은 사용자에게 원하는 기상 데이터 파일 목록을 제공할 수 있으며, 이 목록은 다음과 같은 텍스트 파일로 입력되어야 한다.

6
1, Albuquerque(New Mexico), Weather\US-NM-Albuquerque-23050.tm2
2, Boulder(Colorado), Weather\US-CO-Boulder-94018.tm2
3, Madison(Wisconsin), Weather\US-WI-Madison-14837.tm2
4, Saint-Paul Islands(Alaska), Weather\US-AK-St-Paul-Is-25713.tm2
5, San Francisco(California), Weather\US-CA-San-Francisco-23234.tm2
6, Seattle(Washington), Weather\US-WA-Seattle-24233.tm2

첫 번째 행은 얼마나 많은 데이터 파일이 제공될 것인지를 나타낸다. 그 다음의 각 행은 순번, 표시될 파일 명칭 그리고 경로와 파일명이며, 콤마로 구분된다.
TRNSED에서 이 텍스트 파일을 사용하기 위한 명령은 다음과 같다.

ASSIGN Weather\US-WI-Madison-14837.tm2 36
*|〈Location used for weather data |"Weather\Weather files.txt"|2|3|1000

보이게 되는 이 주석 다음에 '|'로 구분된 4개의 항목들이 있으며, 각각 경로와 파일
명, 보이는 열(column)의 개수, ASSIGN문에서 사용될 열의 번호 그리고 여기에서는 사
용되지 않은 도움말 번호(help number)이다.

이상의 최종 결과는 [그림 10-12]와 같다.

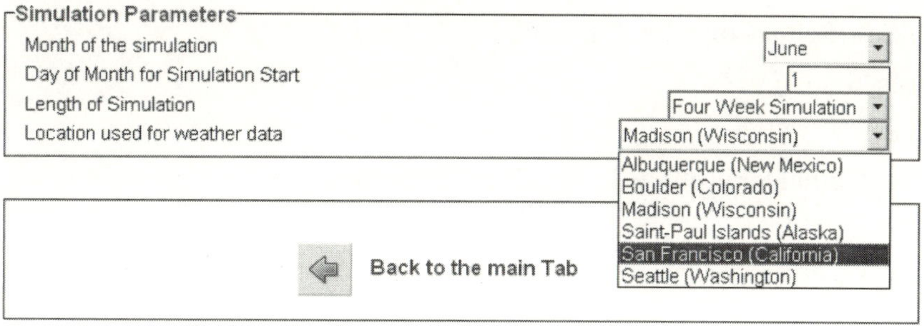

[그림 10-12]   Selecting an Input or Output file through a Pull-down menu

10-9 Adding a pull-down menu for other Parameters

풀-다운 메뉴들은 매개변수의 입력을 단순화시키는 방법으로써 제공될 수 있다. 예를
들어, 사용자가 현재 고정된 값으로 사용하고 있는 집열기 효율에 관한 매개변수들을 이
메뉴를 통해 입력할 수 있도록 한다.

UNIT 3 TYPE 1 Collectors
PARAMETERS 11
1 ! 1 Number in series
COLLECTO ! 2 Collector area
4.190000 ! 3 Fluid specific heat
1 ! 4 Efficiency mode
40 ! 5 Tested flow rate
0.800000 ! 6 Intercept efficiency(a0)
13 ! 7 Efficiency slope(a1)
0.050000 ! 8 Efficiency curvature(a2)
2 ! 9 Optical mode 2

0.200000 ! 10 1st-order IAM(b0)
0 ! 11 2nd-order IAM(b1)

다음의 형식은 사용자에게 열효율(thermal efficiency) 매개변수인 a0, a1 그리고 a2를 입력할 수 있도록 한다.

*|[ScEffEdit|Solar Collector Efficiency
constants 5
a0 = 0.8
*|Intercept efficiency(a0) |-|-|0|1|0.0|1.000|1000
a1 = 13
*|Intercept efficiency(a0) |kJ/h-m^2-K|W/m^2-K|0|0.277778|0.1|50.00|1000
a2 = 0.05
*|Intercept efficiency(a0) |kJ/h-m^2-K^2|W/m^2-K^2|0|0.277778|0.0|1.0000|1000
b0 = 0.2
*|First order IAM(b0) |-|-|0|1|0.0|1.000|1000
b1 = 0.0
*|Second order IAM(b1) |-|-|0|1|0.0|1.000|1000
*|]
UNIT 3 TYPE 1 Collectors
PARAMETERS 11
1 ! 1 Number in series
COLLECTO ! 2 Collector area
4.190000 ! 3 Fluid specific heat
1 ! 4 Efficiency mode
40 ! 5 Tested flow rate
a0 ! 6 Intercept efficiency
a1 ! 7 Efficiency slope
a2 ! 8 Efficiency curvature
2 ! 9 Optical mode 2
b0 ! 10 1st-order IAM
b1 ! 11 2nd-order IAM

새로운 'Solar Collector Efficiency' 그룹에 이러한 명령이 위치하게 되면 다음과 같다.

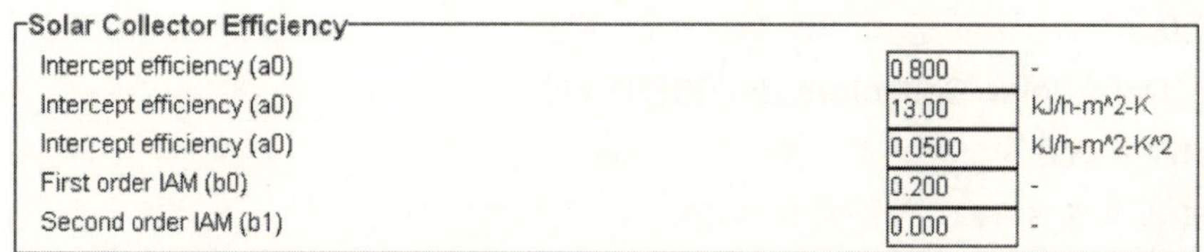

[그림 10-13] Entering Solar Collector Parameters Directly

그러나 a0, a1 그리고 a2를 알지 못하는 상태에서 기존의 집열기 목록을 가지고 있고, 이들 중 한 모델을 사용자가 선택할 수 있도록 하는 것이 보다 편리하며, 이것은 다음의 텍스트 파일을 통해 가능하다.

```
6
1, Flat Plate (Low Performance), 0.77, 4.000, 0.0250, 0.2, 0.0
2, Flat Plate (Avg Performance), 0.80, 3.500, 0.0125, 0.2, 0.0
3, Flat Plate (High Performance), 0.82, 3.500, 0.0080, 0.2, 0.0
4, Vacuum Tube (Low Performance), 0.65, 1.725, 0.0080, 0.1, 0.0
5, Vacuum Tube (Avg Performance), 0.75, 1.700, 0.0080, 0.1, 0.0
6, Vacuum Tube (High Performance), 0.83, 1.180, 0.0090, 0.1, 0.0
(NB          NAME                  A0   A1    A2      B0   B1)
```

파일에서의 값은 [kJ]이 아닌 [W]이며, 따라서 a1과 a2에 대한 단위 환산이 필요하다. 여기서, 새로운 그룹에 모든 것을 포함시킬 수 있으며 다음과 같다.

```
*|[ScEffList|Solar Collector Efficiency(from list)
equations 8
nColl = 2
*|〈Collector Type |"Data\Solar Collectors.dat"|2|1|1000
a0 = 0.80
*|〈a0 |"Data\Solar Collectors.dat"|0|3|1000
a1W = 3.500
*|〈a1 |"Data\Solar Collectors.dat"|0|4|1000
a2W = 0.0125
*|〈a2 |"Data\Solar Collectors.dat"|0|5|1000
b0 = 0.2
*|〈b0 |"Data\Solar Collectors.dat"|0|6|1000
```

```
b1 = 0.0
*|<b1 |"Data\Solar Collectors.dat"|0|7|1000
a1 = a1W * 3.6
a2 = a2W * 3.6
*|]
```

이 절의 앞에서 '*|<'로 시작되는 명령은 TRNSED에 [Data\Solar Collectors.dat]
파일이 보이도록 지시하며, Column 0(즉, 입력 영역은 숨김)을 보이고, a0를 Column
3으로 설정한다. 이상의 과정을 통해 보이는 결과는 [그림 10-14]와 같다.

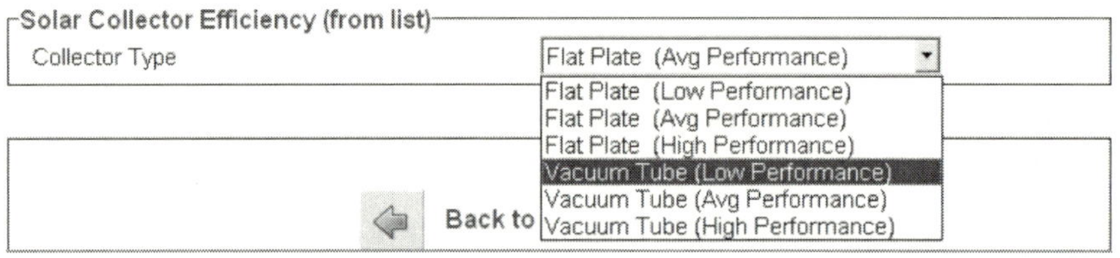

[그림 10-14]   Selecting Solar Collector Models from a Pull-down menu

10-10 Mutually Exclusive Choices : Radio Buttons

집열기 매개변수들을 입력하기 위한 두 가지 방법들이 동시에 사용될 수 없다는 것은
명백한 사실이다. 만약 위에서 설명한 두 방법을 동시에 사용하여 TRNSYS 파일을 실행
시킨다면, TRNSYS는 중복된 변수들에 의해 어려움을 겪을 것이다. 사용자는 이 문제를
두 옵션 가운데 하나를 선택하는 방법을 통해 해결할 수 있다. 즉, 효율 값을 입력할 것
인지, 아니면 목록으로부터 집열기를 선택할 것인지를 미리 결정할 수 있으며, 이것은
Radio 버튼을 사용하여 해결할 수 있으며, 다음의 명령을 통해서 가능하다.

```
*|(SOLARCOLLCHOICE|Solar Collector Parameters
*|Enter parameters directly |ScEffEdit|_ScEffList
*|Select collector type from a file |_ScEffEdit|ScEffList
*|)
```

위에서 보이는 '*|('는 Radio 버튼 그룹을 시작하는 명령이고, '*|)'는 이 버튼을 종료

하는 명령이다. 가운데 두 행은 Radio 버튼을 지정하고, 수직 바 '|'에 의해 구분되는 연속적인 그룹명은 'On' 또는 'Off'이다. [그림 10-15]는 각각의 Radio 버튼을 선택했을 때의 결과를 보여주고 있다.

```
*|Enter parameters directly |ScEffEdit |_ScEffList
        Radio 버튼 이름        On 상태    Off 상태
```

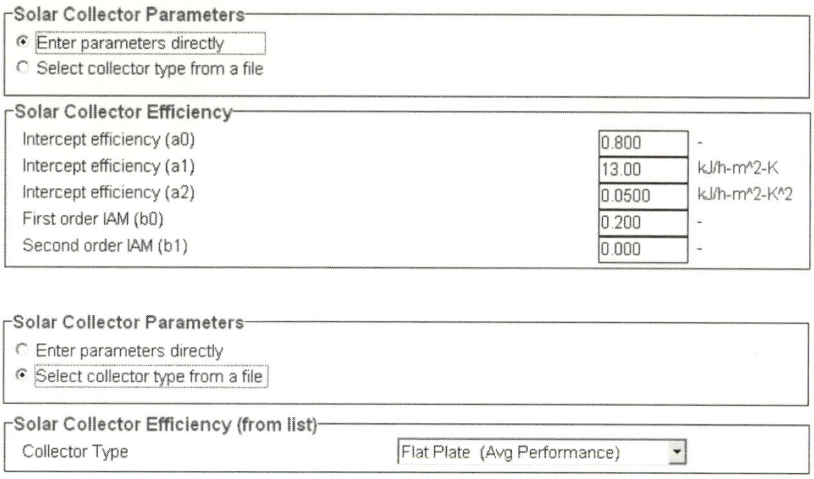

[그림 10-15] Using Radio Buttons to Control Mutually Exclusive Groups

첫 번째 옵션이 선택될 때의 소스 형식은 다음과 같다.

```
*|(SOLARCOLLCHOICE|Solar Collector Parameters
*|Enter parameters directly |ScEffEdit|_ScEffList//checked
*|Select collector type from a file |_ScEffEdit|ScEffList
*|)
*|[ScEffEdit|Solar Collector Efficiency
constants 5
a0 = 8.0000000000000E − 01
*|Intercept efficiency(a0) |−|−|0|1|0.0|1.000|1000
a1 = 1.3000000000000E + 01
*|Intercept efficiency(a1) |kJ/h−m^2−K|W/m^2−K|0|0.277778|0.1|50.00|1000
a2 = 5.0000000000000E − 02
*|Intercept efficiency(a2) |kJ/h−m^2−K^2|W/m^2−K^2|0|0.277778|0.0|1.0000|1000
```

```
b0 = 2.0000000000000E - 01
*|First order IAM(b0) |-|-|0|1|0.0|1.000|1000
b1 = 0.0000000000000E + 00
*|Second order IAM(b1) |-|-|0|1|0.0|1.000|1000
*|]
*|#*|[ScEffList|Solar Collector Efficiency (from list)
*|#equations 8
*|#nColl = 2
*|#*|⟨Collector Type |"Data\Solar Collectors.dat"|2|1|1000
*|#a0 = 0.80
*|#*|⟨a0 |"Data\Solar Collectors.dat"|0|3|1000
*|#a1W = 3.500
*|#*|⟨a1 |"Data\Solar Collectors.dat"|0|4|1000
*|#a2W = 0.0125
*|#*|⟨a2 |"Data\Solar Collectors.dat"|0|5|1000
*|#b0 = 0.2
*|#*|⟨b0 |"Data\Solar Collectors.dat"|0|6|1000
*|#b1 = 0.0
*|#*|⟨b1 |"Data\Solar Collectors.dat"|0|7|1000
*|#a1 = a1W * 3.6
*|#a2 = a2W * 3.6
*|#*|]
```

TRNSED에 첫 번째 Radio 버튼을 묘사하는 행에 '//checked'이 추가되었으며, 두 번째 그룹은 꺼진 상태가 된다. 즉, 각 행의 시작에 '*|#'이 포함된다.

10-11 Non-Exclusive Options : Check Boxes

종종 사용자에게 제공되는 옵션들은 상호 배타적인 것만은 아니다. 체크 박스(check box)는 Radio 버튼 대신에 사용될 수 있으며, Radio 버튼에 추가될 형식은 다음과 같다.

```
*|{SELECTOUTPUTS|Select simulation outputs
*|Plot and print weather and solar collectors variables |Online1
```

```
*|Plot and print Tank variables |Online2
*|Print daily results |Printer1
*|Print simulation totals |Printer2
*|}
```

'*|{'는 TRNSED에 체크 박스를 갖는 그룹을 생성하도록 지시하는 명령이다. 다음 행들은 체크 박스를 선언하고, '|' 다음의 그룹명은 체크 박스의 상태에 따라 'On/Off' 되어야 하는 그룹들을 나타낸다. 여러 개의 그룹들이 동일한 체크 박스에 의해 조종될 수 있다. 위의 코드의 TRNSED 표현은 [그림 10-16]과 같다.

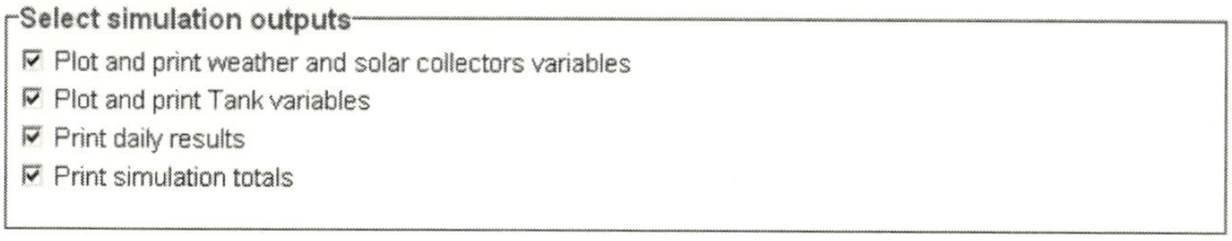

[그림 10-16]   Using Check Boxes to Control Optional Groups

On 또는 Off 된 그룹들은 TRNSED View에서 완전히 사라진다는 것을 주목해야 한다. 이들은 단지 TRNSED 명령으로만 구성된다. 이 경우 'Print Daily Results' 체크 박스는 'Daily.txt' 파일을 생성할 Type 25 Printer를 선언하는 완전한 형태를 설명하거나 그렇지 않게 될 것이다. 이것은 다음의 예제에 잘 표현되어 있다.

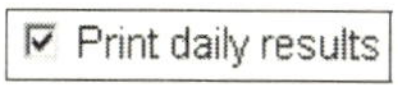

```
☑ Print daily results

… Rest of TRNSED input file
*|[Printer1|
*Printer
UNIT 15 TYPE 25 Daily Results
PARAMETERS 10
24 START STOP 33 0
0 -1 -1 0 1
INPUTS 6
13,1 13,2 13,3 13,4 EtaColl_d FSol_d
IColl QuColl QDHW QAux EtaColl_d FSol_d
ASSIGN "Daily.txt" 33
*|]
```

··· Rest of TRNSED input file

```
☐ Print daily results
```

··· Rest of TRNSED input file
|#|[Printer1|
|# Printer
*|#UNIT 15 TYPE 25 Daily Results
*|#PARAMETERS 10
*|#24 START STOP 33 0
*|#0 −1 −1 0 1
*|#INPUTS 6
*|#13,1 13,2 13,3 13,4 EtaColl_d FSol_d
*|#IColl QuColl QDHW QAux EtaColl_d FSol_d
*|#ASSIGN "Daily.txt" 33
|#|]
··· Rest of TRNSED input file

어떤 경우에는 TRNSYS 입력 파일이 주석문화되는 몇 가지 명령에 대한 대체가 필요
하다. 시뮬레이션이 Type 6 Auxiliary heater를 선택사항으로 포함한다고 가정하자.
Type 6에 의한 온도는 프린터와 연결된다. 만약 Auxiliary heater가 제거되면, 사용자
는 프린터와 연결될 항목이 여전히 필요하며, 그렇지 않으면 TRNSYS는 오류를 발생시
킬 것이다. 이 해법은 방정식을 지정하고 프린터에 이 방정식을 사용하는 것이다. 만약
Auxiliary heater가 존재하지 않으면, 출구온도는 간단히 입구온도로 설정된다.

```
*|{SelectAux|Select Auxiliary heater
*|Auxilixary heater is present |AuxHeater|_NoAuxHeater
*|}
*|[AuxHeater|
UNIT 2 TYPE 6
PARAMETERS 4
1000.0 4.19 0.0 1.0
INPUTS 5
[1,1] ··· Other Input connections of Type 6
0.0 ··· Other Initial values of Type 6 inputs
equations 1
```

```
Tout = [2,1]
*|]
*|[NoAuxHeater|
equations 1
Tout = [1,1]
*|]
… variable Tout is connected to the printer
```

위의 예제 코드의 경우, 'AuxHeater' 그룹의 체크 박스가 표시되면, 이 그룹은 비주석 문화될 것이며, 'NoAuxHeater' 그룹이 주석문화될 것이다. 그리고 TRNSYS Deck 파일은 항상 하나를 포함하고 단지 Tout에 대한 하나의 정의만을 포함한다.

10-12 Providing help in TRNSED Applications

1. Text-based help

도움말을 제공하는 가장 간단한 방법은 입력 파일과 동일한 이름의 확장자 [*.hlp]를 갖는 텍스트 파일을 사용하는 것이다. 대부분의 TRNSED 명령은 하나의 도움말 번호 (help number)와 관련될 수 있다.

사용자는 집열기 면적에 대한 매개변수를 선언하는 명령을 수정할 수 있으며, 이것을 도움말 번호 1[help number 1]에 참조되도록 한다.

```
*|Collector area                    |m^2|m^2|0|1|0.0|1000000.00000|1
```

그리고 사용자는 다음 내용을 포함한 [SDHW-Advanced.hlp]라 불리는 파일을 생성한다.

```
.topic = 1
```

이것은 전체 집열기 배치에 대한 전체 면적이다. 이것은 효율에 관한 매개변수 a0, a1 그리고 a2를 지정할 때 사용된 참고 영역(reference area)과 일치해야 한다.

.topic = 2
ETC.

주의 : '.topic' 행들 사이의 복귀는 공백으로 전환된다. 정확히 위의 문법을 따르는 것이 중요하며, '.topic = n'은 단지 한 행에 텍스트만이 위치해야 하며, 어떠한 추가적인 공백도 사용될 수 없다.
'.topic = 001'과 같은 형식은 사용할 수 없다(유효하지 않다).

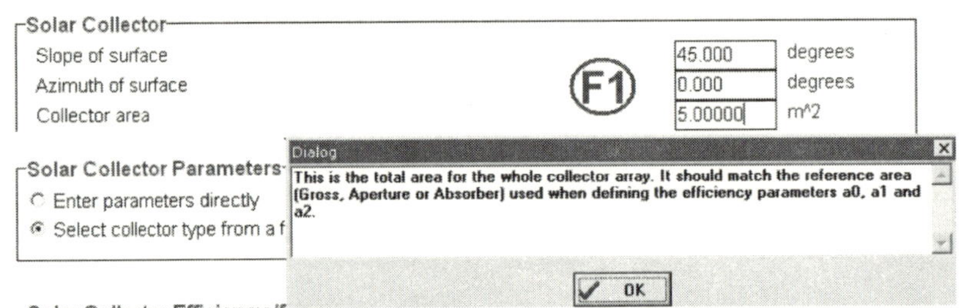

[그림 10-17]   Adding Text-based help

2. Help through External Applications

이미지를 추가하거나, 이 이미지에 텍스트 파일(PDF 또는 HTML)을 링크함으로써, 하나의 그룹에 대한 도움말을 제공하는 것이 가능하다. [그림 10-18]은 이미지를 이용한 메인 개념도 그림이다. 만약 사용자가 [?] 아이콘을 클릭하면, HTML 도움말 파일이 사용자 컴퓨터의 기본 브라우저에 나타날 것이다.

그리고 사용자는 태양열 집열기에 대한 특정 도움말을 제공하기 위해 동일한 기법을 이용할 수 있으며, 'Solar collectors' Tab의 상단에 다음의 코드를 추가함으로써 가능하다.

```
*|[SCHelp|
*|<img src = "Images\Collectors Help.bmp" href = "Help\Solar Collectors.html" …
   …hint = "Help on solar collectors">
*|]
```

('…'는 실제 TRNSED 파일에서는 없는 생략 기호이다.)

주의 : 일반적으로 TRNSED 그룹 내에 포함될 때, 심지어 이 그룹에 단지 하나의 항목만이 있을지라도 이미지 레이아웃을 조절하는 것은 쉽다.

이것은 도움말 아이콘을 갖는 집열기 이미지를 보여줄 것이며, 이 이미지를 클릭하면 관련 HTML 문서를 열 것이다. 동일한 기법이 PDF 파일과 같은 다른 도움말 문서들의 링크에 사용될 수 있다.

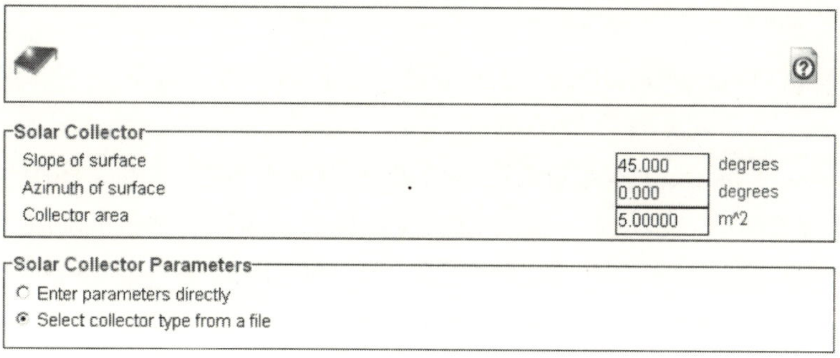

[그림 10-18]   Adding Html- or PDF-based help

10-13 Creating the Re-Distributable Application

1. Preparing the file

사용자는 [*.exe] 디렉토리에서 경로를 제거하기 위한 두 행의 변경이 필요하며, 이러한 두 파일(month1.dat과 length.dat)을 [Examples\SDHW-TRNSED-Advanced] 디렉토리에 복사한다.

*|⟨Month of the simulation |C:\Program Files\Trnsys16\Exe\Month1.dat ⋯
⋯
*|⟨Length of Simulation |C:\Program Files\Trnsys16\Exe\Length.dat ⋯
with:
*|⟨Month of the simulation |Month1.dat ⋯
⋯
*|⟨Length of Simulation |Length.dat ⋯

그리고 [Exe\]로부터 'Month1.dat'과 'Length.dat' 파일을 [Examples\SDHW-TRNSED-Advanced\] 디렉토리에 복사한다.

이 예제에서 사용자는 이미지, 기상 데이터 파일, 도움말 문서 등을 추가할 때 상대적인 경로 사용에 매우 주의해야 한다.

2. Creating the Distributable

TRNSED로 가서 'Create Distributable'한 후, [그림 10-19]와 같이 다음의 정보를 입력한다.

- .EXE name : [*.Exe] 실행명으로 사용자가 실행해야 할 프로그램의 이름이다. 참고로 본 예제에서는 SDHW-TRNSEDAdvanced.exe이다. 생성된 EXE 파일은 동일한 파일명을 갖는 확장자 [*.trd] 파일을 갖는 TRNSED 파일을 자동적으로 열 것이므로, 동일한 이름을 갖도록 하는 것이 바람직하다.
- Title : 사용자가 원하는 어떠한 타이틀도 가능하다. 이것은 'welcome dialog box'에 표시될 것이다.
- Author : 저자 또한 개시될 때 표시될 것이다.
- Destination directory : 사용자가 [*.exe]를 실행하기 위해 요구되는 모든 파일들이 위치시키킬 원하는 디렉토리의 위치이다.
- Include the following files : 포함되어야 하는 [*.trd] 파일을 선택한다. 사용자는 포함되길 원하지 않는 List files의 행을 삭제해야 함을 명심해야 한다. 빈 행들과 return 문자들 또한 제거되어야 한다.

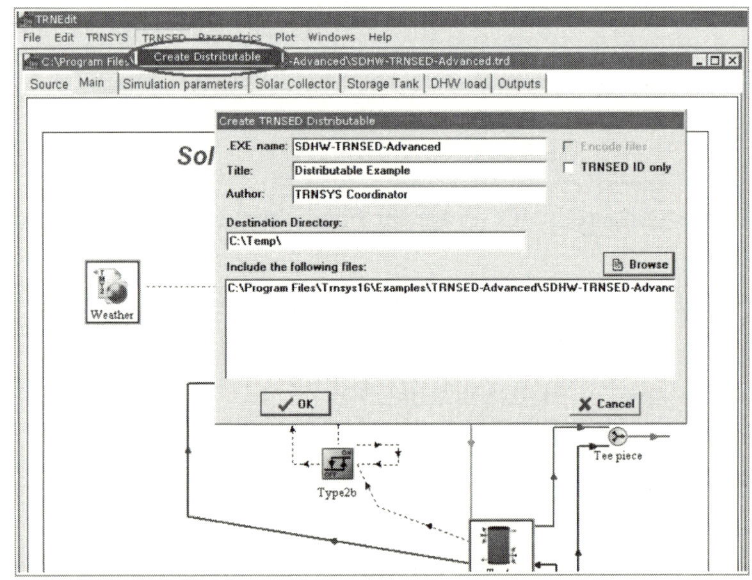

[그림 10-19] Creating the TRNSED Distributable

[OK] 버튼을 클릭한다. TRNEdit는 모든 필요한 TRNSYS 파일들을 목표 디렉토리(여기서는 C:\Temp)에 복사한다.

> **주의** : TRNEdit는 EXE 프로그램, TRNDll 그리고 UserLib 폴더에 있는 USER 라이브러리를 복사할 것이다. 또한, 다른 요구되는 TRNSYS 파일들을 복사하지만, 사용자의 시뮬레이션에 사용될 추가적인 입력 파일은 복사하지 않는다. 이러한 이유로, [*.trd] 파일 아래의 서브 디렉토리나 하나의 디렉토리에 이들 파일들을 보관할 것을 권장하며, 그래서 사용자는 모든 필요한 파일들을 목적 폴더에 쉽게 복사할 수 있다. 그리고 사용자는 응용 프로그램이 어디에 설치된지를 확실히 알지 못하더라도 이러한 파일들에 접근하기 위한 상대적인 경로들의 사용을 확실히 할 수 있다.

본 예제의 경우, 사용자는 모든 서브 디렉토리를 [Examples\TRNSED-Advanced\]에 복사해야 하며, 시뮬레이션은 모든 필요한 파일들을 이 곳에서 찾을 것이다. 이러한 서브 디렉토리는 Data, Help, Images, Output, Weather이다.

이렇게 한 후, 사용자는 [SDHW-TRNSED-Advanced.exe] 파일을 실행할 수 있다. 사용자는 'C:\Program Files' 밖의 목적 디렉토리로 이동시킨 후 'Distributable'를 시험할 것을 권장하며, 일시적으로 사용자의 'C:\Program Files\Trnsys16' 폴더를 사용자의 TRNSYS 설치로부터 어떠한 파일도 이용되지 않도록 확실히 하기 위해 새 이름으로 지정한다. 그리고 또 다른 컴퓨터에서 응용 프로그램을 시험할 것을 권장한다.

11. TRNSED language reference

본 장에서는 TRNSED 프로그래머를 위한 체계적인 설명을 제공한다. 예제들은 거의 제공되지 않으며, 이에 관한 예제는 제10장을 통해 참고할 수 있다.

TRNSED는 표준 TRNSYS 입력 파일의 기본적인 두 가지 특징에 의존한다.

먼저, '*'로 시작되는 TRNSYS 입력 파일의 어떠한 행도 TRNSYS equation solver에 의해 주석문으로 인식된다. TRNSED에서 이 주석문의 해석은 하나의 셸(shell)로써 간주될 수 있다.

다음으로 TRNSYS 입력 파일 내의 어떤 수치값은 2-8절과 2-9절에서 소개한 EQUATIONS 또는 CONSTANTS문의 'Alpha-Numeric name'과 같게 평가될 수 있다.

TRNSED는 이전의 어떤 TRNSED 명령문에서 즉시 EQUATIONS 또는 CONSTANTS 문의 정보를 읽고 변경함으로 인하여 TRNSYS가 시뮬레이션에서 사용하는 수치적 값들을 변경한다. TRNSED 프로그램에 포함되는 이용 가능한 입력 영역(input field)의 많은 수의 서로 다른 유형이 있다.

- Numerical Value Fields
- Pull-Down Menus
- Radio Buttons
- Check Boxes
- Application Links through images and clickable areas in images

게다가, TRNSED 언어는 입력 파일의 레이아웃을 조절하는 Font Settings, Object Grouping, Images와 Multiple Tabs 등과 같은 수단을 제공한다.

주의 : 모든 TRNSED 명령문은 활자에 영향을 받지 않는다.

11-1 Declaring the input file as a TRNSED file

TRNSED 입력 파일은 다음 두 가지 특징에 의해 표준 TRNSYS 입력 파일과 구분된다.
- 확장자 : [*.trd]
- 처음 5행 가운데 하나에 *TRNSED 명령을 갖는다.

11-2 Format statements

1. Background

모든 TRNSED Tabs의 배경색을 설정하는 것이 가능하며, 그 형식은 다음과 같다.

*|〈Background〉 color

여기서, color는 다음 중 하나이다.
- Black, Red, Blue, Green, Gray, Purple, Aqua, Yellow, Silver, Navy, Fuchsia, Lime, White 또는 DEF(기본값)
- RGB Value : RGB값은 Red, Green 그리고 Blue의 농도를 나타내는 0~255까지의 스케일을 갖는 값으로 세 개가 쌍을 이뤄 제공되며, Silver색의 경우 (192, 192, 192)과 같다. 따라서, 이 형식은 다음과 같이 표현된다.

*|〈Background〉 RGB (RedIntensity, GreenIntensity, BlueIntensity)

2. Images

TRNSED 입력 파일의 어느 곳이든지 이미지를 삽입하는 것이 가능하다. 그러나 최적의 그래프 결과는 그룹 내에 이미지(그림)가 삽입될 때에 얻어진다는 점을 주목해야 한다. 이러한 이미지를 추가하는 형식은 다음과 같다.

*|〈img src = "Path to file\file name" align = "alignValue"〉

여기서, Path to file\file name은 파일의 전체 경로와 이미지 파일명이며, align Value는 다음 중 하나가 된다. : Left(기본값), Right, Center

TRNSED 응용에 사용될 수 있는 것은 단지 Windows Bitmaps [*.bmp] 이미지들 뿐이다. 그러므로 다른 형식으로 저장된 이미지는 MS Paint와 같은 간단한 프로그램을 이용하여 bitmap 형식으로 저장하여 사용할 수 있다.

3. Text formatting

TRNSED는 입력 파일에서 3가지 유형의 텍스트를 사용한다.

- **Text1 : Simple text.**
  이 텍스트는 TRNSED 창에서의 풀-다운 메뉴 또는 특정 입력 영역에 대한 설명을 하는 텍스트가 아니며, 단지 창의 화면을 구성하고 정보를 보여주기만을 한다. 예로, 심플 텍스트가 TRNSED 화면에 대한 타이틀이나 다른 주석을 제공하기 위해 사용될 수 있다. 심플 텍스트의 기본값은 Red, Bold, 12 point, Arial이다.

- **Text2 : Descriptive text.**
  이것은 창에 나타나는 풀-다운 메뉴와 입력 영역과 관련된 텍스트이며, 특정 입력값의 의미를 설명한다.
  특정 입력값을 설명하기 위해 TRNSED Parameter와 File Reference문에 입력되는 설명서이다. 이 텍스트의 기본값은 Black, 12 point, Arial이다.

- **Text3 : Units.**
  이것은 단위가 지정된 입력 영역들에 인접한 TRNSED에 의해 삽입되는 텍스트이다. 이 텍스트의 기본값은 Blue, 12 point, Arial이다.

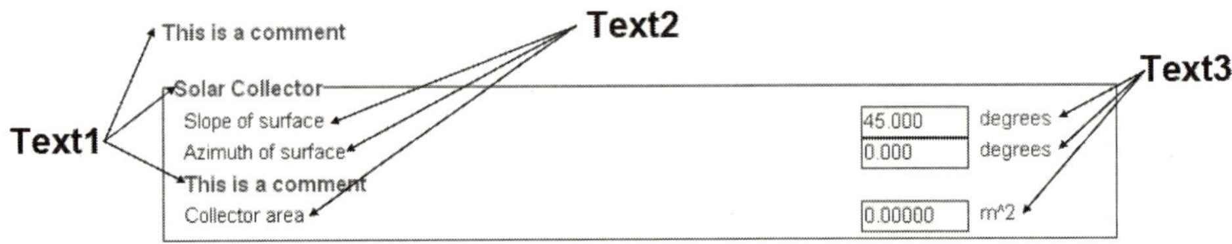

[그림 11-1] TRNSED에서의 텍스트 유형

[그림 11-1]은 텍스트의 서로 다른 세 가지 유형을 보여주고 있으며, 위의 설명을 이해하기 쉽게 한다.

TRNSED는 텍스트 형식을 조절하기 위한 6가지 명령을 제공한다.
: Color, Font, Size, Style, Align 그리고 Tab.
TRNSED Format문은 이들이 새로운 값 또는 기본값으로 재설정될 때까지 TRNSED 입력 파일에서 이들 명령어 아래에 위치한 모든 관련된 텍스트에 영향을 미친다. 이들은 필요한 만큼의 다른 형식으로 설정될 수 있다.

다음에서 #은 특정 Text Category Number를 교체하는 데 사용되며, 〈Color#〉은 〈Color1〉, 〈Color2〉 또는 〈Color3〉 가운데 하나를 의미한다.

(1) Color

Color statement은 세 가지 유형 중 하나로 텍스트의 색을 지정하는 데 사용되며, 기본적인 형식는 다음과 같다.

*|〈Color#〉 color

여기서, color는 11-2-1절에서와 같이 지정될 수 있다.

(2) Font

Font statement은 세 가지 유형 중 하나로 텍스트의 폰트를 지정하는 데 사용되며, 기본적인 형식은 다음과 같다.

*|〈Font#〉 font size

여기서, font는 적합한 Windows font name(Arial, Tahoma, Courier 등)으로 지정된다. Font statement의 사용과 함께 이 텍스트의 크기 지정은 선택사항이다.

(3) Size

Size statement은 세 가지 유형 중 하나로 텍스트의 폰트 크기를 변경하며, 기본적인 형식은 다음과 같다.

*|〈Size#〉 size

여기서, size는 Point(포인트; 활자 크기의 단위)로 지정된다.

(4) Style

Style statement은 주어진 텍스트 유형에 대한 텍스트 style을 결정하는 것으로, 기본적인 형식은 다음과 같다.

*|〈Style#〉 style

여기서, style은 다음 중 하나 또는 그 이상이 될 수 있다.
: Bold, Italic, Underline, None.

(5) Align

Align statement은 TRNSED 창에서 Simple text(Text1)의 수평적 정렬을 결정한다. Align statement의 정확한 형식은 다음과 같다.

*|〈Align1〉 align

여기서, align은 다음 값 중 하나로 할당될 수 있다.
: Left, Right 또는 Center.
또한, Align은 simple text와 연계될 수 있지만, Descriptive text 또는 Units과 함께 사용할 수는 없다.

(6) Tab

Tab statement은 TRNSED 창의 좌측으로부터 Descriptive text(Text2)의 위치를 결정하는 데 사용되며, Tab statement의 정확한 형식은 다음과 같다.

*|〈Tab2〉 tab

여기서, tab은 inches(in) 또는 centimeters(cm)로 지정될 수 있으며, TRNSED 창의 좌측 끝에서부터 측정된다. 만약 인치 또는 센티미터가 지정되지 않으면, tab은 pixels로 측정되는 것으로 간주된다. 예를 들면, 다음의 예는 TRNSED 창의 좌측으로부터 3인치 떨어진 곳에서부터 Descriptive text를 시작하라는 것이 된다.

*|〈Tab2〉 3 in

다음의 예는 Descriptive text의 조건을 기본 tab으로 돌아가라는 것이다.

*|〈Tab2〉 def

끝으로 tab은 Simple과 Descriptive text에서는 사용 가능하지만, Units에서는 사용할 수 없다.

11-3   TRNSED Data Entry fields

TRNSED에서 읽어들일 수 있는 데이터의 유형은 다음과 같이 매우 많다.
; Simple Values, Items from Pull-Down Menus, Filenames 그리고 Simulation Options(Radio Buttons and Check Boxes) to name a few.
다음 절부터는 이러한 데이터를 수집하기 위해 TRNSED 구문에서 필요한 것에 대하여 설명하고, 각 데이터 유형에 대하여 소개하고 있다.

1. Value Input fields

TRNSED field의 가장 기본적인 유형은 요구되는 단일 값을 갖는 숫자 입력 영역이다. 이것은 TRNSYS 입력 파일로부터 특정 CONSTANTS와 EQUATIONS문을 사용자에게 친숙하게 TRNSED 입력 창에서 편집될 수 있도록 한다.

가정용 태양열 급탕 시스템(solar domestic hot water system)의 시뮬레이션의 경우를 고려해보자. 시뮬레이션에서 분석되어야 하는 2개의 핵심 PARAMETERS로 집열기 성능을 나타내는 $FR(\tau\alpha)$과 FRUL을 포함한다. 경험이 풍부한 TRNSYS 프로그래머들은 입력 파일에 직접 이들 PARAMETERS에 대한 수치값들을 입력할 수 있다. 그렇지 않은 경우, 이들 두 PARAMETERS는 입력 파일에서 다음의 EQUATIONS(또는 CONSTANTS)문을 위치시킴으로써 변수명에 의해 인식될 수 있을 것이다.


```
EQUATIONS 2
EFF = 0.7
FRUL = 14.3
```


CONSTANTS와 EQUATIONS문에서 지정된 변수명들은 이들의 수치값에 대응하여 TRNSYS 입력 파일의 어떤 곳에서도 사용될 수 있다. CONSTANTS와 EQUATIONS문의 사용은 시뮬레이션 입력 파일에서 여러 번 나타날 수 있는 값의 변화과정을 단순화하며, 파일을 보다 이해하기 쉽게 만든다. 더 나아가 TRNSED는 TRNSED programmer가 사용자 입력 화면에서 TRNSED 최종 사용자에게 선택된 변수들을 표시할 수 있도록 함으로써 이 과정에 하나의 조치를 취한다. TRNSED 수치값 영역은 TRNSYS DECK에서 이 영역에 영향을 미칠 변수 다음에 즉시 하나의 주석행을 추가함으로써 생성된다. 주석행의 형식은 다음과 같다.

*|DescriptiveName|PrimaryUnits|SecondaryUnits|Add|MUlt|Min|Max Format|HelpNo

첫 번째 문자는 '*'이며 TRNSYS는 주석문으로서 해석한다. 두 번째 문자는 '|'로 TRNSED 형식으로 이 행을 표시한다. TRNSED 형식의 나머지 영역들은 '|'에 의해 영역이 구분되며 다음의 내용을 갖는다.

- Descriptive Name : TRNSYS EQUATION 또는 CONSTANT 변수명의 의미를 설명하는 텍스트이다. 이 영역은 최대 70자까지의 문자가 포함될 수 있다. 입력된 텍스트는 해당 행의 첫 번째에 나타날 것이며, Text2의 형식을 갖게 될 것이다.
- Primary Units : 이 EQUATION 또는 CONSTANT 변수에 맞는 TRNSYS 프로그램의 최우선 단위 체계를 포함하는 텍스트 문자열이다. 최우선 단위 체계는 File/Setup/TRNSED – 'Primary Units' 버튼을 통해 선택된 단위가 표시된다. 최우선 단위는 일반적으로 TRNSYS 프로그램에 의해 요구되는 단위로 지정되어야 한다.
- Secondary Units : 이 EQUATION 또는 CONSTANT문의 두 번째 단위 체계를 나타내는 텍스트 문자열이다. 변수에 맞는 TRNSYS 프로그램의 단위를 포함하는 문자열 텍스트이다. 두 번째 단위 체계는 File/Setup/TRNSED – 'Secondary Units' 버튼을 통해 선택된 단위가 표시된다. 두 번째 단위 체계는 최종 사용자가 임의로 선택한 것이 된다.
- Add & Mult : 이 두 영역은 최우선 단위 체계와 두 번째 단위 체계 사이의 단위전환을 가능하게 한다. 단위 전환을 위한 방정식은 다음과 같다.
  Secondary Unit Value = (Primary Unit Value + Add) * Mult
- Min : 최우선 단위 체계에서 이 EQUATION 또는 CONSTANT에 대한 입력상자에 입력될 수 있는 최소값이다.
- Max & Format : 입력값으로 TRNSED가 허용할 수 있는 최우선 단위 체계에서의 최대 허용값이다. 게다가, 이 영역의 형식은 TRNSED 창에서 표시되는 형식을 조절한다. 예를 들어, 만약 'input'이 '100'의 최대값을 갖고 프로그래머가 소수 첫째 자리까지 표시하기를 원한다면, 이 영역은 '100.0'으로 작성되어야 한다.
- Help No. : 사용자가 이 특별한 입력 영역에 관한 도움을 얻고자 할 때 창에 표시

되는 텍스트 정보의 하나 또는 그 이상의 단락을 지시하는 숫자이다. 제공되는 TRNSED 도움말에 관한 추가적인 정보는 다음 장에 소개된다.

2. Pull-Down Menu Fields

종종 선택적 대안으로 풀-다운 메뉴로부터 선택된 TRNSYS 입력값을 갖는 것은 매우 편리하다. 사용자가 풀-다운 메뉴 영역을 내리면 사용자가 선택할 수 있는 대안들의 목록을 갖는 대화상자가 나타난다.

좌측에 밝게 표시되는 선택값이 입력값으로 설정된다. 풀-다운 메뉴의 예제는 10-8절에 자세히 설명하고 있다.

풀-다운 메뉴문을 추가하기 위한 TRNSED 형식은 다음과 같다.

Variable = anyValue

*|〈Descriptive Text|FileName|Display Field|Value Field|HelpNo

File Reference문의 영역들은 '|'에 의해 구분되며, 이들 각 영역은 다음과 같은 특징을 갖는다.

- Variable = anyValue : EQUATION 또는 CONSTANT문은 단지 File Reference문의 위에 위치한다. 풀-다운 메뉴에서 선택된 행에 대한 'Value Field'의 값은 anyValue로 바꿔질 수 있다.
- Name : TRNSYS 입력값이나 매개변수를 설명하는 텍스트이다. 이것은 풀-다운 메뉴를 설명하는 텍스트로 풀-다운 메뉴 자체에 포함된 텍스트는 아니다.
- File Name : 목록을 생성하기 위해 TRNSED에 의해 요구되는 정보를 포함한 ASCII text file(경로 포함)의 이름이다.
- Display Field : 스크롤 목록이 위치되는 데 나타날 텍스트 정보의 영역 개수이다. 영역들은 콤마나 탭 문자에 의해 구분되며, 'field 1'으로 시작한다. 10-8절에 소개된 예제의 경우 도시명은 'Weather files.txt' 파일 내의 'field 2'에서 발견된다. 만약 '0'이 이 위치에 입력되면, 항목들은 TRNSED 창에 표시되는 것이 아니라 이것의 값들이 여전히 선택될 것이다.
- Value Field : 위치하게 되는 선택된 텍스트 옵션과 관련된 수치값을 갖는 영역의 개수. 위의 예제의 경우 'field 1'에서 도시 수이다. Display Field로부터 선택된 텍스트 항목과 관련된 Value Field가 TRNSYS 입력 파일에서 적절한 EQUATIONS 또는 CONSTANTS문에 삽입될 것이다.

● Help No. : 하나 또는 그 이상의 텍스트 정보 문단을 참조시키는 숫자

텍스트 파일의 형식은 다음과 같다.

텍스트 파일의 첫 번째 행은 이 목록에 포함되는 항목들의 개수이다. 다음의 각 행은 2 또는 그 이상의 영역들을 포함하며, 콤마나 탭으로 구분된다. 첫 번째 입력 영역은 단지 행번호가 된다.

```
2
1, Flat Plate(Low Performance), 0.77, 4.000, 0.0250, 0.2, 0.0
2, Flat Plate(Avg Performance), 0.80, 3.500, 0.0125, 0.2, 0.0
(The number of lines is not limited)
```

(1) Hidden Fields

몇몇 경우에 있어 하나의 메뉴 선택으로부터 여러 개의 EQUATIONS 또는 CONSTANTS 값들을 설정하는 것이 바람직하다. 10-9절의 예제를 살펴보자. 다음의 TRNSED문들은 하나의 메뉴 선택을 통해 데이터 파일의 field 1과 3에 PAR1과 PAR2 값을 설정한다.

```
Equations 2
PAR1 = 0.0
*|⟨Descriptive Text PAR 1|FileName|2|1|HelpNo
PAR2 = 0.0
*|⟨Descriptive Text PAR 2|FileName|0|3|HelpNo
```

두 번째 입력값 영역에서의 차이는 'Display Field' 범주에 입력된 '0'는 아무것도 표시될 수 없음을 가리킨다. 그러나 'Value Field'는 입력값을 가지며, 변수 PAR2가 데이터 파일의 세 번째 영역에서의 값으로 설정될 것이다. 하나 이상의 변수가 단일 메뉴 선택에 의해 설정되면, 두 번째와 계속해서 연속되는 변수들은 첫 번째 변수에 대하여 선택된 데이터 파일의 행의 TRNSED 판단에 근거하여 설정된다.

프로그램 개발자들은 이 최우선 영역에서 동일한 값을 갖는 여러 행들을 포함하는 풀-다운 메뉴 데이터 파일들의 생성을 피해야 한다. 예를 들어, 만약 첫 번째 영역에 '1'을 갖는 하나 이상의 행이 있다면, 첫 번째 선택에 기초해 순차적인 TRNSED 변수들에 부정확한 값들이 사용될 수 있다.

3. TRNSED ASSIGN statements

거의 모든 TRNSYS 시뮬레이션에 있어, 많은 파일들에 'Logical Unit Number'가 할당된다. TRNSED 사용자가 이 입력 파일에 ASSIGN문을 할당할 수 있는 두 가지 방법이 있다. 서로 다른 상황에서 이 두 방법들이 활용되며 각각의 특징은 다음과 같다.

(1) ASSIGN "Open File" Dialog Box statement

TRNSED 사용자에게 입력 파일에서 ASSIGN문에 접근할 수 있도록 하는 첫 번째 방법은 ASSIGN "Open File" Dialog Box문을 이용하는 것이다. 사용자가 파일명을 포함하는 TRNSED display box를 클릭하면, 표준 "Open File" 대화상자 창이 나타난다. 그럼 사용자는 원하는 파일명에서의 Type이나 파일명 선택을 위해 컴퓨터 파일 구조를 검색할 수 있다. ASSIGN Open File Dialog Box문의 형식은 다음과 같다.

```
ASSIGN "Path\File name.ext" LU
*|?File description|HelpNo
```

두 번째 행의 세 번째 열의 '?' 문자는 ASSIGN Open File Dialog Box문으로 간주한다. 파일 설명은 파일명 앞에 나타나게 될 하나의 텍스트이며, 도움말 번호는 일반적인 의미를 갖는다.

10-8절의 Open File Dialog Box 예제를 참고해보자. 여기서, 선택된 파일은 "Path\File name.ext"를 대체할 것이며, Logical Unit LU로 할당될 것이다.

(2) ASSIGN File Reference statement

두 번째 방법은 풀-다운 메뉴 영역의 Special Adaptation이다. 사용자는 목록으로부터 파일명을 선택하고, 이 파일명이 File Reference문 위에 있는 ASSIGN문에 위치된다. ASSIGN File Reference문은 다음의 형식을 갖는다.

```
ASSIGN "Path\File name.ext" LU
*|<Descriptive Text |FileName|Display Field |Value Field|HelpNo
```

풀-다운 메뉴에서 선택된 해당 열에 대한 'Value Field'에서 제공되는 파일은 "Path\File name.ext"에 의해 변경될 것이며, Logical Unit LU로 할당될 것이다. 이 File Reference문의 또 다른 영역들은 위에서 설명한 일반적인 풀-다운 메뉴 명령에서와 동일한 의미를 갖는다.

11-4 Grouping TRNSED statements

1. Multiple Tabs

TRNSYS 16에서 새로운 가장 시각적인 TRNSED 특징은 입력 영역들이 여러 개의 탭들로 분포될 수 있다는 점이다. 10-6절의 예제의 경우, 여러 개의 탭들을 사용할 수 있는 방법을 보여준다. 새로운 탭을 생성하기 위한 형식은 다음과 같다.

```
*|<TabWindow name = "Tab name">
… TRNSED statements, groups, pertaining to this tab
*|</TabWindow>
```

Tab명은 이 탭에 나타나게 되는 레이블이며, 또한 탭 상호간의 링크를 추가할 때 사용된다.

- 첫 번째 명명된 탭의 'Opening'문 앞이나 마지막 탭의 'Closing'문 다음에 'Main'이라 불리는 기본 탭이 위치되는 것이 가장 중요하다. 이 메인 탭은 항상 보인다.
- 탭들은 차례로 끼워넣을 수 없다.
- Standard TRNSED groups은 다른 탭들을 가로질러 확대될 수 없다.
- 또 다른 탭에서 시각적인 TRNSED groups을 제어하는 하나의 탭에 체크상자들과 라디오 버튼들을 포함시키는 것은 권장되지 않는다.

2. Standard TRNSED groups

하나의 박스에 둘러싸여 나타나는 그룹된 명령들은 'Descriptive text'에 의해 이름이 명명되고, 하나의 TRNSED 변수명에 의해 하나의 Unit으로써 제어된다. 이 능력은 단일 TRNSED에 다양한 시스템 디자인 옵션들을 포함시킬 수 있도록 한다.

그룹들은 제 10 장에 소개된 예제의 경우 매우 중요하게 사용된다. 일련의 명령들을 그룹화하는 형식은 다음과 같다.

```
*|[ GroupName | Optional Descriptive Text
… TRNSED Statements appearing in Group
*|]
```

GroupName은 TRNSED 제어문에 의해 사용되는 내부적인 이름이다. 만약 어떠한 Descriptive text도 포함되지 않았다면, 이 그룹은 단지 어떠한 타이틀도 갖지 않는 검은 선에 의해 둘러싸여질 것이다.

주의 : 그룹들에 체크상자와 라디오 버튼을 끼워 넣을 수 없다.

3. Radio Button group : Mutually Exclusive Options

라디오 버튼들은 많은 목록들 가운데 하나를 선택할 때 사용될 수 있다. 라디오 버튼을 그룹화하기 위해 사용되는 형식은 다음과 같다.

```
*|( GroupName | Optional Text
*| Descriptive Text for Radio Button 1 |GROUP1|GROUP2|···_GROUP10
*| Descriptive Text for Radio Button 2 |GROUP1|_GROUP2|···GROUP10
*| Descriptive Text for Radio Button 3 |_GROUP1|_GROUP2|···_GROUP10
*|)
```

각 라디오 버튼 설명 다음에 오는 그룹명(GROUP1, GROUP10 등)들의 목록은 이 이름을 지니는 그룹을 'comment in' 또는 'comment out' 한다. 만약 '_(underscore)'가 그룹명 앞에 있으면, 이것은 'comment out' 될 것이다. 그렇지 않으면 'comment in' 된다. 하나의 TRNSED 명령어 그룹이 'comment out' 되면, 이것은 TRNSYS 시뮬레이션 과정에서 무시될 뿐만 아니라, TRNSED 입력 창에서도 사라지게 될 것이다.

단일 라디오 버튼에 의해 제어되는 그룹의 수는 10개이며, 10-10절에 라디오 버튼에 관한 예제를 참고하기 바란다.

4. Check Box group : Non-Exclusive Options

체크상자들은 사용자가 목록으로부터 옵션들의 어떠한 조합을 선택할 수 있도록 하고자할 때 사용될 수 있다. 체크상자 그룹을 생성하는 데 이용되는 형식은 다음과 같다.

```
*|{ GroupName | Optional Text
*| Descriptive Text for Check Box 1 |GROUP1|GROUP2|···_GROUP10
*| Descriptive Text for Check Box 2 |GROUP1|_GROUP2|···GROUP10
```

*| Descriptive Text for Check Box 3 |_GROUP1|_GROUP2|···_GROUP10
*|}

각 체크상자 설명 다음에 오는 그룹명(GROUP1, GROUP10 등) 목록은 이 이름을 지니는 그룹을 'comment in' 또는 'comment out' 한다.

만약 '_(underscore)'가 그룹명 앞에 있으면, 이것은 'comment out' 될 것이다. 그렇지 않으면 'comment in' 된다.

하나의 TRNSED 명령어 그룹이 'comment out' 되면, 이것은 TRNSYS 시뮬레이션 과정에서 무시될 뿐만 아니라, TRNSED 입력 창에서도 사라지게 될 것이다.

단일 체크상자에 의해 제어되는 그룹의 수는 10개이며, 10-11절에 체크상자에 관한 예제를 참고하기 바란다.

11-5   Actions when an Image is Clicked

TRNSED 내의 *|〈img ···〉 태그로 지정되는 각 이미지는 이것이 클릭될 때 하나 또는 그 이상의 조치를 취하는 것과 관련이 될 수 있다. 이것은 다음에 설명되는 "href" 지시문을 사용하여 행해진다.

1. Links between Tabs

하나의 이미지를 클릭하면 또 다른 탭을 활성화할 수 있다. 이것에 관한 내용은 10-6-2절의 예제를 참고하기 바란다. 그리고 이 형식은 다음과 같다.

*|〈img src = "Path\Image name.bmp" href = "#Tab name" hint = "descr. Text"〉

"href" 지시문에서 탭명은 '#'으로 시작되며, 이것은 TRNSED 탭의 이름으로 되지만 파일명은 아니다.

그 다음의 "hint"는 마우스가 이미지 위를 움직일 때 표시되는 텍스트로, 이 이미지가 클릭되면 어떠한 일들이 발생될 것인지를 암시한다.

2. Links to External Applications

하나의 이미지를 클릭하면 파일을 열고 외부 응용 프로그램을 시작할 수 있다. 이것에 관한 내용은 10-5-2절의 예제를 참고하기 바란다.

그리고 이 형식은 다음과 같다.

```
*|<img src = "Path\Image name.bmp" href = "File name.ext" hint = "descr. Text">
```

"File name.ext"는 열려져야 될 파일이다. TRNSED는 이 파일 형식에 따른 기본값으로 지정된 윈도우 응용프로그램을 시작할 것이다.

그 다음의 "hint"는 마우스가 이미지 위를 움직일 때 표시되는 텍스트로, 이 이미지가 클릭되면 어떠한 일들이 발생될 것인지를 암시한다.

3. Clickable areas in pictures("hot spots")

TRNSYS 16부터 동일한 이미지로 여러 개의 다른 기능들을 연관시키는 것이 가능하게 되었다.

멀티 탭들이 결합된 이 특징에 관한 예제는 제 10 장을 참고하기 바란다.

클릭할 수 있는 영역을 지정하기 위한 HTML의 "usemap" 특징과 유사한 원리이지만, 여기서는 단지 사각형으로만 지정될 수 있다. 하나의 맵을 이미지와 연계시키기 위해 다음 형식이 사용되어야 한다.

```
*|<img src = "Path\Img name.bmp" usemap = "Path to\Map.txt">
```

여기서, "Path to\Map.txt"은 이미지 맵의 전체 경로이다. 맵 자체에 "href" 또는 "hint" 지시문이 포함되어 있기 때문에 이들 지시문은 맵을 사용하는 해당 이미지에 전혀 나타나지 않는다.

맵 자체는 다음 형식을 갖는 텍스트 파일로 지정된다.

```
! Optional comments start with an exclamation mark
<area href = "#Tab name" coords = "x-left, y-upper, x-right, y-lower" hint =
    "hint">
...
<area href = "File name.ext" coords = "x-left, y-upper, x-right,y -lower" hint =
```

        "hint"〉
    ...

'!'로 시작되는 주석 행들을 제외한 각 행은 사각형을 지정하고, 이 사각형에 마우스가 클릭될 때 취해지는 조치를 지정한다.

게다가, 마우스가 이 사각형 위를 이동할 때 표시되는 "hint"가 있다. href = "…" 문에 의해 지시되는 링크는 외부 파일은 물론 TRNSED 응용 프로그램 내의 탭들이 될 수 있다. 키워드 'coords'는 좌측 상단을 (1, 1)로 하는 픽셀 단위의 지정되는 사각형의 좌표를 나타낸다.

- x-left는 좌측 모서리의 x값이다(value along horizontal axis, left to right is > 0).
- y-upper는 상단 모서리의 y값이다(value along vertical axis, down is > 0).
- x-right는 우측 모서리의 x값이다(value along horizontal axis, left to right is > 0).
- y-lower는 하단 모서리의 y값이다(value along vertical axis, down is > 0).

11-6 Pre- and Post-Processing Actions

TRNSED 명령인 BEFORE와 AFTER는 TRNSED 프로그래머가 TRNSYS에 의해 TRNSED 입력 파일이 실행되기 전이나 후에 실행될 DOS 명령행(command line)문을 지정할 수 있도록 한다. 이 문들의 형식은 다음과 같다.

*|〈BEFORE〉 statement
*|〈AFTER〉 statement

여기서, 'statement'는 실행될 명령행이다. TRNSED는 실행 파일(TRNEdit.exe 또는 "Create distributable" 명령에 의해 생성된 실행 파일 command)이 위치하는 디렉토리에서 프로그램을 시작할 것임을 기억해야 한다.

예제 : *|<BEFORE> MyPreprocessing.exe ThisInputFile.dck

11-7   TRNSED에서의 도움말 제공

1. HTML, PDF 등의 문서 기반 도움말

TRNSED에서 도움말을 제공하는 가장 유연한 방법은 외부 응용 프로그램들을 시작하기 위해 이미지를 사용하는 것이다. : 사용자는 쉽게 어떤 이미지로부터 도움말 파일 기반 HTML 또는 PDF 파일을 열 수 있다. 이에 관한 자세한 내용은 10-12-2절을 참고하기 바란다.

2. 텍스트 기반 도움말

도움말을 제공하는 또 다른 방법은 어떤 TRNSED 입력 영역과 관련되는 주제들에 대하여 텍스트 기반 도움말을 사용하는 것이다.

도움말 정보는 TRNSED 입력 파일의 접두사가 일치하고 확장자 [*.hlp]를 갖는 외부 도움말 파일에 입력된다. 예를 들어, [sdhw.trd]라 불리는 입력 파일에 대한 도움말 파일은 [sdhw.hlp]이 되어야 한다.

이 [*.hlp] 파일은 간단한 텍스트 파일이며, 대응하는 TRNSED 입력 파일과 같은 디렉토리에 존재해야 한다. 일반적으로 다음과 같은 적합한 방법을 통해 [*.hlp] 파일을 생성한다.

- 입력 파일에서 각 TRNSED Parameter 또는 File Reference문에 고유한 도움말 번호를 제공한다. 다음 예의 경우 '2'가 도움말 번호이다.

  EFF = 0.7
  *|Intercept Efficiency |-|-|0.0|1.0|0.0|1.00|2

- 편집을 위해 도움말 파일을 연다. 이 파일은 입력 파일과 동일한 이름이여야 하지만 확장자는 [*.hlp]이다.
- 원하는 도움말 텍스트를 이 파일에 추가한다. 요구되는 도움말 입력 문법(help entry syntax)은 모든 텍스트는 텍스트 ".topic = n"를 갖는 행 다음에 위치해야 하며, 여기서 n은 도움말 번호이다. ".topic = n" 행들 사이의 모든 텍스트 정보가 도움말 정보로써 표시될 것이다.
- 이에 관한 예제 및 자세한 설명은 10-12-1절을 참고하기 바란다.

11-8 TRNSED Index Files(*.idx)의 사용

12-4-1절에 소개된 것과 같이 TRNSED 기반 배포판 응용 프로그램은 [*.exe] 프로그램에 대한 어떠한 이름도 가능하며, 이 [*.exe] 프로그램은 동일한 디렉토리에 동일한 이름의 [*.trd] 파일을 열 것이다. 이것이 사용자 TRNSED 응용 프로그램을 하나의 입력 파일과 함께 사용하고자 할 경우 가장 편리한 방법이다.

만약 동일한 응용 프로그램이 다른 입력 파일들과 함께 사용될 수 있도록 하고자 할 경우, 사용자는 이용 가능한 다른 입력 파일들에 색인(index)을 제공할 수 있다. 이 색인은 확장자 [*.idx]를 갖고, 동일한 이름을 갖는 파일에 위치된다. 이 [*.idx] 파일의 형식은 다음과 같다.

```
Title
Author
Institution
First Demo description
demo1.trd picture1.bmp helptext1.txt
Second Demo description
demo2.trd picture2.bmp helptext2.txt
Third Demo description
demo3.trd picture3.bmp helptext3.txt
… etc.
```

여기서,

- Title, Author 그리고 Institution : 이들은 선택적인 설명을 위한 항목들이다.
- First Demo description, Second Demo description 등 : 이들은 TRNSED 응용 프로그램 각각에 대한 설명적인 텍스트들이다.
- Demo1.trd, demo2.trd 등 : 이들은 열리게 될 TRNSED 파일명들이다.
- Picture1.bmp, Picture2.bmp 등 : 이들은 Index dialog box에 표시될 이미지들이다. 또한, 이들은 160×160 pixel의 크기로 되어야 하며, 재조정될 것이다.
- Helptext1.txt, Helptext2.txt 등 : 이들은 각 TRNSED 입력 파일에 관한 추가적인 정보를 제공하는 자유 형식의 텍스트 파일들이다. 또한, 이들은 Index dialog box에 "?" 아이콘을 통해 접근될 수 있다.

주의 : 만약 어떤 파일명에 여백이 있다면, 큰 따옴표(" ")를 사용한다.

[그림 11-2]는 Index dialog box의 예를 보여준다. 이 경우, 그림들은 단지 선택된 입력 파일의 지시에 의해 검은색 사각형 바탕에 표시된다.

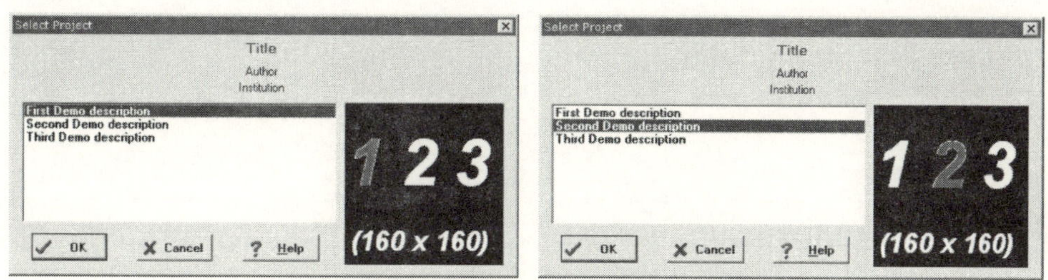

[그림 11-2] TRNSED Index 파일이 사용될 때의 대화상자 예제

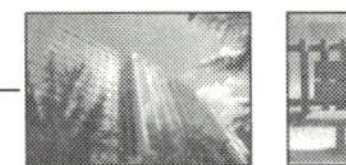

12. TRNEdit 메뉴

12-1 File Menu

File 메뉴는 메뉴바의 좌측 첫 번째 메뉴 옵션이다. File 메뉴에는 'opening', 'saving', 'printing TRNSYS files' 과 'plot'이 포함되어 있다. 그리고 여기에는 TRNEdit 설정 옵션들과 구성에 관한 것이 포함되어 있다.

1. File/New

TRNSEHLL 에디터에서 새로운 창을 생성하는 명령이다. 새로이 생성되는 창은 'Noname1.dck'의 이름을 갖게 되며, 초기에는 아무것도 없는 공백상태이다. 그리고 이 명령은 text file의 특정 유형을 생성하는 데 사용될 수 있다. 예를 들어, TRNSYS 입력 파일 또는 Fortran 소스 코드 파일이 이 새로운 창 내에서 기록될 수 있다. 이때 파일의 유형은 저장될 때 파일 확장자에 의해 결정된다.

2. File/Open

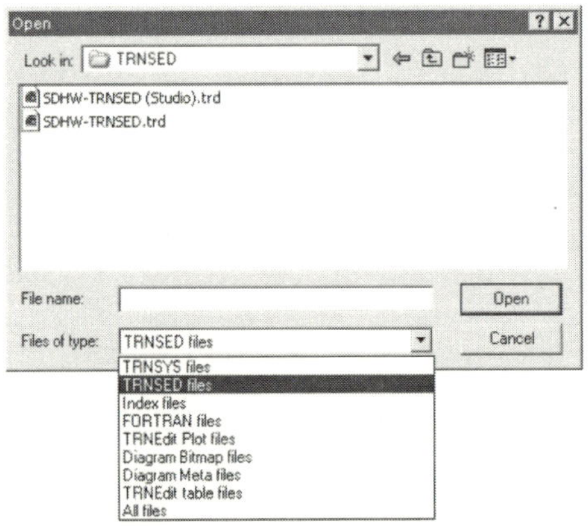

[그림 12-1] File/Open 대화상자

Open 명령은 [그림 12-1]과 같이 [Open Dialog Box]를 보여준다. 이 대화상자에서 열고자 하는 파일이 지정된다.

이 열기 대화상자는 Input Box, 현재 디렉토리에 포함된 파일을 보여주는 List Box, 열고자 하는 파일의 유형을 선택할 수 있는 Files of Type Box, 디렉토리 선택을 위한 Look in 상자 그리고 표준 Open, Cancel 버튼을 포함한다.

[Files of Type] 상자 내의 파일 유형을 선택함으로써, 파일 목록은 선택된 버튼의 확장자와 일치하는 파일들로 감소하게 된다. 이들 파일 형식은 다음과 같다.

- [*.dck] : TRNSYS Input files
- [*.trd] : TRNSED Input files(default)
- [*.for] : Fortran files
- [*.plt] : TRNEdit Plot files
- [*.tbl] : TRNEdit Table files and
- [*.*] : All files.

예를 들면, Fortran 선택 버튼을 클릭하면 확장자가 [* .for]인 파일만을 보게 될 것이다.

3. File/Save

Save 명령은 활성 TRNEdit 창과 이것과 관련된 파일을 디스크에 저장한다. 만약 Save 명령이 Test.dck로 명명된 TRNSYS 입력 파일에서 유래되었다면, 이 파일을 덮어쓰게 될 것이다.

만약 이전에 저장된 파일이 없으면 untitled.dck과 같은 기본 파일명을 갖게 될 것이며, TRNEdit는 Save File As Dialog Box를 열고 특정 디스크 또는 디렉토리에 재명명된 파일명으로 저장하게 될 것이다.

4. File/Save As

Save As 명령은 파일명 입력상자, 파일 목록, 디렉토리 창, 표준 [OK]와 [Cancel] 버튼 그리고 파일 형식 선택 창을 포함한 Save File As Dialog Box를 표시한다.

Save File As Input Box는 파일 목록상자로부터 파일을 저장하기 위한 형식을 선택한 후, 원하는 파일명을 입력하는 데 사용한다.

5. File/Print

　Print 명령은 File/Printer 설정에서 제공되는 정보를 이용하여 현재 활성화된 창의 내용들을 출력한다. 프린터 출력은 프린터에 직접 지시되거나 프린터 설정에서 결정한 파일 형태이다. [그림 12-2]에 보이는 대화상자가 사용자에게 제공되며, 여기에는 출력을 위한 가능한 창들의 목록, 일련의 화살표 버튼, 출력되는 창들의 목록 그리고 일반적인 [OK]와 [Cancel] 버튼이 있다.

　사용자는 좌측 목록에서 하나 또는 그 이상의 창들을 선택할 수 있다. 우측을 향하는 단일 화살표 버튼을 클릭함으로써, 선택된 파일(들)이 출력될 창의 목록으로 이동한다. 우측을 향하는 이중 화살표 버튼을 클릭함으로써 모든 가능한 창들이 출력될 창의 목록으로 이동될 것이다. 그리고 좌측을 향하는 화살표 버튼들은 반대 기능을 수행한다. 파일을 출력하는 경우, 사용자는 Save File As Dialog Box를 이용하면 원하는 출력 파일 명이 즉시 제공될 것이다.

　만약 어떠한 파일 확장자도 제공되지 않으면, 기본 확장자 [*.prn]이 모든 출력 파일들에 대하여 제공될 것이다.

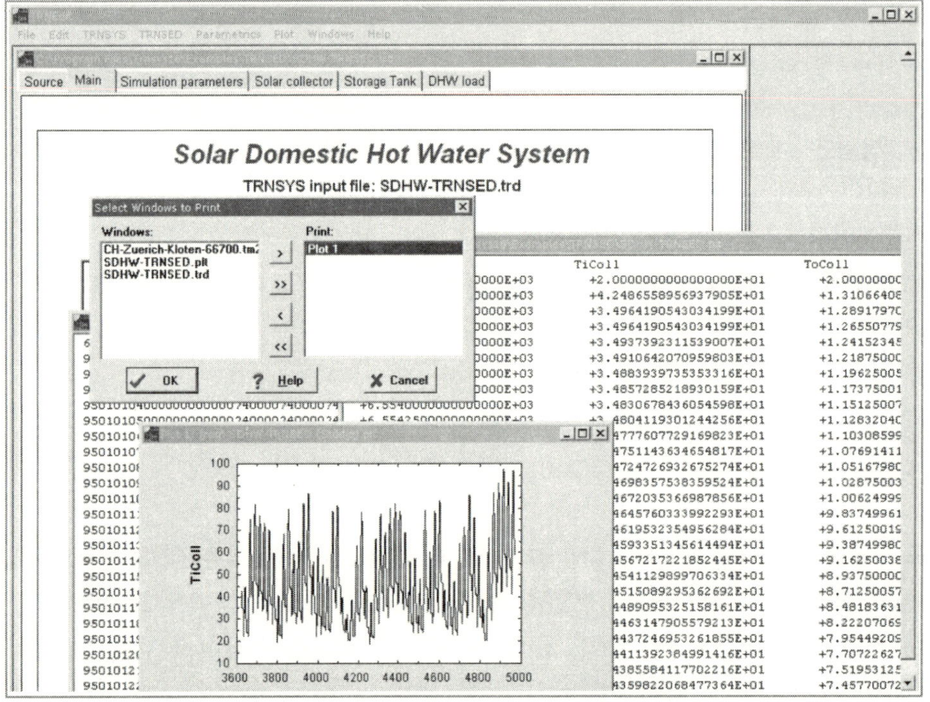

[그림 12-2]　File/Print 대화상자

6. File/Printer Setup

이 명령은 사용자의 프린터 장치를 운용하기 위한 TRNEdit를 구성한다.

7. File/Setup

이 명령은 TRNEdit를 구성할 수 있도록 한다. [OK] 버튼은 단지 이 작업에 대한 TRNEdit 옵션들을 설정할 것이다. [Store] 버튼은 디스크에 이 설정들을 저장할 것이며, 또 다른 TRNEdit 프로그램에도 영향을 미칠 것이다. 다음의 설정 메뉴 탭들이 이용 가능하다.

(1) File/Setup/TRNSED

이 메뉴는 TRNEdit 에디터 표시의 특성과 Create TRNSED Distributable Utility 에 대한 설정을 포함한다. TRNSED Dialog Box는 [그림 12-3]과 같다. 이 메뉴로부터 사용자는 TRNSED 창에서 표시될 값들에 대한 원하는 단위 체계를 선택할 수 있다. 선택된 단위 체계는 계산될 TRNSYS 입력 파일에는 아무런 영향을 미치지 않고, 단지 TRNSED 형식의 입력 파일의 표시에만 영향을 미친다.

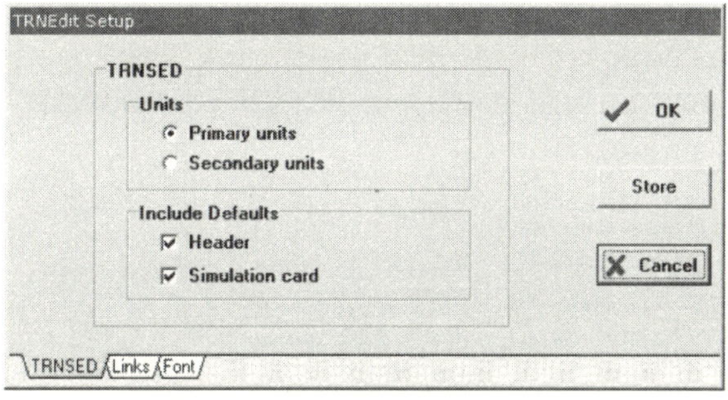

[그림 12-3]   File/Setup/TRNSED 대화상자

(2) File/Setup/Links

APPLINKn 명령은 TRNSYS 16에서는 아무런 쓸모가 없다. 이것은 보다 강력해진 IMG 명령으로 대체되었다. Links 탭은 단지 구 APPLINKn 형식을 사용한 TRNSYS 15 파일들에 의해서만 사용된다. 만약 이 링크상자가 비어있다면, TRNEdit는 링크된 파일을 조정하기 위해 등록된 기본 응용 프로그램을 시작할 것이다. 특별한 입력을 요구하는 TRNSYS 15 버전 파일들을 제외하고는 [그림 12-4]와 같이 이 탭의 모든 영역을 빈 상태로 남겨둘 것을 권장하고 있다.

이 옵션은 사용자에게 TRNSED 시뮬레이션 데크 파일 [*.trd]과 연계된 응용 프로그램을 생성할 수 있도록 한다. 여기에는 [그림 12-4]와 같이 4개의 표준 아이콘들이 있다.

그 외 이 탭에 관한 설명은 TRNSYS 16 버전에서는 의미가 없으므로 생략하도록 한다.

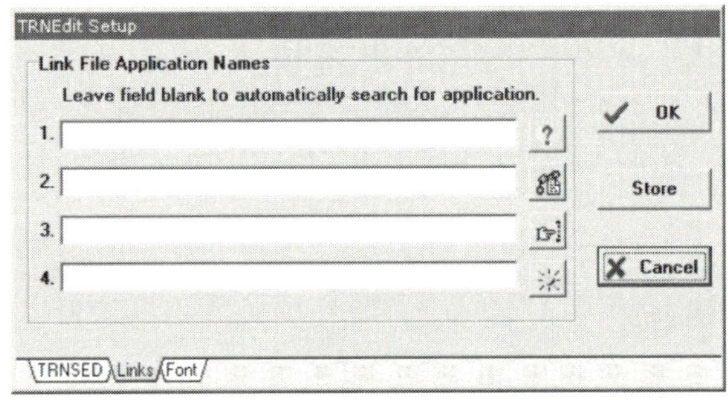

[그림 12-4] File/Setup/Links 대화상자

(3) File/Setup/Fonts

이 탭은 사용자가 폰트 유형과 소스 코드 뷰에서의 색상 등을 지정할 수 있도록 하며, [그림 12-5]와 같다.

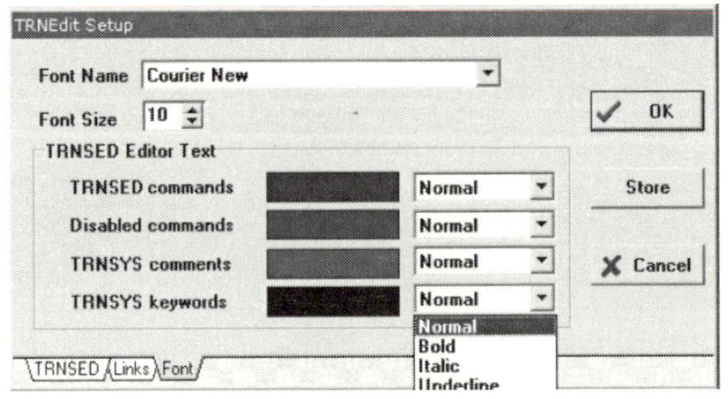

[그림 12-5] File/Setup/Font 대화상자

8. File/Exit

Exit 명령은 TRNEdit 프로그램을 벗어나고, 사용자가 윈도우즈로 되돌아가도록 한다. 만약 하나의 파일이 저장됨 없이 수정되었다면, TRNEdit 프로그램을 종료하기 이전에 파일을 저장할 것인지를 확인하는 창이 화면이 나타나게 될 것이다.

12-2 Edit Menu

Edit 메뉴는 윈도우즈 응용 프로그램 내의 표준 메뉴로 Copy, Paste, Cut, Find 그리고 Replace 기능을 갖는 것으로, 매우 일반적인 내용이므로 설명을 생략하도록 한다.

12-3 TRNSYS Menu

TRNSYS 메뉴는 TRNSYS 프로그램 실행은 물론 Fortran 서브루틴들을 조작하기 위한 유틸리티 프로그램에 대한 선택을 제공한다. 본 절은 TRNSYS 메뉴 명령들에 관한 간단한 소개를 통해 기본적인 내용들을 습득할 수 있도록 한다.

1. TRNSYS/Calculate

Calculate 명령은 File/Setup 메뉴에서 저장되는 설정들과 함께 TRNSYS 시뮬레이션 프로그램을 호출한다. Calculate 명령은 활성창에 확장자 [*.dck] 또는 [*.trd]를 갖는 파일이 있을 때에만 이용 가능하다. 또한, 이 명령은 F8키를 이용하여 실행될 수 있다.

2. TRNSYS/Run Table(TRNSYS/Stop Table)

(1) Run Table

　　Run Table 명령은 TRNSYS가 Parametric Table에 저장된 일련의 TRNSYS 시뮬레이션 결과를 계산하도록 한다. 이 명령은 Parametric Table이 활성창이거나, 활성창이 이전에 생성된 Parametric Table을 갖는 TRNSED 파일인 경우에만 이용 가능하다. 이에 관한 보다 상세한 정보는 9-2절을 참고하기 바란다. Run Table이 선택되면 TRNEdit 프로그램은 Parametric Table 각각을 독립된 입력 파일로 저장한다. 그리고 TRNSYS는 Parametric Table로부터 생성된 모든 파일들을 연속적으로 실행할 것이다. 그러므로 Run Table 명령은 독립된 입력 파일들의 반복적인 TRNSYS 계산들과 같은 기능을 하는 것이다.

(2) Stop Table

　　TRNSYS가 민감도 분석(parametric study)을 수행하기 위해 호출되고, 연속적으로 몇 가지 시뮬레이션을 실행하면, Run Table 명령은 Stop Table로 변경된다. 만약 Stop table이 선택되면, 현 TRNSYS 실행은 완료될 것이고, 더 이상의 실행은 수행되지 않을 것이다.

3. TRNSYS/Compile Module, TRNSYS/Rebuild TRNSYS

이들 명령은 현 버전에서는 아무 쓸모가 없으며 Programmer's guide를 통해 자세한 내용을 참고하기 바란다.

12-4 TRNSED Menu

1. TRNSED/Create Distributable

Create Distributable 명령은 다른 TRNSYS 사용자와 그 외 사용자들에게 배포될 수 있는 응용 프로그램을 생성할 것이다.

만약 이 옵션을 이용할 수 없다면 이것은 TRNSED 응용 프로그램이 User Registration data file(User16.id)에서 활성화되지 않았음을 의미한다. 그러므로 프로그램 배포자와 연락하여 TRNSED가 활성화된 user16.id 파일을 얻어야 한다.

Create Distributable Dialog Box는 [그림 12-6]과 같으며, 여기에 포함된 각 항목들은 다음과 같다.

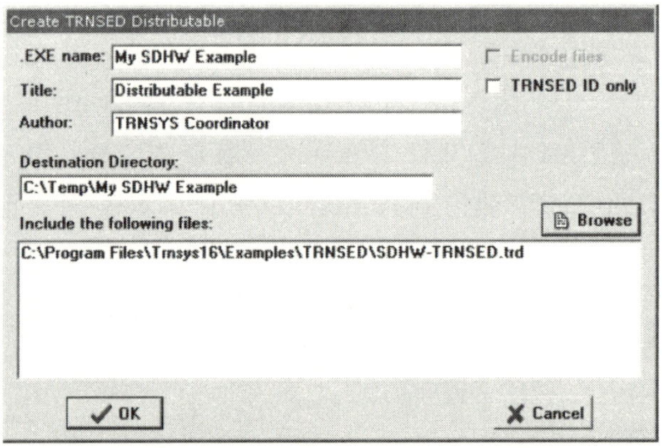

[그림 12-6] Create Distributable 대화상자 화면

(1) .EXE name

사용자 응용 프로그램명을 기입한다. 이것은 사용자들이 실행할 수 있는 이름이다. 실행되면 동일한 디렉토리에 존재할 경우, 동일한 이름을 갖는 [*.trd] 파일을 자동적으로 열 것이다. 이것은 사용자의 TRNSED 기반 응용 프로그램이 단지 하나의 파일에만 사용될 경우 가장 편리한 기능이다.

(2) TRNSED ID only

만약 이 상자가 체크되면, TRNEdit는 TRNSED 응용 프로그램이 일련의 주어진 입력 파일들[*.trd]을 실행할 수 있도록 하는 파일인 TRNSED.ID file을 재생성만 할 것이다. TRNSED 응용 프로그램들은 단지 몇 가지 입력 파일들(최대 10개)로 한정되며, 이들은 다른 [*.trd] 또는 [*.dck] 파일들은 실행하지 않을 것이다.

(3) Title and Author

이 정보는 [그림 12-7]과 같은 화면에 생성된 응용 프로그램에 대한 내용으로 표시된다. [그림 12-7]의 경우 첫 번째 행은 저자명, 두 번째 행은 해당 부서 그리고 세 번째 행은 사용자 소속 기관을 나타낸다.

[그림 12-7] About Box of the Generated Application

(4) Destination Directory

응용 프로그램은 선택된 디렉토리에 생성될 것이다. 이 응용 프로그램은 EXE 자체를 포함하고, 이것을 실행하는 데 요구되는 일련의 파일들을 포함한다. 이것은 사용자의 \TRNSYS16\Exe directory(TRNExe.exe, TRNDll.dll 등)의 내용들을 포함한다. 또한, UserLib 폴더는 이것을 포함하는 모든 DLL과 함께 Destination Directory에 재생성된다.

(5) Include the following files

생성된 TRNSED 응용 프로그램에 의해 실행될 수 있는 최대 10개까지 파일들의 이름을 선택하거나 기입한다. 그림 TRNSED.ID 파일은 이들 파일들 각각에 대한 코드를 갖는 하나의 행을 포함할 것이다.

빈 행은 생성된 TRNSED.ID 파일에서 문제의 원인이 될 수 있으므로, 이 입력 영력으로부터의 쓸모없는 Return 문들과 빈 행은 확실히 삭제해야 한다.

12-5 Parametrics Menu

Parametrics 메뉴는 Parametric Table의 데이터를 수정하거나 설정하기 위한 명령들을 포함한다. Parametric Table은 Spreadsheet 프로그램과 유사한 방법으로 작동한다. 이 메뉴의 특징은 사용자에게 시스템 변수들의 서로 다른 값들에 대한 단지 하나의 입력 파일을 이용하여, TRNSYS 시뮬레이션을 반복적으로 실행할 수 있도록 하는 것이다. 바꿔 말하면, 하나의 파일로 민감도 변수에 관한 전체적인 평가를 가능하게 한다는 것이다.

1. Performing Parametric studies in TRNSYS

Parametric Table 옵션은 사용자가 CONSTANTS문을 갖는 입력 파일에서 지정된 어떤 변수를 선택할 수 있도록 하며, 이것은 Parametric Table에 추가한다. EQUATIONS 문과 함께 지정된 변수들은 Parametric Table에 삽입될 수 없다. CONSTANTS와 EQUATIONS의 구분을 통해, 프로그래머들은 Parametric Table에 포함될 변수들의 경우 이를 확실히 하여 지정을 해야 한다. TRNSYS와 TRNSED는 하나의 변수가 EQUA-TIONS 또는 CONSTANTS 명령을 이용하여 지정되었는지에 대하여 주의하지 않으며, 단지 Parametrics Function에만 주의한다. 만약 프로그래머가 테이블에 포함될 수 있는 이들 변수들 몇 가지를 배제시키고자 한다면, CONSTANTS문을 EQUATIONS문으로 대체시키면 가능하다.

Parametric Table은 다음과 같은 방법으로 작동한다. 만약 최초 입력 파일이 File.dck로 명명되었다면, File1.TMP, File2.TMP, …, FileN.TMP의 이름을 갖는 N개의 파일들이 현재의 디렉토리에 생성된다. 여기서, N은 Parametric Table의 실행 횟수이다. 각 파일은 Parametric Table에서 지정된 변수들에 상응하는 서로 다른 일련의 값들을 갖는다. 또한, TRNSYS 출력 파일에 대한 ASSIGN문, TRNSYS 목록 파일 그리고 TRNSYS 플롯 파일이 새로운 파일명에 따라 수정된다. ASSIGN문은 단지 다른 확장자를 갖는 입력 파일에 영향을 미치는 동일한 파일명을 사용한다. 이것은 자동적으로 [*.out]과 같은 파일명을 포함하고, 그 외 파일명들은 영향을 받지 않는다.

예를 들어, US-CASan-Francisco-23234.tm2로부터 기상 데이터를 읽는 MyFile.dck라 명명된 하나의 입력 파일을 고려해보자. 프린터를 이용해 일련의 변수들을 [*.out]로 출력하고, 또 다른 변수들은 온라인 플로터를 이용해 [*.plt]로 출력하며, 최종적인 시뮬레이션 결과를 Type 25 프린터 유닛을 통해 [Totals.txt] 파일 형태로 저장하고자 한다.

만약 10번의 민감도 분석이 수행되면, MyFile1.tmp부터 MyFile10.tmp까지 매개변수들에 대한 적절한 값들을 갖는 파일들이 생성될 것이다. 이들 모두는 US-CA-San-Francisco-23234.tm2로부터 기상 데이터를 읽을 것이다. 또한, [Totals.txt] 파일에 작성될 것이다. 그러나 각 실행은 MyDeck1.out, MyDeck2.out 등과 MyDeck1.plt, MyDeck2.plt 등과 같은 서로 다른 [*.out]과 [*.plt] 파일을 생성할 것이다.

Parametric Table의 명명 규칙으로 인하여, 사용자들은 숫자를 포함한 TRNSYS 입력 파일의 끝에 숫자를 포함한 이름은 제한할 필요가 있다. 예를 들어, 사용자가 [FILE11.TRD]란 이름의 입력 파일을 갖고 있으며, [FILE.TRD]라 명명된 입력 파일의 민감도 변수에 대한 11번 수행을 할 경우, 11번째 실행은 [FILE11]라 명명될 것이므로, 이 입력 파일로부터 자동적으로 재명명된 출력 파일들은 삭제될 것이다.

끝으로 Parametric Table의 모든 셀들은 이 테이블이 실행되기 이전에 채워져야 한다.

2. Parametrics/New Table

해당 테이블의 열(row)의 개수에 상응하는 실행 횟수는 New Parametric Table Dialog Window 상단의 상자에 입력된다. 테이블에 놓여질 수 있는 변수들의 목록은 좌측에 나타난다. 이 목록은 입력 파일에서 CONSTANTS문에 의해 지정된 모든 변수들의 이름을 포함한다. 테이블에 나타나게 될 변수들은 이 목록으로부터 선택된다. 한 변수를 선택하기 위해 마우스를 이용해 변수명을 클릭한다. 우측을 향하는 단일 화살표 버튼을 클릭하여, 선택한 변수명을 우측으로 이동시킨다. 우측으로 향하는 이중 화살표 버튼은 변수 목록에 보이는 모든 변수들을 우측으로 이동시킨다. 그리고 좌측을 향하는 화살표 버튼은 반대의 기능을 수행한다.

[OK] 버튼의 클릭은 New Parametric Table Dialog Box를 닫게 될 것이며, 값의 지정이 없는 테이블 창을 생성한다. 변수들에 대한 원하는 값들이 테이블에 직접 입력되거나 Alter Values 명령을 이용해 기입될 수 있다. 단지 하나의 Parametric Table만이 허용된다. 새로운 Parametric Table을 생성할 경우, 기존의 Parametric Table은 자동적으로 삭제된다.

3. Parametrics/Alter Table

Alter Table 대화상자는 Parametric Table의 변수들의 값들을 자동적으로 지우거나 입력하는 방법을 제공한다. 이 Alter Table 메뉴 옵션은 단지 Parametric Table이 활성 TRNEdit 창인 경우에만 이용 가능하다.

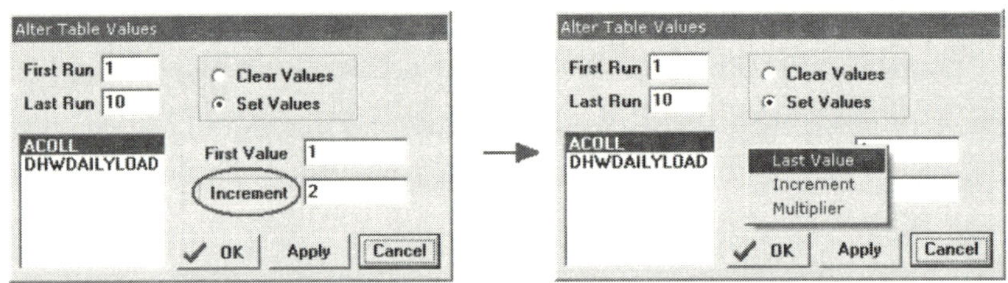

[그림 12-8]　Parametrics/Alter Table

　테이블에서 변경되는 변수는 마우스로 변수명을 클릭하거나 ↑ 또는 ↓ 키를 이용하여 변수를 선택함으로써 목록으로부터 선택된다. 이 변수에 대한 값들은 만약 Clear Values Control이 선택되면 지워질 것이다. 그리고 Set Values가 선택되면, 이 선택된 변수의 값은 First Value 상자에서의 값으로 시작하여, 테이블에 자동적으로 입력될 것이다. 테이블에 연속적인 값들이 Last Value, Increment 또는 Multiplier의 이용에 의해 생성된다. 테이블에 몇 가지 변경들은 Apply 버튼과 함께 변경함으로써 이 창을 벗어나지 않고 효력을 나타낼 수 있다. 테이블의 모든 변경이 완료되면, [OK] 버튼을 클릭한다.

4. Parametrics/Insert/Delete Runs

　기존의 Parametric Table에서의 실행 횟수는 하나 또는 그 이상의 실행을 삭제하거나 추가함으로써 언제든지 변경될 수 있다. 사용자들은 TRNEdit 오류를 방지하기 위해 새로운 테이블의 값들을 채워 넣어야 한다. 이 Insert/Delete Runs 메뉴 옵션은 Parametric Table이 활성 TRNEdit 창인 경우에만 이용 가능하다.

5. Parametrics/Insert-Delete Variables

　변수들은 이 명령을 이용하여 기존의 Parametric Table로부터 추가되거나 제거될 수 있다. 게다가, 이 명령은 기존의 Parametric Table의 열에 나타나는 변수들의 순서를 이 테이블의 어떠한 값들도 잃지 않고 변경시킬 수 있다.

이 명령은 New Table 명령과 정확히 동일한 방법으로 작동한다. 모든 이용 가능한 변수들이 좌측 목록 상자에 알파벳 순서로 목록화될 것이다. 우측의 목록은 기존 Para-metric Table에서의 변수들을 보여줄 것이다. 변수들은 원할 경우, 추가되거나 제거될 수 있다. 변수들이 나타나는 순서를 변경하기 위해 모든 변수들을 제거한 후 이들은 원하는 순서대로 추가한다. TRNEdit는 다중 창 환경이기 때문에, 다른 파일들로부터 변수들이 혼합되지 않도록 주의해야 한다. Insert/Delete Variables 명령은 활성창에서의 파일이 테이블에서 생성된 파일과 일치할 경우에만 이용 가능하다.

12-6 Plot Menu

Plot 메뉴는 TRNSYS Plot와 출력 파일로부터 Plots를 생성하기 위한 선택을 제공한다. 다음 절부터 Plot 메뉴 명령들에 관하여 소개된다.

1. Plot/New Plot

New Plot 명령은 TRNSYS에 의한 도표화된 데이터 출력을 그래픽 화면에 plot할 수 있도록 한다. 이 명령은 단지 Plot 데이터가 이용 가능할 때에만 접근할 수 있다. 도표화된 데이터는 Type 25 또는 Type 65에 의해 대부분 생성된다. 최상의 결과를 위해 Plotting을 할 경우, Plot 파일에 라벨이 붙는다는 것을 명심해야 한다.

일단 New Plot 옵션이 선택되면, 대화상자가 나타날 것이다. 여기서, X축과 Y축에 plotting 할 변수들을 선택한다. 아무런 labels도 없으면, 변수명에 Column 1, Column 2 등과 같이 라벨링이 된다. 변수를 선택하거나 취소하는 것은 마우스로 이름을 클릭하면 된다. 선택된 변수들은 구별되기 위해 밝게 강조된다. 초기에는 첫 번째 변수가 선택될 것이다. 만약 사용자가 이 변수를 plotting하길 원하지 않으면, 다른 변수를 선택하기 전에 선택 취소를 해야 한다.

Minimum과 Maximum 영역은 각 축의 크기를 조절하며, 이 값은 적당한 값으로 변경될 수 있다. 선택된 변수들에 대한 기본값들이 자동으로 입력된다.

Format 영역의 우측에 위치한 두 개의 드롭-다운 메뉴는 각 축에 대한 스케일로 나타나는 숫자의 형식을 조절한다. 첫 번째 영역은 N, F 또는 E가 보일 것이다. 만약 N이 보이면, 스케일은 그려지지 않을 것이다. F와 E 형식은 각각 소수 또는 지수법의 고정된 수치를 갖는 축의 값으로 맞추게 된다. 소수점 자릿수 또는 지수값은 두 번째 영역에서 지정된다.

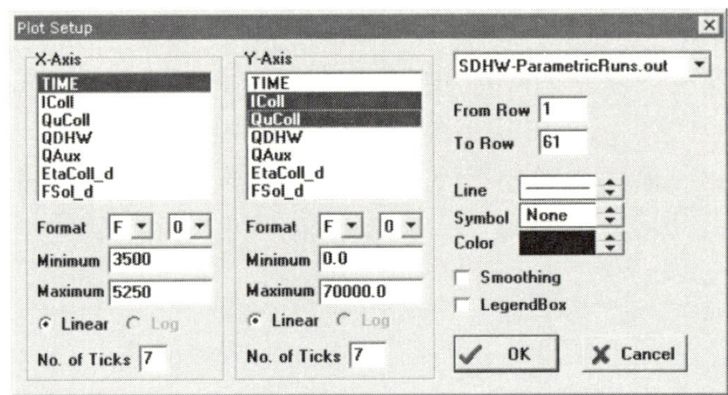

[그림 12-9] Plot/New Plot

　　대수의 스케일이 'Log' scale을 선택함으로써 지정될 수 있다. 이것의 선택은 마우스로
클릭하거나 Tab 키를 사용하여 커서를 움직여 조절한 후, 스페이스 바를 누르면 된다.
Grid Lines control 또한 같은 방법으로 선택된다. 선택되면 점선의 Grid Line들이 plot
에 그려진다. Linear scale에서의 Grid Line과 점의 개수는 'No. of Ticks' 영역에서 지
정될 수 있다. Scaling numbers는 축을 따라 각 점 표시에 위치될 것이며, 충분한 여백
이 제공된다. Log scales는 1, 2 그리고 5에서의 각 decade와 스케일 정보에서 정수값으
로 Grid Line을 갖길 원할 것이다. Plots은 New Plot 대화창의 가운데 우측에서의 선택
에 의존하여 Symbols, Lines, Colors 또는 이들 모두를 사용하여 그려질 수 있다. 만약
Smooth control이 선택되면, 플롯 데이터의 Smoothing이 수행될 것이다. 이 Smooth-
ing은 X축값들이 단조 증가할 때에만 허용된다. 사용자들은 각 타입의 우측에 있는 ↑과
↓ 키를 마우스로 클릭함으로써, Line type, Symbol type 그리고 Color type을 선택할
수 있다. 플롯 형식의 지정이 완료되면, 플롯을 표시하기 위해 [OK] 버튼을 클릭한다.
플롯 상에서의 더블 클릭은 사용자가 이 플롯을 수정할 수 있도록 할 것이다.

2. Plot/Overlay Plot

　　Overlay Plot 명령은 New Plot 명령과 동일한 방법으로 작동한다. 그러나 차이점으
로는 New Plot은 플롯이 그려지기 이전에 플롯 화면을 지우는 반면에 Overlay Plot 명
령은 기존의 플롯 화면에 새로운 플롯을 위치시킨다는 것이다. 따라서, 다수의 플롯들이
보이게 된다. 순차적으로 발생된 Overlay Plot scales은 지정될 수는 있으나 보이지 않
을 것이다. 덮어 쓰기된 플롯들 각각은 Modify Plot Window에 들어가거나 플롯 상에서
더블 클릭함으로써 수정될 수 있다.

3. Plot/Modify Plot

이 메뉴 선택은 Modify Plot dialog box에 접근할 수 있도록 한다. Symbol type, Line type 그리고 Axis Controls이 대화상자를 이용하여 모두 수정될 수 있다. 또한, 이 창은 자체 플롯 상에서 더블 클릭함으로써 접근될 수 있다.

12-7 The Windows Menu

Windows 메뉴는 TRNEdit에 존재하는 다양한 창들을 열고 조종하기 위한 명령들을 포함한다. 모든 창들은 Standard Window Elements, Scroll Bars, Close Box 그리고 Zoom Icons을 가진다. 다음 절부터는 [그림 12-10]에서 보이는 것과 같은 Windows 메뉴 명령에 관하여 소개한다.

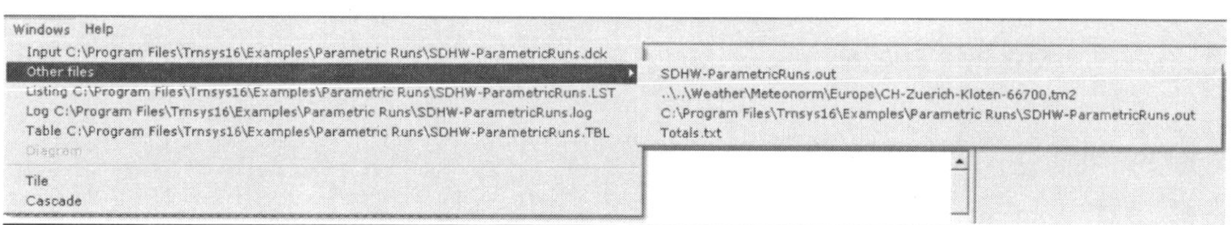

[그림 12-10]   Windows Menu

1. Windows/Input

Input 명령은 창의 앞에 TRNSYS 입력 창을 가져올 것이며, 이 창을 활성창으로 만들 것이다. 게다가, 메뉴에 Input file의 파일명이 목록화된다. Input 창은 TRNSYS 입력 파일의 정보를 보이며, 수정이 가능하다. Input 창 메뉴 옵션은 열려진 TRNSYS 입력 파일이 존재한 경우에만 이용 가능하다.

2. Windows/Other files

Other flies 명령은 TRNSYS 입력 파일에서 할당된 모든 파일들(Input files, Weather files 그리고 Any Output file)을 목록화한다. 만약 열리더라도 이러한 파일들은 탐색은 가능하지만 수정은 불가능하다.

3. Windows/Listing

Listing 명령은 창의 앞에 Listing 창을 가져올 것이며, 이 창을 활성창으로 만들 것이다. Listing 창은 TRNSYS List 파일의 정보를 보이며, 수정은 불가능하다. Listing 창 메뉴 옵션은 TRNSYS List 파일이 존재하고, 열린 TRNSYS 입력 파일과 동일한 이름을 갖는 파일을 가지고 있을 때에만 이용 가능하다.

4. Windows/Log

Log 명령은 log 창을 창의 앞에 가져올 것이며, 이 창을 활성창으로 만들 것이다. Log 창은 TRNSYS Log 파일에 관한 정보를 보이며, 수정은 불가능하다. Log 창 메뉴 옵션은 TRNSYS List 파일이 존재하고, 열린 TRNSYS 입력 파일과 동일한 이름을 갖는 파일을 가지고 있을 때에만 이용 가능하다.

5. Windows/Table

Table 명령은 Table 창을 창 앞에 가져올 것이며, 이것을 활성 창으로 만들 것이다. Table 메뉴 옵션은 단지 Parametric Table이 열린 입력 파일에 대하여 생성된 경우에만 이용 가능하다.

6. Windows/Diagram

이 메뉴 명령은 입력 파일을 그래픽 화면에 활성화시키기 위한 다이어그램 창을 화면에 나타낸다. 다이어그램 창을 보기 위해 다이어그램은 입력 파일과 동일한 미리 지정된 이름으로 확장자 [*.bmp] 또는 [*.wmf]로 명명되어야 한다. Diagram 명령은 Bitmap 또는 Windows Metafile 파일 형식으로 저장된 이미지만을 표시할 것이다. 대부분의 PC 드로잉 프로그램은 Bitmap 형식으로 저장이 가능하다.

7. Windows/Tile and Windows/Cascade

이것들은 일반적인 MS Windows 명령으로 열려진 창들을 'tile' 또는 'cascade'로 정렬하여 보이게 한다.

12-8   The Help Menu

도움말 메뉴는 종류가 다른 도움말 소스에 접근할 수 있도록 구성되어 있다.

- TRNEdit Help opens the PDF version of this manual
- TRNSYS Help opens the Main index to the TRNSYS documentation
- About TRNEdit displays the About box
- TRNSYS Website launches the default browser and opens the TRNSYS website at the SEL

PDF 파일로 링크되어 있고, 인터넷이 적절히 연결되어 있으면 관련 웹사이트로 연결된다.

12-9   Right-Click Menu

에디터 창에서 [그림 12-11]은 TRNEdit에서 마우스 우측 버튼을 클릭한 경우를 보여준다. 만약 어떤 텍스트가 선택되면, 이것은 각 행의 시작 위치에 '*\'를 추가함으로써 주석문화될 수 있다. 반대로 주석문 행이 선택된 경우에는 이것을 제거할 수도 있다.

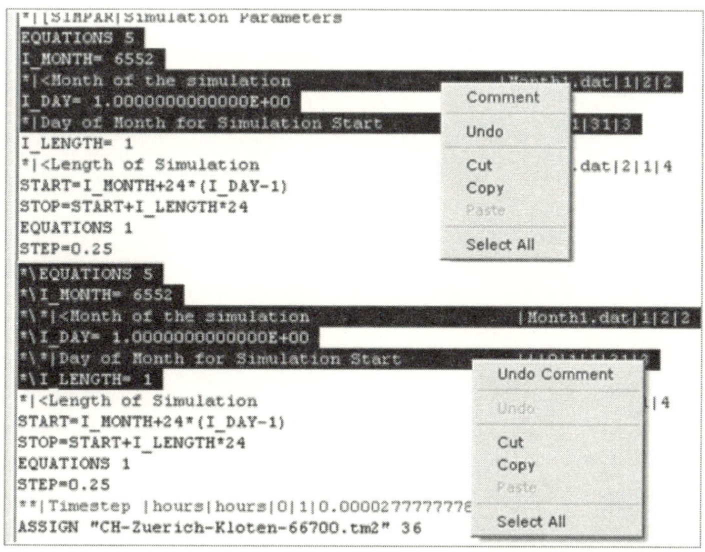

[그림 12-11] Right-Click Menu

◉ 참고 문헌

1. Broyden C.G., 『A Class of Methods for Solving Nonlinear Simultaneous equations』, Math, Comp., 19, pp. 577-593, 1965.

2. Chapra S.C. and Canale R.P., 『Numerical Methods for Engineers with Personal Computer Application』 (New York : McGray-Hill), 1985.

3. Duff I.S., Erisman A.M., Reid J.K., 『Direct Methods for Sparce Matrices』, Oxford Science Publications, Claredon Press, 1986.

4. Eckstein, J.H., 『etailed Modeling of Photovoltaic System Components』, M.S. Thesis, Dept. of Mechanical Engineering, University of Wisconsin -Madison, 1990.

5. Gerald C.F., Wheatley P.O., 『Applied Numerical Analysis』, Addison -Wesley, p.190, 1984.

6. Powell M.J.D., 『A hybrid method for non-linear equations』, Computer Journal, 1970a

7. Powell M.J.D., 『A Fortran Subroutine for Solving Systems of Nonlinear Algebraic Equations』, Computer Journal, 12, pp. 115-161, 1970b

8. SOLMET, Volume 2 - Final Report, 『Hourly Solar Radiation Surface Meteo-rological Observations』, TD-9724, 1979.

9. Weber, A., Koschenz, M., Dorer, V., Hiller, M. and Holst, S., 『TRNFLOW, a new tool for the modeling of heat, air and pollutant transport in buildings within TRNSYS』. IBPSA Building Simulation 2003 conference, Eindhoven, The Netherlands, 2003.

2

공기 유동 해석, 최적화 및 전달함수 생성

; TRNFLOW, TRNOPT & PREP

멀티 존 건물의 공기 유동에 관한 분석을 위해 기존에 사용된 COMIS 프로그램을 PREBID와 통합시켜 개발한 것이 TRNFLOW이다. 이러한 유체 유동 프로그램을 보다 자세히 이해하고, 정밀한 시뮬레이션 분석을 수행하기 위해서는 각 컴포넌트의 기본 이론에 관한 기초 지식이 무엇보다도 중요하다.

Part 2에서는 TRNFLOW 매뉴얼의 내용을 충실하게 분석하고 정리하고자 한다.

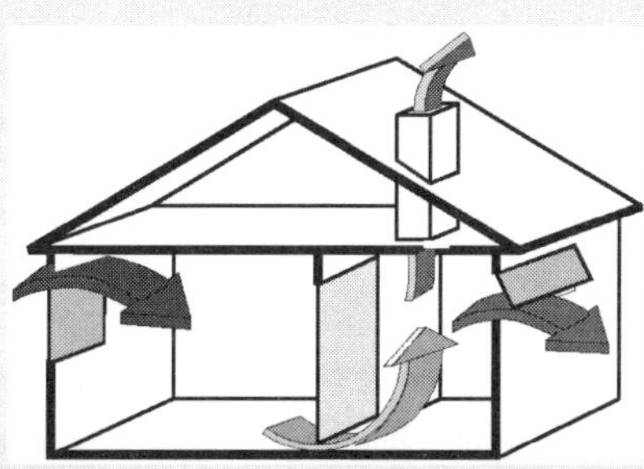

I. TRNFLOW

1. 프로그램 개요

　건물의 유체 유동은 멀티 존 유체 유동 모델(multi-zone air flow model)로 계산될 수 있다. 이러한 모델은 [그림 1-1]과 같이 절점(node)과 상호 연결(link)에 의한 네트워크로써 건물을 이상화한다. 절점은 건물 외부 환경과 실을 표현하며, 연결은 '개구부, 문, 크랙, 창문, 환기구'는 물론 '덕트, 팬, 공기 유입·유출구'와 같은 환기 컴포넌트를 나타낸다.

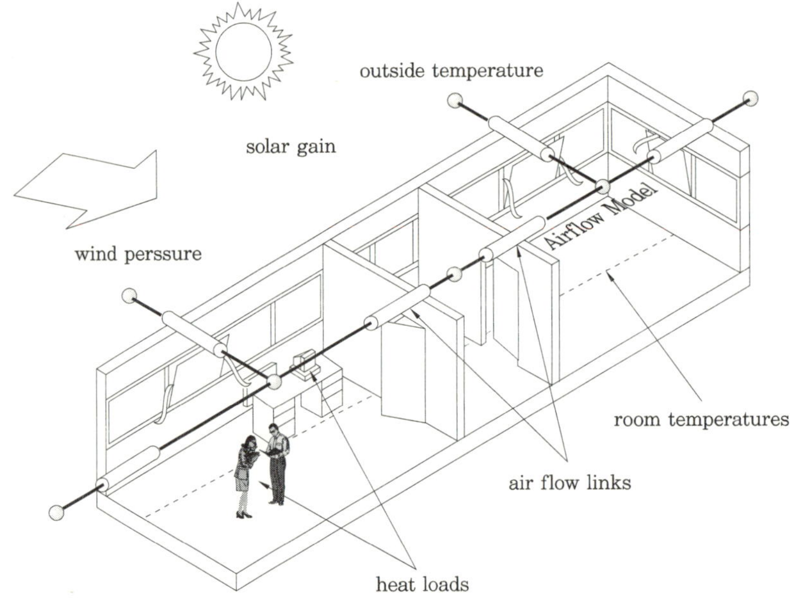

[그림 1-1]　자연 환기되는 오피스 건물의 열 및 공기 유동 모델 예

　건물 입면의 풍압과 실내·외 공기 온도는 중요한 경계조건이다. 반면에 실내 온도는 동적 열부하 건물 모델(dynamic thermal building model)에 의해 계산될 수 있다. 건물 외피의 재료 및 벽체 구성은 [그림 1-1]의 열적 거동의 특징을 결정한다. 이 경우 열부하, 즉 건물에서의 공기 유동, 내부 기기 및 사람은 경계조건이다.

　만약 실내 온도 그리고/또는 건물 내부의 공기 유동이 제어되지 않는다면, 결합된 열부하 공기 유동 건물 모델(combined thermal air flow building model)은 이러한 공기 유동과 공기 온도의 상호 의존성을 설명하기 위해 없어서는 안된다.

TRNFLOW는 TRNSYS(Type 56)의 열부하 건물 모듈에 다중 공기 유동 모델인 COMIS(Conjunction of Multizone Infiltration Specialists)를 통합한 것이다.

이 COMIS 프로그램은 IEA(International Energy Agency)의 Annex 23의 국제 협력에 의해 개발되었다. TRNFLOW를 이용하여 존 상호간, 건물 외부에서 내부(infiltration) 그리고 환기 장치(ventilation)의 공기 유동을 계산할 수 있다. 두 모델의 데이터는 향상된 사용자 인터페이스인 PREBID에서 입력될 수 있으며, BUI 파일로 내부에 저장된다.

게다가 열부하 모델인 PREBID를 위한 입력 파일인 BLD와 TRN은 공기 유동 모델을 위한 입력 파일인 CIF를 생성할 수 있다. CIF의 형식은 COMIS 3.1 사용자 매뉴얼 [Dorer 2001]에 상세히 설명되어 있다.

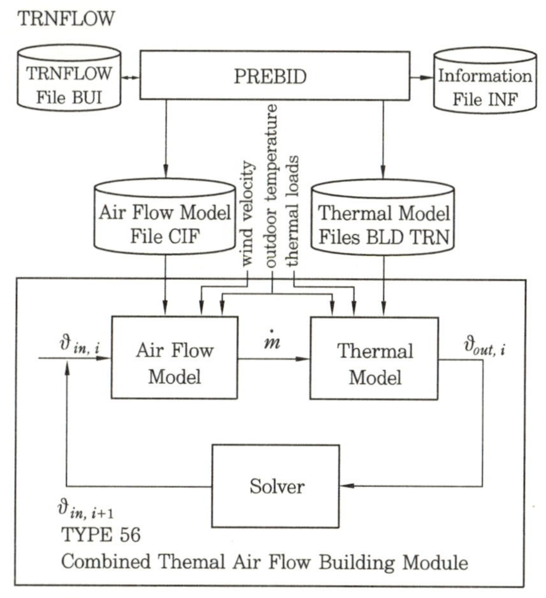

[그림 1-2] 통합된 열부하 공기 유동 건물 모듈과 건물 데이터 입력을 위한 사용자 인터페이스의 정보 흐름도

열부하 및 공기 유동 모델은 블랙박스로써 연결된다. 단순화를 위해 [그림 1-2]에서 두 모델 상호간의 정보 흐름은 하나의 실 공기 온도 절점과 하나의 공기 유동 변수에 의해 표현되었다. 사실상 건물에서는 보다 많은 실과 공기 온도 절점이 있으며, 각 절점은 적어도 하나의 공기 유동을 갖는다. 해석 과정에 있어 공기 유동 모델은 입력 절점 온도 $\vartheta_{in,1}$에서 시작하고, 각 절점에 대응하는 공기 유량 $\dot{m}$을 계산한다.

이러한 유동은 출력 실내 온도 $\vartheta_{out,1}$을 계산하는 열부하 모델에서 사용된다. 이러한 반복 해석 알고리즘을 통해 출력 온도 모음에 걸맞는 입력 온도 모음이 계산된다.

2. 기본 이론(수학적 설명)

COMIS 모델은 [Feustel 1990]에 상세히 설명되어 있다. 본 장은 단지 열부하 모델과의 상호 작용과 공기 유동 모델에 대한 간략한 설명만을 포함하고 있다.

2-1 Airflow Network

공기 유동 모델은 건물의 공기 유동 네트워크(airflow network) 모델에 기반을 둔다. [그림 2-1]은 공기 유동 네트워크 모델의 예를 보여준다. 절점은 공기의 경로 모델링(airflow components like cracks, openings, ducts etc.)과 비선형 컨덕턴스에 의해 연결된다.

각 절점 공기의 질량 보존의 법칙에 의해 비선형 방정식 체계가 만들어지며, 절점의 압력과 각 연결에서의 질량 유동을 결정하기 위해 해석된다.

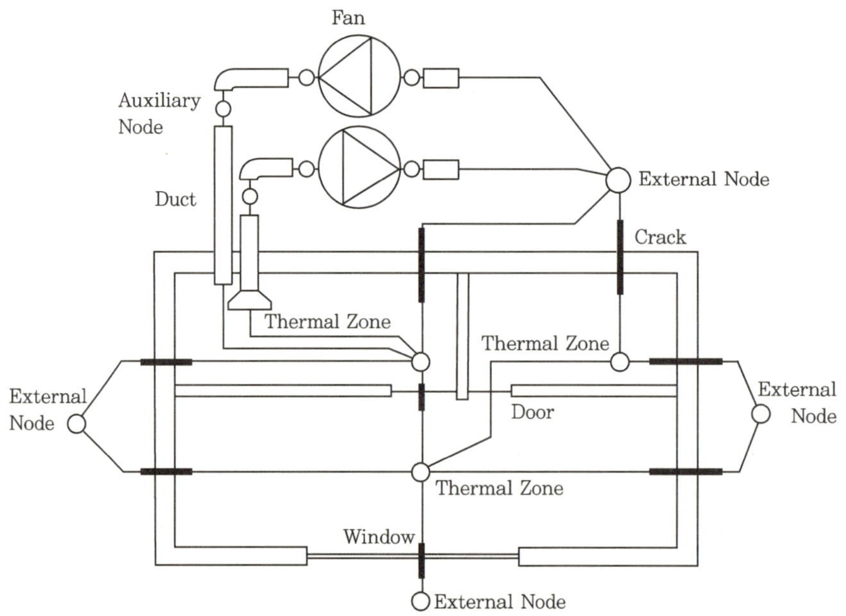

[그림 2-1] 공기 유동 네트워크 모델의 예

1. Air flow Nodes

공기 유동 네트워크(airflow network)를 정의하는 데 사용되는 절점에는 [그림 2-1]에서와 같이 4가지 종류가 있다.
- Constant Pressure Nodes
- Thermal Zones
- Auxiliary Nodes
- External Nodes

그리고 이러한 각 절점은 기준 높이(reference height)를 갖는다. 외부 절점과 일정한 압력 절점의 기준 높이는 건물의 기준면(building reference level ; 지표면)으로써 지정된다. 그리고 내부 존과 보조 절점의 기준 높이는 2-2-2절의 [그림 2-6]에서와 같이 건물의 기준면에 관하여 지정된다. 절점 압력은 절점 내부의 전체 압력과 건물 기준면에서의 외부 대기 압력 사이의 압력차로써 지정된다. 즉, 이것은 대기 압력에 관하여 초과되는 압력이 없으면, 0 Pa을 갖는 일정한 압력 절점(constant pressure nodes)임을 의미한다.

(1) Constant Pressure Nodes의 경우, 건물의 외부에서의 고정된 압력은 외기 대기압력에 관하여 지정될 수 있다.

(2) Thermal Zones은 열부하 모델 내의 존과 관련된다. 이것은 각 열부하 존의 어떠한 위치에서든지 동일한 온도를 갖는다고 가정되며, 온도, 습도, 압력 그리고 가능한 각 오염물질의 농도에 대하여 하나의 값을 갖는 절점으로 표현될 수 있다. 온도와 습도는 각 열적 존에 대하여 열부하 모델에서 계산되며, 유체 유동 모델에서는 그냥 통과하게 된다.

(3) Auxiliary Nodes는 가능한 환기 장치(ventilation system)의 덕트 작업을 지정하는 데 사용된다. 이들은 덕트 장치의 개별 조각(individual piece)에 의해 연결된다. 이들 중 어떠한 것도 열적 용량(thermal mass)이나 상당하는 체적(considerable volume)을 갖지 않는다. 그러므로 열부하 모델에서 이러한 절점은 아무런 의미가 없으며, 보조 절점의 공기 조건은 입력값이나 방정식 (2-1)과 방정식 (2-2)의 절점으로 유입되는 공기의 조건으로부터 계산되어 지정된다.

　입력값에 의한 조건의 지정은 이 조건을 유지하기 위해 절점에 에너지를 공급하거나 절점으로부터 에너지를 제거하는 것을 의미한다. 그러므로 이것은 환기 장치에서 가습 또는 감습 그리고 냉·난방 코일 모델에 사용될 수 있다.

지정된 조건을 유지하기 위한 현열과 잠열 에너지 요구량은 방정식 (2-3)과 방정식 (2-4)와 같은 모델의 출력이다.

$$T_{mj} = \frac{\sum\limits_{i=1}^{n} T_i \cdot m_{ji}}{\sum\limits_{i=1}^{n} m_{ji}} \tag{2-1}$$

$$Xh_{mj} = \frac{\sum\limits_{i=1}^{n} Xh_i \cdot m_{ji} \cdot (1 - Xh_i)}{\sum\limits_{i=1}^{n} m_{ji} \cdot (1 - Xh_i)} \tag{2-2}$$

$$\dot{Q}_j = (T_{mj} - T_{spj}) \cdot c_p \cdot \sum\limits_{i=1}^{n} \dot{m}_{ji} \tag{2-3}$$

$$\dot{Q}_{Lj} = (Xh_{mj} - Xh_{spj}) \cdot \gamma \cdot \sum\limits_{i=1}^{n} \dot{m}_{ji} \cdot (1 - Xh_i) \tag{2-4}$$

여기서,

T_{mj} : 보조 절점 j로 유입되는 공기 유동의 혼합 온도 [℃]

T_i : 절점 i의 공기 온도 [℃]

T_{pj} : 보조 절점 j의 설정 공기 온도 [℃]

Xh_{mj} : 보조 절점 j로 유입되는 공기 유동의 혼합 절대습도 [kg $_{water}$ / kg $_{dry\ air}$]

Xh_i : 절점 i의 공기의 절대습도 [kg $_{water}$ / kg $_{dry\ air}$]

m_{ji} : 절점 i에서 보조 절점 j로의 질량 유량 [kg/h]

$\dot{Q}_j$: 보조 절점 j의 현열 난방(−) 또는 냉방(+) 에너지 요구량 [kJ/h]

$\dot{Q}_{Lj}$: 보조 절점 j의 잠열 에너지 요구량으로 가습(−)/감습(+) [kJ/h]

c_p : 공기의 비열 [kJ/kg·℃K]

γ : 물의 증발에 필요한 열 [kJ/kg]

(4) **External Nodes**는 건물 외부에서의 풍압을 나타낸다. 풍속의 동적 압력에 대한 건물에서의 풍압과 관련이 있는 압력 계수(pressure coefficient)는 2-2-1절에서 소개된 몇 가지 풍향에 따른 외부 절점값으로 추정할 수 있다.

2. Air Link Types

공기 유동 컴포넌트에는 서로 다른 분류의 연결(link) 유형이 있다. 각각은 압력차의 함수로써 그 자신만의 질량 유량 방정식을 갖는다.

$$\dot{m} = f(\Delta p) \tag{2-5}$$

(1) **Crack** : 이 컴포넌트는 틈새의 침기 특성을 표현하기 위한 'power law'를 이용한다.

$$\dot{m} = C_s \cdot (\Delta p)^n \tag{2-6}$$

여기서, C_s : 공기 질량 유량 계수(air mass flow coefficient) [kg/s @ 1 Pa]

n : 공기 유동 지수(air flow exponent) $(-)$

(2) **Duct** : 직선 덕트 내의 유동은 마찰 손실(friction loss)과 접합(조립)에 따른 동적 손실(dynamic losses due to fittings)에 의해 특징짓는다.

$$\dot{m} = A \sqrt{\frac{\Delta p \cdot 2\rho}{\lambda \cdot \dfrac{l}{d} + \zeta}} \tag{2-7}$$

여기서, A : 덕트의 단면적 $[\text{m}^2]$

l : 덕트의 길이 $[\text{m}]$

d : 덕트의 수력지름(hydraulic diameter) $[\text{m}]$

ρ : 공기의 밀도 $[\text{kg/m}^3]$

λ : 마찰계수(friction factor)

ζ : 동적 손실 계수(dynamic loss coefficient)

Reynolds number(Re)가 2000보다 작은 층류(laminar flow) 유동 구역 내에서 마찰 계수는 Re만의 함수이며, 다음과 같다.

$$\lambda = \frac{64}{Re} \tag{2-8}$$

난류 유동의 경우 마찰 계수는 Re와 덕트의 표면 거칠기에 의존한다. 그리고 Colebrook's Equation [ASHRAE 2001]의 음해법 해석을 통한 마찰 계수를 결정하기 위해 반복 계산 루프가 필요하다.

$$\frac{1}{\sqrt{\lambda}} = -2\log\left[\frac{\varepsilon}{3.7\,d} + \frac{2.51}{Re\,\sqrt{\lambda}}\right] \tag{2-9}$$

여기서, ε : 재료의 절대 거칠기 인자(material absolute roughness factor) [m]

Re : Reynolds number

동적 손실계수 ζ는 덕트 조립의 형상에 의존한다. 어떤 조립 유형의 경우, 형상 매개변수는 입력될 수 있으며, ζ는 참고 문헌 데이터의 다항식 근사를 이용하여 프로그램에 의해 계산될 것이다. 또한, ζ는 유동 방향이 모두 독립되어 있는 경우에는 직접 값을 입력하는 것도 가능하다.

(3) **Fan** : 압력차와 질량 유량의 데이터 쌍은 특정 팬 유속에서 팬의 유동 특성을 지정하기 위해 동시에 주어져야 한다. Catmull-Rom[Catmull 1974]의 스플라인 보간 (spline interpolation)이 사용되고, 곡선은 주어진 P_i 점을 통과할 것이며, 점 P_i 에서의 탄젠트 벡터(tangent vector)는 점 P_{i-1}과 P_{i+1}의 연결선과 평행하게 될 것이다.

주어진 점의 바깥에서는 선형 보간이 사용된다. 만약 팬 유속 또는 공기 밀도가 시험 조건과 서로 다르면 다음의 팬 법칙을 적용한다.

$$\dot{V}_1 = \dot{V}_2 \cdot \frac{N_{F,1}}{N_{F,2}} \tag{2-10}$$

$$\Delta p_{F,1} = \Delta p_{F,2} \cdot \left[\frac{N_{F,1}}{N_{F,2}}\right]^2 \cdot \frac{\rho_1}{\rho_2} \tag{2-11}$$

여기서, N_F : 팬 회전 속도$(-)$, $_1$: 실제 조건

$\dot{V}$: 체적 유량 $[\mathrm{m}^3/\mathrm{h}]$, $_2$: 시험 조건

그리고 팬이 정지되면, 크랙 유동방정식 (2-6)이 사용된다.

(4) **Large Vertical Openings** : 두 존 사이의 압력차가 다른 경우 공기의 밀도는 높이 z의 함수이며, 넓은 개구부에서의 유동은 [그림 2-2]와 같이 수직 속도 프로파일 (vertical velocity profile)을 갖는다. 이 프로파일의 수치적분을 통해 유동 방향 모두에 대하여 공기의 질량 유량을 얻을 수 있다.

$$\dot{m}_{12} = C_d \int_0^H \sqrt{2\,\rho(z)\,f_{12}(z)} \cdot w(z) \cdot dz \tag{2-12}$$

동시에,

$$f_{12}(z) = \begin{cases} \Delta p(z) & , \text{if } \Delta p(z) > 0 \\ 0 & , \text{if } \Delta p(z) < 0 \end{cases}$$

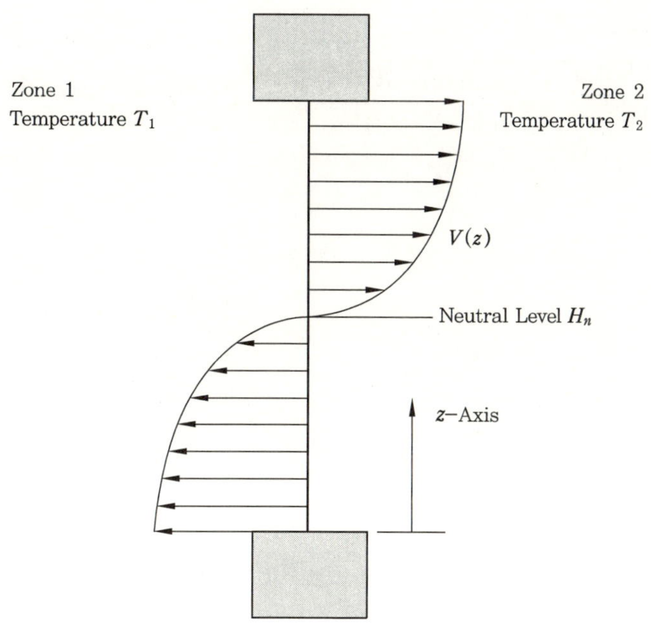

[그림 2-2] 넓은 수직 개구부에서의 속도 프로파일

$$\dot{m}_{21} = C_d \int_0^H \sqrt{2\,\rho(z)\,f_{21}(z)} \cdot w(z) \cdot dz \tag{2-13}$$

동시에,

$$f_{21}(z) = \begin{cases} -\,\Delta p(z) & ,\text{if } \Delta p(z) < 0 \\ 0 & ,\text{if } \Delta p(z) > 0 \end{cases}$$

여기서,

C_d : 소멸 계수(Discharge coefficient) $(-)$

$w(z)$: 높이 z에서의 개구부 폭 [m], 단, 사각형 개구부의 경우 $w(z) = W$

H : 개구부의 높이 [m]

12 : 유동의 방향이 존 1에서 2임.

넓은 개구부의 형상은 $w(z)$에 의해 나타낸다. [그림 2-3]은 창문의 형상으로 수평으로 열리는 것을 보여준다. 유동은 엄격한 수평 방향으로 가정된 모델을 사용하였다. 이것은 높이 z에서 공기는 [그림 2-3]에서 보이는 것과 같이 일련의 두 사각형 구멍(aperture)을 통한 흐름을 의미한다. 높이 z에 상당하는 구멍의 폭은 다음 식을 통해 계산된다.

$$w(z) = \begin{cases} W & , \text{if } (z < H_1) \text{ or } (z > H_2) \\[2ex] \sqrt{\dfrac{(|H_a - z| \cdot \tan \alpha)^2 \cdot W^2}{(|H_a - z| \cdot \tan \alpha)^2 + W^2}} & , \text{if } H_1 < z < H_2 \end{cases} \tag{2-14}$$

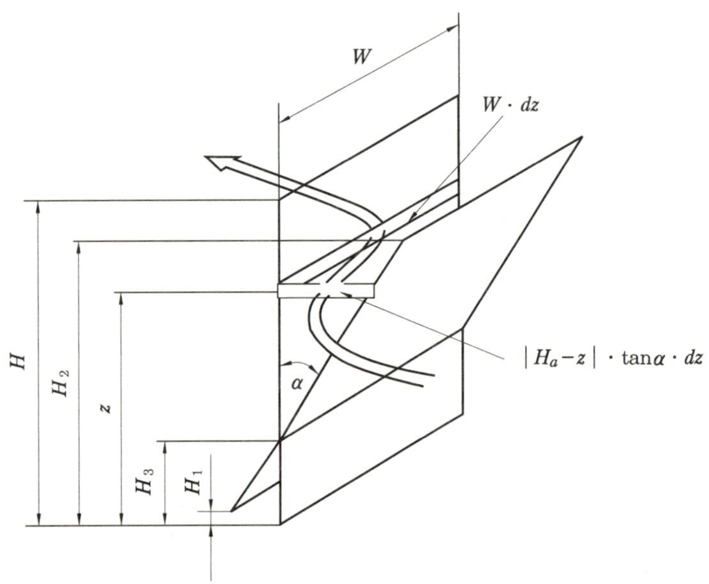

[그림 2-3] 수평으로 열리는 창문의 형상

소멸 계수 C_d는 유동의 수축과 마찰 손실의 물리적 영향(physical effects of flow contraction and friction loss)을 설명하는 데 사용된다. 이것은 개구부의 형태와 주변 환경 조건에 의존한다. 이 값은 날카로운 모서리를 갖는 오리피스의 경우, 0.61에서부터 나팔 모양의 노즐의 경우, 0.98까지 참고 문헌을 통해 찾을 수 있다.

수평으로 열리는 창문의 경우, 다음의 상관관계가 측정 및 CFD 계산에 의해 발견되었다.

$$C_d = 0.0147 \cdot \alpha - 0.0928 \cdot \frac{H}{W} + 0.4116 \tag{2-15}$$

단, $\alpha > 20°$이면 $\alpha = 20°$이며, $C_d > 0.7$이면 $C_d = 0.7$이다.
이 상관관계는 수평으로 열리는 창문에 대한 기본 C_d 값으로써 주어진다.

실내와 바람의 변화에서의 유동과 같은 추가적인 영향은 C_d 값과 함께 총합 계수

(overall coefficient)로써 표현될 수 있다. 만약 분명한 값이 입력되지 않으면, 방정식 (2-15)~(2-17)이 기본값으로써 사용된다. 두 존 사이의 내부 문(door)의 경우, 개구부의 높이와 인접한 존의 높이의 관계에 따른 추가적인 영향은 [Pelletret]의 측정 결과로부터 얻어진다.

$$\begin{cases} C_d = 0.609 \cdot H_{rel} - 0.066 & , \text{if} \quad 0.2 \leq H_{rel} \leq 0.9 \\ C_d = 0.0558 & , \text{if} \quad H_{rel} < 0.2 \\ C_d = 0.4821 & , \text{if} \quad 0.9 < H_{rel} \end{cases} \qquad (2\text{-}16)$$

여기서, $H_{rel} = H/H_{room}$ 이다.

외부에 위치한 개구부의 경우, 바람의 변동에 따른 영향은 [Daskalaki 1995]에 의해 다음의 관계로 표현될 수 있다.

$$\begin{cases} C_w = 0.08 \cdot (Gr/Re^2)^{-0.38} \\ C_d = C_w & , \text{if} \quad 0.6 \leq C_w \leq 1.5 \\ C_d = 0.6 & , \text{if} \quad C_w < 0.6 \\ C_d = 1.5 & , \text{if} \quad 1.5 < C_w \end{cases} \qquad (2\text{-}17)$$

그리고 레이놀즈 수 $Re = \dfrac{v_0 \cdot D_r}{\nu}$, 그라쇼프 수 $Gr = \dfrac{g \cdot \Delta T \cdot H^3}{T_m \cdot \nu^2}$, $\Delta T = |T_r - T_a|$, $T_m = \dfrac{T_r + T_a}{2}$ 이다.

여기서, D_r : 건물의 깊이(개구부에서 반대편 벽체까지의 거리) [m]

v_0 : 풍속 [m/s]

ν : 공기의 동점성 계수 [m²/s]

T_a : 외기의 절대온도 [°K]

T_r : 실내의 절대온도 [°K]

(5) **Flow controller** : 유동 제어기 또는 조절기는 높은 압력에서 개구부를 점진적으로 닫게 함으로써 유량의 흐름을 막는 밸브나 보조익(flap)을 가지며, 이는 광범위한 압력 범위에서 일정한 유량을 얻기 위함이다.

유동 조절기의 특징은 운전의 3가지 범위로 구분된다.

● **Range 1** : 압력이 낮고 유동 조절기가 완전히 개방된 경우, 보조익이나 밸브는 고정된다. 이 경우의 특징은 매개변수로써 유동 계수 C_q(압력차 1 Pa에서의 체적 유량)와 지수 n이 요구되는 전형적인 크랙 유동방정식으로 시뮬레이션된다.

● Range 2 : 압력은 보조익 또는 밸브의 위치가 조절될 수 있는 범위에 있다. 그래서 유동은 다소 일정한 상태를 유지한다. 유동 방향 모두에 대하여 설정점이 입력되어야 한다.

● Range 3 : 압력은 유동이 설정 수준에서 유지될 수 있는 범위를 벗어난다.

[그림 2-4]에서 보이는 사용된 모델은 이상적인 유동 조절기를 묘사한다. 이것은 조절기가 입면에 사용될 때, 입면의 누기에 대하여 보상됨을 의미한다. 실제 상황에서 이것은 'blower door test'는 공기 누기에 대한 주어진 값을 가지며, 유동 조절기는 압력의 함수로써 그것의 유동 곡선을 감소시키기 위해 조절됨을 의미한다.

전체적인 효과는 입면을 통해 유동은 합이 될 것이며, 유동 조절기는 입면 누기를 통한 누기량이 설정 유량을 초과할 때 일정한 값으로 유지된다. 그리고 유동 조절기는 완전히 닫히게 되며, 전체 유량은 입면의 누기 특성에 따른 압력 증가와 더불어 증가하게 될 것이다. 공기 유동 컴포넌트는 입면과 유동 조절기를 통한 유량의 합으로 표현된다. 이것은 누기량에 대한 어떠한 추가적인 연결도 동시에 지정되지 않음을 의미한다.

이러한 접근법에 의해 누기의 위치는 대부분의 실제 상황에서는 그렇지 않지만 유동 제어기와 같은 높이로써 가정된다. 누기와 유동 제어기의 높이 차는 연돌 압력(stack pressure) 차의 원인이 되며, 이것은 실제로 이상적인 일정한 유

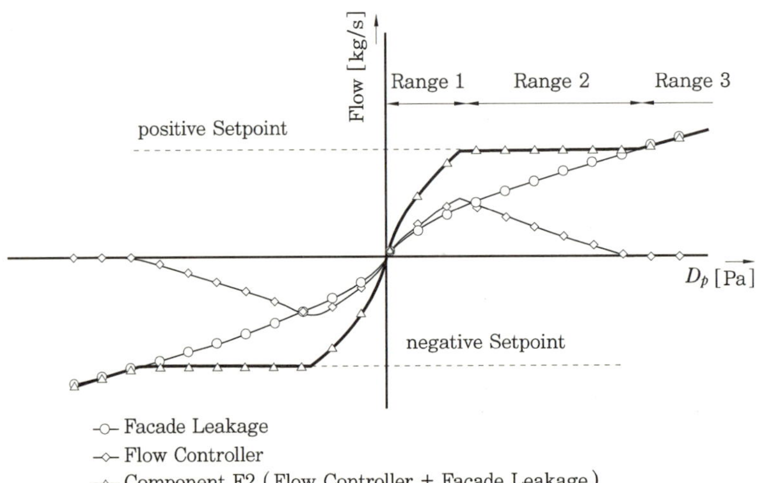

[그림 2-4] 유동 제어기의 연결 유형 분류에 따른 유동 특성

동으로부터의 작은 편차만을 유발한다.

　모델의 분석된 유동은 실제 조건과 시험 조건에서의 공기 밀도의 상관관계에 따라 보상된 온도이다.

(6) Test Data : 시험 데이터 컴포넌트는 측정된 결과로부터 입력 데이터 쌍으로써 사용될 수 있다. 만약 하나의 데이터 쌍이 입력되면, 모든 압력에서의 일정한 유동으로 가정된다. 만약 2개 또는 그 이상의 쌍이 주어지면, 연속적인 데이터 쌍 사이의 선형 보간은 실제 압력이 데이터 쌍에 의해 걸쳐진 압력 범위 내에 있으면 수행된다. 선형 추정은 최대값과 최소값 데이터 외의 값으로 수행된다.

　만약 유동이 상승하는 압력에서 감소하고 있다면 주의를 해야 한다. 이것은 $(-)$ 절점을 수반하게 되어 수렴에 도달하지 못할 수 있다.

2-2　Driving Forces

1. Wind pressure

　건물 외피에서의 풍압은 표면에서의 국부 압력과 동일한 높이에서의 일정한 바람 조건에서의 정압(static pressure)사이의 차로써 지정된다.

　기준 풍속 v_0의 동적 압력에 대한 이 압력 차의 상관관계 인자는 풍압 계수나 C_p 값으로써 주어진다. 풍압은 방정식 (2-18)에 따른 C_p 값과 함께 계산될 수 있다.

$$\Delta p_w = C_p \frac{\rho}{2} (v_0)^2 \tag{2-18}$$

여기서,

　Δp_w : 풍압차(between pressure on the façade and the static pressure in the undisturbed wind on the same height) [Pa]

　C_p : 풍압 계수 $(-)$

　v_0 : 건물 위치와 기준 높이에서의 기준 풍속(reference wind velocity) [m/s]

　ρ : 공기의 밀도 $[\text{kg}/\text{m}^3]$

모든 외부 절점의 경우, 건물의 기준 높이 h_0에서 동일한 기준 풍속 v_0이 사용된다. 일반적으로 기상대의 위치와 측정장치의 높이는 건물의 위치와 건물 기준 높이와 일치하지 않는다.

경계층 위의 바람은 표면에 의해 영향받지 않는다. 그러므로 경계층의 높이에서의 풍속은 [그림 2-5]와 같이 기상대와 건물의 위치가 같다고 가정된다($v_{bm} = v_{b0}$).

이러한 가정을 통해 기상대의 풍속 v_m은 방정식 (2-19)에 의해 건물의 풍속 v_0로 변경될 수 있다.

$$v_0 = v_m \left[\frac{h_b}{h_m} \right]^{a_m} \cdot \left[\frac{h_0}{h_b} \right]^{a_0} \tag{2-19}$$

여기서,

v_m : Pylon 높이에 대한 기상대에서의 풍속 [m/s]

v_{bm} : 경계층 높이(boundary layer height)에 대한 기상대에서의 풍속 [m/s]

v_{b0} : 경계층 높이(boundary layer height)에 대한 건물 위치에서의 풍속 [m/s]

h_0 : 건물 기준 높이(building reference height) [m]

h_m : 기상대 Pylon 높이 [m]

h_b : 경계층의 높이 [m]

a_0 : 건물 위치에 따른 wind velocity profile exponent $(-)$

a_m : 기상대 위치에 따른 wind velocity profile exponent $(-)$

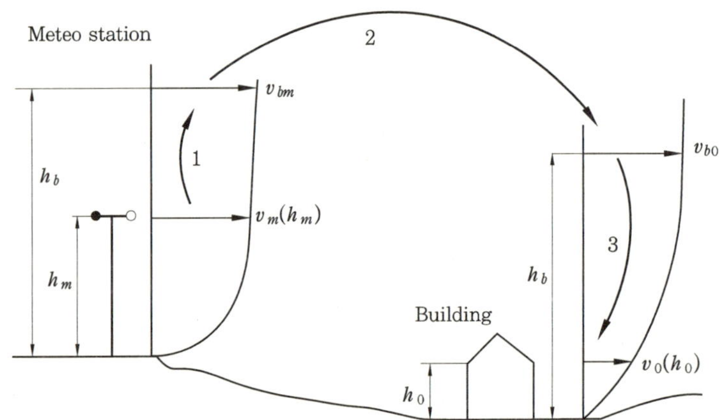

[그림 2-5] 기상대 위치에서 건물 위치까지의 풍속의 전달

풍속 프로파일 지수는 〈표 3-1〉에서 볼 수 있는 것 같이 지형의 거칠기에 의존한다. 또한, 경계층의 높이도 지형의 거칠기에 의존한다. 이것은 건물의 위치에서 풍속 프로파일 지수 α_0로부터 계산된다.

$$\text{if } \alpha_0 < 0.34 \qquad\qquad h_b = 60 \text{ m}$$

$$\text{if } \alpha_0 > 0.34 \qquad\qquad h_b = 60 \text{ m} + (\alpha - 0.34) \cdot [10800 \cdot (\alpha - 0.34) + 440] \text{ m}$$

2. Buoyancy

바람의 영향뿐만 아니라 온도와 공기 조성의 차에서 기인하는 부력(buoyancy)도 고려되어야 한다. 그러므로 절점과 연결의 수직 위치가 주어져야 한다. [그림 2-6]은 건물 외부 절점과 내부 열적 절점 사이의 연결을 보여준다. 이 두 절점 사이에서의 압력차는 다음과 같이 지정된다.

$$\Delta p = p_{L1} - p_{L2} \tag{2-20}$$

[그림 2-6]의 경우

$$p_{L1} = p_{ref} - g \cdot \int_0^{z_{L1}} \rho_1(z)\, dz \tag{2-21}$$

여기서, $p_{ref} = 0 \text{ Pa}$

$$p_{L2} = p_2 - g \cdot \int_{z_2}^{z_{L2}} \rho_2(z)\, dz \tag{2-22}$$

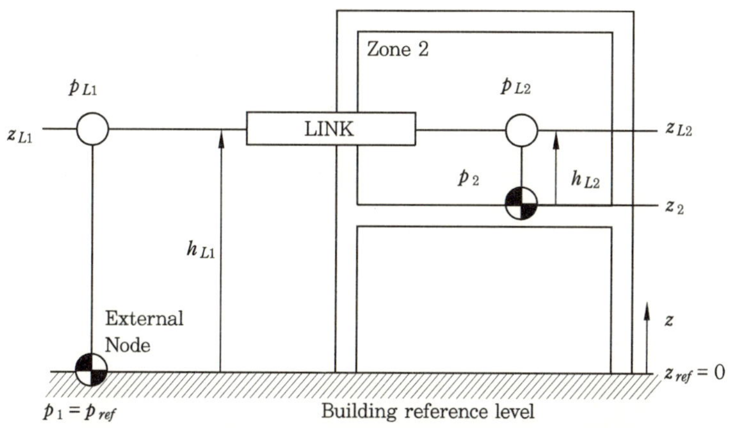

[그림 2-6] Definition of zone and link pressures

그리고 존이나 외부에서 공기의 밀도가 일정하다고 가정하면 위의 식은 다음과 같다.

$$p_{L1} = p_{ref} - \rho_1 \cdot g \cdot h_{L1} \tag{2-23}$$

$$p_{L2} = p_2 - \rho_2 \cdot g \cdot h_{L2} \tag{2-24}$$

2-3   Pollutant Model

COMIS에 포함된 오염물질 전달 모델과 TRNFLOW에서의 모델은 [Feustel 1990]과 [Schauwecker 1995]에 자세히 설명되어 있다.

그리고 오염물질의 농도(pollutant concentration)는 다음 식으로 정의된다.

$$c = \frac{m_p}{m_a} \tag{2-25}$$

여기서, m_p : 특정 오염 공기의 체적에서의 오염물질의 질량 [kg]

$\quad\quad\quad m_a$: 동일한 체적의 오염 공기에서의 건조하고 깨끗한 공기의 질량 [kg]

존 i에서의 오염물질 p에 대한 질량 평형은

$$\frac{dm_{pi}}{dt} = \sum_{j=0}^{NZ} \sum_{k=1}^{NK_i} (1 - \eta_{jik}) \, \dot{m}_{pjik} - \sum_{j=0}^{NZ} \sum_{k=1}^{NK_i} \dot{m}_{pjik} - k_p \cdot m_{pi} + S_{pi} \tag{2-26}$$

여기서,

$\quad m_{pi}$: 존 i에서의 오염물질 p의 전체 질량 [kg]

$\quad \dot{m}_{pjik}$: 연결 k를 통해 존 j에서 존 i로 이동하는 오염물질 p의 전체 질량 유량 [kg/s]

$\quad k_p$: 오염물질 p의 감쇠 상수(decay constant) [1/s]

$\quad S_{pi}$: 존 i의 오염물질 p의 오염원 [kg/s]

$\quad \eta_{jik}$: 존 j와 i 사이의 연결 k의 필터 효율(filter efficiency) (−)

$\quad NZ$: 존의 개수 (−)

$\quad NK$: 연결의 개수 (−)

존 0은 외부를 의미한다.

모든 존에서의 질량 평형은 전체 시스템의 시간 상수(time constant)에 적합한 내부 시간 간격을 이용하여 전체 시간에 걸쳐 수치 적분되는 시스템의 미분방정식을 유도한다.

2-4 Multizone Air flow Output Parameters

본 절에서는 멀티 존 공기 유동의 출력 매개변수에 관한 기본 이론에 관하여 설명한다.

대응하는 NType 번호와 기호는 '( )' 안에 주어진다. 모든 출력 매개변수에 대한 전체 목록은 '3-7절 TRNFLOW Outputs'을 참고하면 된다.

1. Mass air flow rates per zone [kg/s]

f_{ij} : 존 j에서 존 i로의 모든 연결 유동의 합

f_{ji} : 존 i에서 존 j로의 모든 연결 유동의 합

(NType 205 : FLIZZ 206 : FLOZZ 262 : FLIZA 263 : FLOZA)

(NType 260 : FLIAZ 261 : FLOAZ 249 : FLIAA 250 : FLOAA)

$f_{xy} \geq 0$!

	0	1	2	3
0		f_{01}	f_{02}	f_{03}
1	f_{10}		f_{12}	f_{13}
2	f_{20}	f_{21}		f_{23}
3	f_{30}	f_{31}	f_{32}	

0 : Outside node

i=1,2,3: Internal zones

2. Mass flow matrices Qtot and Q [kg/s]

$\mathbf{Q^{tot}}$:

	0	1	2	3
0	Q_{00}	Q_{01}	Q_{02}	Q_{03}
1	Q_{10}	Q_{11}	Q_{12}	Q_{13}
2	Q_{20}	Q_{21}	Q_{22}	Q_{23}
3	Q_{30}	Q_{31}	Q_{32}	Q_{33}

$$Q_{ii} = \sum_{j=0}^{N} f_{ji}, \quad i \neq j$$
$$Q_{ij} = -f_{ij}$$

여기서,

N : 존의 개수

Q_{ii} : 존 i로부터의 모든 유동의 합[대략 유입되는 유량과 같으며, 질량 평형의 오차 또는 나머지(residual)에 의존한다.](NTypes 208 : FLTZ, 252 FLTA)

Q_{00}은 외기의 질량 유량을 나타낸다.

$$
\mathbf{Q}:
\begin{array}{c}
 \\ 1 \\ 2 \\ 3
\end{array}
\begin{array}{|c|c|c|}
\hline
Q_{11} & Q_{12} & Q_{13} \\
\hline
Q_{21} & Q_{22} & Q_{23} \\
\hline
Q_{31} & Q_{32} & Q_{33} \\
\hline
\end{array}
$$

3. Outdoor air flow rates [kg/s]

(1) 실내의 질량 유량

$$\dot{m}_{i0} = f_{i0} : \text{유입 유량 (NType 201 : FLINZ, 247 : FLINA)} \tag{2-25}$$

$$\dot{m}_{0i} = f_{0i} : \text{유출 유량 (NType 203 : FLEXZ, 248 : FLEXA)} \tag{2-26}$$

(2) 실내의 체적 유량

$$\dot{V}_{i0} = \frac{f_{i0}}{\rho_i} \tag{2-27}$$

(3) 건물의 질량 유량

$$\dot{m}_{B0} = \sum_{i=1}^{N} f_{i0} = Q_{00} : \text{유입 유량} \tag{2-28}$$

$$\dot{m}_{0B} = \sum_{i=1}^{N} f_{0i} = Q_{00} : \text{유출 유량} \tag{2-29}$$

(4) 건물의 체적 유량

$$\dot{V}_{B0} = \sum_{i=1}^{N} \frac{f_{i0}}{\rho_i} \tag{2-30}$$

4. 환기 횟수 (Air change rate) [1/h]

(1) Room : (NType 210 : ACHZ)

$$n_i = 3600 \, \frac{\dot{V}_{i0}}{V_i} = 3600 \, \frac{\dot{m}_{i0}}{V_i \, \rho_i} \qquad (2-31)$$

여기서, V_i : 존 i의 체적

(2) Building : (NType 237 : ACHB)

$$n_B = 3600 \, \frac{\dot{V}_{B0}}{V_B} \, , \qquad V_B = \sum_{i=1}^{N} V_i \qquad (2-32)$$

5. 실평균 공기령 (Room mean age of air) [s]

$$\underline{\underline{\tau}} = \underline{\underline{Q}}^{-1} \underline{\underline{M}}, \quad \underline{\underline{M}} = \underline{\rho} \, \underline{\underline{V}} \; (m_{ii} = \rho_i V_i , \; m_{ij} = 0) \qquad (2-33)$$

Mean age of air in Zone i : (NType 211 : RMAZ)

$$\tau_i = \sum_{j=1}^{N} \tau_{ij} \qquad (2-34)$$

6. 건물의 공기령 (Building 'ages' of air) [s]

(1) Arithmetic mean age of air for the building : (NType 238 : ARMAB)

$$\tau_B = \frac{1}{V_B} \sum_{i=1}^{N} \tau_i \, V_i \qquad (2-35)$$

(2) Standard deviation of the mean age : (NType 236 : RRMAB)

$$\sigma(\tau) = \sqrt{\frac{1}{V_B{}^2} \sum_{i=1}^{N} V_i{}^2 \, (\tau_i - \tau_B)^2} \qquad (2-36)$$

여기서, V_B는 건물의 실체적이며, V_i는 실 i의 체적을 나타낸다.

(3) Nominal time constant for the building : (NType 240 : NTCB)

$$NTC = \frac{3600}{n_B} \tag{2-37}$$

7. 건물의 환기 효율 (Air change efficiency building) (−)

(NType 241 : ACEB)

$$\eta_{a_B} = \frac{3600}{2\,n_B\,\tau_B} \tag{2-38}$$

8. 실내 환기 지수 (Room air change index) (−)

(NType 212 : RCHIZ)

　실내 환기 지수(room air change index)는 실의 환기 횟수와 전체 건물의 환기효율과 관련지어 나타낼 수 있다. 이 지수는 항상 0.5인 실의 환기 효율과 혼동되지 말아야 하며, 이는 COMIS가 모든 존에서 완전하게 혼합이 된다고 가정하기 때문이다.

$$\eta_{a_i} = \frac{3600}{2\,n_B\,\tau_i} = \eta_{a_B}\frac{\tau_B}{\tau_i} \tag{2-39}$$

3. TRNBuild에서 TRNFLOW input data 지정

3-1 TRNFLOW 메인 창 (main window)

TRNFLOW는 메인 윈도우의 라디오 버튼을 이용하여 켜고 끌 수 있다. 만약 TRNFLOW가 꺼져 있다면, 지정된 TRNFLOW 데이터는 BUI 파일 내에 보존될 것이나 더 이상 PREBID 내에서 보이지 않는다. TRNFLOW가 꺼져 있는 경우, 순수한 열부하 시뮬레이션만이 수행될 것이다.

침기, 환기 그리고 이것이 결합되어 열부하 모델에서 초기에 지정된 공기 유동이 사용된다. TRNFLOW가 켜져 있는 한 지정된 TRNFLOW 데이터는 다시 화면에 표시되며, 시뮬레이션에서 지정된 침기, 환기 그리고 이들의 결합은 계산된 공기 유동을 대체하게 될 것이다.

TRNFLOW 메인 윈도우에서 공기 유동 네트워크와 건물의 위치에 대한 풍속 프로파일이 지정될 수 있다. 모든 공기 절점이 단지 하나의 네트워크 안에서 연결되는 것은 매우 중요하다. 'Isolated island'는 INF 파일에서 에러 메시지의 원인이 될 수 있으며 시뮬레이션은 불가능하게 될 것이다.

1. Air Links

Airflow network의 데이터는 TRNFLOW 윈도우의 좌측에 표시된다. 상부의 상자는 모든 지정된 Air link의 개요를 제공한다. 이 개요상자에서 하나의 link를 선택하고, 이 링크의 정의가 목록 아래에 표시되면 수정(편집)할 수 있다. 지정된 link를 삭제하기 위해서는 개요상자에서 원하는 link를 선택한 후, [DEL] 버튼을 클릭하면 된다.

[그림 3-1]과 같이 새로운 link를 추가하기 위해서는 [ADD] 버튼을 클릭한 후, 새로운 미지정된 link를 추가하면 된다. 그리고 다음의 link 매개변수를 입력해야 한다.

(1) Link Type

먼저 좌측의 pull-down 메뉴에 있는 Link Type의 분류를 선택해야 한다.
여기에는 다음의 이용 가능한 6가지의 분류가 있다.

CRACK
FAN
STRAIGHT DUCT
FLOW CONTROLLER
LARGE OPENING
TEST DATA

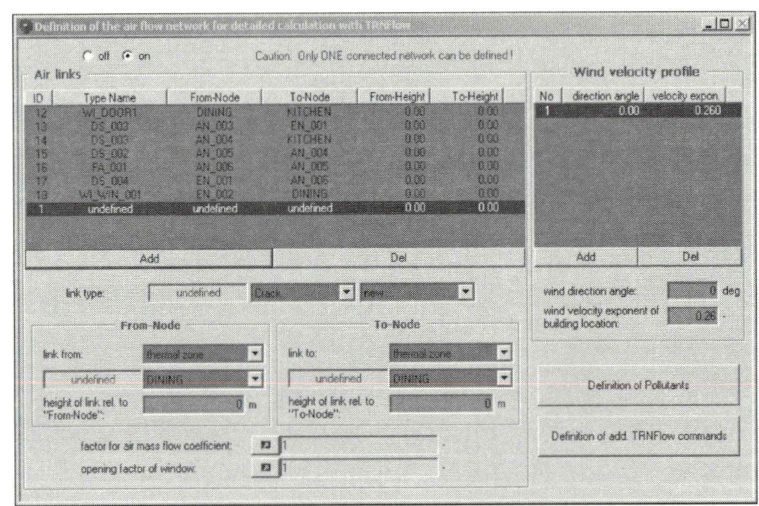

[그림 3-1] TRNFLOW 메인 윈도우

선택된 분류의 Link Type은 우측의 pull-down 메뉴를 통해 상세히 지정할 수
있다. 이 메뉴는 새로운 Link Type을 지정하거나 이전에 지정된 Link Type을 선택
하는 옵션을 제공한다. 선택된 Link Type의 이름은 디스플레이 상자에 나타난다.

(2) From Node와 To Node

각각의 Air link는 Airflow network의 두 절점을 연결한다. 'From Node'에서
'To Node'로의 방향은 (+) 유동 방향으로써 지정된다. 먼저 Node의 범주(category)
가 위쪽의 pull-down 메뉴에서 선택되어야 하고, 이 범주의 Node는 아래쪽의
pull-down 메뉴에서 선택되어야 한다. 여기에 새로운 Node가 지정되거나 이전에
지정된 Node가 선택될 수 있다. Airflow Node는 다음의 4개의 서로 다른 범주로

세분화된다.

- **External Node** : 여기에서 바람의 힘은 건물 외피의 외부에서 작용하고 있다. 각 외부 절점의 경우, 바람직한 많은 풍향에 대한 일련의 C_p 값이 지정될 수 있다. 적어도 입면당 하나의 외부 절점은 면적 평균된 C_p 값이 필요하며, 입면을 작은 요소로 세분화할 경우에는 보다 정확하게 될 것이다.
- **Auxiliary Node** : 이러한 절점은 열부하 모델에서의 존을 의미하지 않으며, 이것은 덕트 네트워크를 지정하는 데 사용된다.
- **Thermal Zone** : 이 범주의 절점은 열부하 모델에서의 존에 해당한다. 만약 이 범주가 선택되면, 열부하 모델에서 이전에 지정된 존 가운데 단지 하나만이 선택될 수 있다. 하나의 새로운 열적 존은 먼저 메인 메뉴의 'Zones'에서 'Add Zone'을 이용해 지정되어야 한다.
- **Constant Pressure** : 일정한 압력 절점은 건물의 외부에 위치한 절점이다. 외부 절점과의 차이점은 풍압을 갖는 것이 아닌 건물의 기준 높이에서 압력에 대하여 일정한 값을 갖는 것으로 지정될 수 있다는 점이다.

'From-Node'('To-Node')에 대한 link의 높이

'From-Node'('To-Node') 측에서의 link 높이가 지정되어야 한다. 이 높이는 선택된 절점과 그것의 범주에 의존하여 서로 다른 수준으로부터 측정된다. 만약 절점의 'External Node' 또는 'Constant Pressure Node'라면, link 높이는 건물의 기준면으로부터 측정된다. 그리고 'Thermal Zone'과 'Auxiliary Node'의 경우에는 link 높이는 [그림 3-2]에서와 같이 이 절점 데이터에서 지정된 절점의 기준 높이로부터 측정된다. 넓은 개구부의 경우 link 높이는 개구부의 바닥에서부터 측정된다.

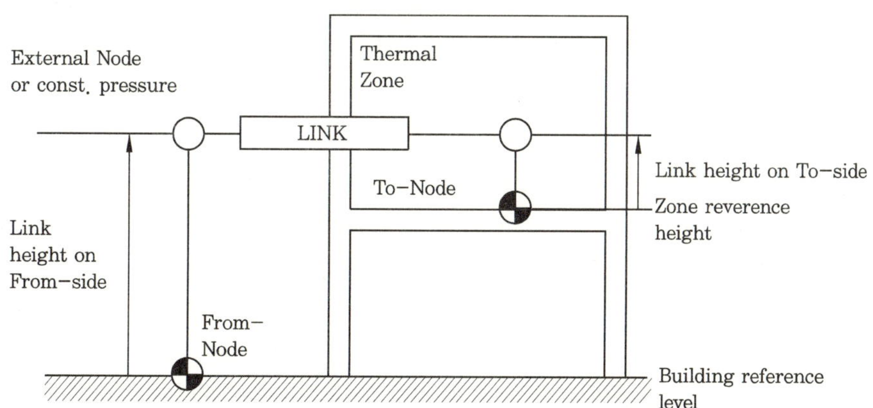

[그림 3-2] Definition of the zone height and the link height

시작(from) 측과 끝(to) 측에서의 절대 높이의 차로 인하여, link는 수평이 되지 않으며, 이것은 link 자체가 수직 샤프트로써 작용함을 의미한다.

이것은 넓은 개구부를 제외한 모든 Link Type에서 가능하다.

(3) Additional Input Values

Link Type의 선택된 분류에 의존하여, 서로 다른 의미를 갖는 추가적인 입력값이 주어질 수 있다. 모든 분류는 질량 유량을 제어하는 데 사용될 수 있는, 즉 link가 닫힐 수 있는 추가적인 입력값을 가진다. 이 값은 상수나 입력값 또는 스케줄에 의해 지정될 수 있으며, 이러한 추가적인 입력값의 의미는 다음과 같다.

● **Crack** : Factor for the mass flow coefficient.

0(zero)은 크랙이 완전히 닫힘을 의미하며, 어떠한 link도 지정되지 않은 것과 같은 효과를 갖는다. 이것은 네트워크가 허용되지 않은 부분으로 나눠질 수 있기 때문에 매우 주의하여 사용되어야 한다.

● **Fan** : Fan speed factor.

0(zero)은 팬이 꺼진 상태를 의미하며, 팬은 입력 데이터에서 지정된 단순한 누기 특성을 갖게 된다.

● **Straight Duct** : Factor of the dynamic loss coefficient(ζ : zeta).

여기서, 증가하는 값은 동적 손실이 증가하는 것을 의미하므로, 질량 유량을 감소시킬 것이라는 점을 명심해야 한다.

● **Flow Controller** : Factor for the set point.

● **Large Opening** : Opening factor.

0(zero)은 문이나 창문이 닫힌 상태를 의미한다. 그리고 이것은 넓은 개구부 유형의 데이터에서 지정된 크랙 유동 특성을 갖는 누기를 갖게 된다. 1(one)은 개구부가 완전 개방된 상태를 의미하며, 이 사이(0~1)의 값은 개구부가 부분적으로 개방된 상태를 나타낸다.

: Own height factor.

이 인자는 경사진 창문(slanted windows)을 지정하는 데 사용될 수 있다. 이 것은 개구부의 평면과 수직 평면 사이의 각도의 코사인이다. 값 1은 개구부가 수직임을 의미하며, 값 0은 개구부가 수평인 천장이나 바닥면을 의미한다. 물리적 모델은 수직 개구부를 베이스로 하고 있으며, 이것은 압력차 프로파일이 0의 own height factor임을 의미하므로 속도 프로파일은 일정하고, 한 시간 간격에서 물리적으로는 정확하지 않지만 단지 일방향 유동만이 가능하게 된다.

● **Test Data** : Factor for the air mass flow.

2. 풍속 프로파일(Wind velocity profile)

건물의 위치에서 풍속 프로파일 데이터는 TRNFLOW 메인 윈도우의 우측에 표시된다. 개요상자에는 모든 지정된 풍향에 대한 프로파일 지수(profile exponent)가 보인다. 이 개요상자 내의 풍향을 클릭하면, 풍향과 프로파일 지수가 목록 아래에 표시되며, 이것은 편집 가능하다. 지정된 풍향을 삭제하기 위해서는 원하는 풍향을 개요상자에서 선택한 다음 [DEL] 버튼을 클릭하면 된다. 그리고 새로운 풍향을 추가할 경우에는 ADD 버튼을 클릭하고 목록 아래에 보이는 값을 편집하면 된다.

〈표 3-1〉은 네 가지 거칠기 유형에 대한 프로파일 지수의 값을 나타낸다.

〈표 3-1〉 지역별 거칠기 분류와 풍속 프로파일 지수

Class	Terrain Description	α
1	sea, flat terrain without obstacles	0.1~0.15
2	open terrain with isolated obstacles	0.15~0.25
3	wood, small city, suburb	0.25~0.35
4	city centre	0.35~0.45

3-2 Link Types

새로운 Link Type을 지정하기 위해 먼저 메인 윈도우의 좌측 pull-down 메뉴에서 바람직한 Type 분류를 선택하고, Link Type에 대한 오른쪽 풀다운(pull-down) 메뉴에서 NEW를 선택한다. 그럼 Link Type을 지정하는 윈도우가 화면에 나타난다. 일단 적어도 하나의 Type 분류가 지정되면, Type 분류에 대한 Type manager가 메인 메뉴로부터 선택될 수 있다. Type manager는 Type Definition Window와 동일하지만 유일한 차이점은 다음과 같다. : Type manager에서는 이미 지정된 타입은 새로운 타입명을 지정하는 대신에 pull-down 메뉴에서 선택될 수 있다는 점이다.

1. Crack

크랙 Type명은 항상 [CR_]로 시작된다. 이 접두사는 변경할 수 없다. 이름의 나머지는 크랙 분류에서 고유한 것으로 지정되어야 한다. 게다가, 선택적인 간단한 설명이 주

어질 수 있다. 공기 질량 유량 계수와 유동 지수는 반드시 입력되어야 한다. 공기 유동 지수는 넓은 개구부의 난류 유동에 대해서는 0.5 범위에 있으며, 매우 작은 크랙의 층류 유동에 대해서는 1의 범위에 있다. 대부분의 크랙은 이들이 혼합된 0.6~0.7의 유동 영역을 가지고 있다.

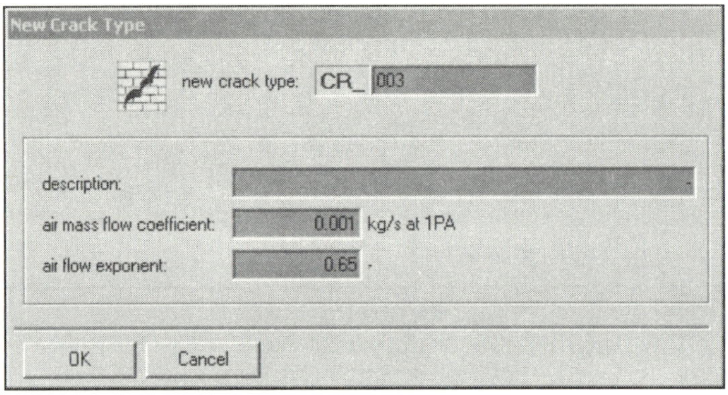

[그림 3-3] 'New Crack Type' 창

전체 건물 또는 건물 구성요소에 대한 공기 질량 유량 계수의 값은 참고 문헌 [ASHRAE 2001, Orme 1998, Orme 2002] 등에서 찾을 수 있다. 〈표 3-2〉는 이 값의 몇 가지 예를 보여준다. 기존 건물의 경우, 'blower door test'의 결과를 사용하는 것 또한 가능하다. 측정된 누기 분포는 가능한 한 [Thermo Graphic Picture]의 도움을 통해 평가되어야 한다.

〈표 3-2〉 질량 유량 계수와 공기 유동 지수의 예 [Orme 1998]

Component	$C\,[\mathrm{kg/h/m@1Pa})$	n
window new weather stripped	$\leq 3.33 \times 10^{-5}$	0.6
window old weather stripped	$6.67 \times 10^{-5} \sim 2 \times 10^{-4}$	0.6
external door weather stripped	$1.0 \times 10^{-4} \sim 1.0 \times 10^{-3}$	0.6
internal doors	$1.3 \times 10^{-3} \sim 2.4 \times 10^{-3}$	0.6
brick wall plastered $[\mathrm{kg/h/m^2@1Pa}]$	$2.0 \times 10^{-5} \sim 2.5 \times 10^{-5}$	0.85
wall/ceiling joint caulked(masonry/concrete)	$8.0 \times 10^{-6} \sim 1.8 \times 10^{-5}$	0.6

다양한 구성요소와 시스템을 갖는 전체 건물의 누기량의 퍼센트는 〈표 3-3〉과 같이 주어진다[ASHRAE 2001].

<표 3-3> 다양한 컴포넌트에 대한 전체 건물의 누기량 퍼센트 [ASHRAE 2001]

Component	Range [%]	Mean [%]
walls	18 ~ 50	35
ceiling	3 ~ 30	18
forced air heating/cooling system	3 ~ 28	18
windows/doors	6 ~ 22	15
fireplace	0 ~ 30	12
vents	2 ~ 12	5

2. Fan

팬 Type명은 항상 [FA_]로 시작된다. 이 접두사는 변경할 수 없으며, 나머지 부분은 팬 분류에 있어 고유한 것으로 지정되어야 한다. 게다가, 선택적인 간단한 설명이 주어질 수 있다. 시험 조건에서의 공기 밀도가 입력되어야 한다. 이것은 팬 특성의 체적 유량(volume flow rate)값에 대한 기준 공기 밀도이다. 작동이 멈춘 팬은 크랙으로써 모델화된다. 이 크랙에 대한 질량 유량 계수와 유동 지수가 지정되어야 한다.

일반적으로 제품 카탈로그에 제공된 팬 특성이 체적 유량값과 압력에 대한 쌍으로써 설명되어야 한다. 새로운 데이터 쌍을 입력하기 위해, 먼저 데이터 쌍의 개요 목록 아래의 [ADD] 버튼을 클릭한다. 이제 팬 곡선의 이 해당 지점의 압력과 체적 유량값이 지정될 수 있다. 개요 목록에서 기존의 행을 선택하면, 데이터 쌍을 편집하거나 삭제할 수 있다.

팬 컴포넌트의 특성은 압력 차 $\dot{V} = f(\Delta p)$의 함수로써 체적 유량으로 지정된다. 이것은 압력차가 유량의 함수인 팬에 대한 데이터 시트를 지정하는 것과 반대이다. 그 결과 $\Delta p = f(\dot{V})$의 국부 최소값을 갖는 팬 곡선을 입력하는 것은 불가능하다는 점에 주의해야 한다.

팬 컴포넌트는 유동 특성의 관점에서 데이터 쌍으로써 지정될 수 있는 시험 데이터(test data) 컴포넌트와 매우 유사하다. 단지 차이점은 팬은 유동 방향으로 압력이 증가하는 능동적인 컴포넌트라는 점이며, 시험 데이터 컴포넌트는 유동 방향으로 압력이 감소하여, 공기 유동에 대한 저항을 만들어 내는 수동 요소의 다른 모든 컴포넌트와 비슷하다는 것이다. 팬 곡선 데이터 쌍에 대한 (+) 압력값을 갖기 위해서는 압력차가 다음과 같이 지정된다.

$$\Delta p = p_{To} - p_{From}$$

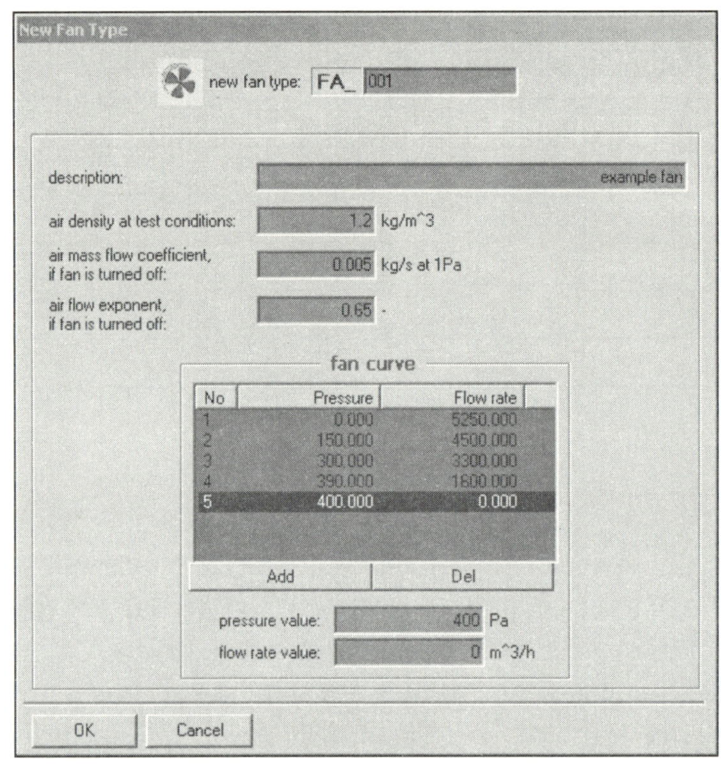

[그림 3-4] 'New Fan Type' 창

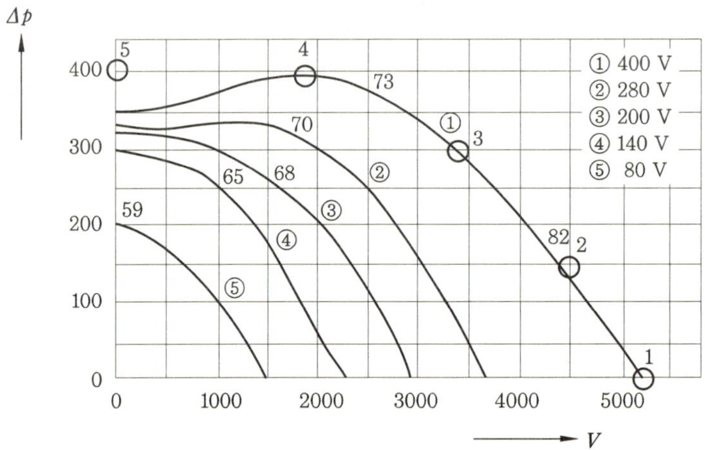

[그림 3-5] 제품 데이터 시트에 제시되는 팬 특성의 예

여기서, 'From'에서 'To'로의 유동이 일반적으로 (+) 유동 방향이 된다. 이것은 압력 차와 유동이 반대 방향으로 지정됨을 의미하며, 단지 팬 데이터 쌍에만 적용된다.

3. Straight Duct

직선 덕트 타입명은 항상 [DS_]로 시작되며, 이 접두어는 변경할 수 없다. 이름의 나머지는 고유한 것으로 지정되어야 하며, 간단한 설명이 추가될 수 있다. 원형 덕트의 경우 지름이, 사각 덕트의 경우 단면의 폭과 높이가 입력되어야 한다. 덕트의 거칠기는 [mm] 단위로 지정되어야 하며, 덕트의 일반적인 거칠기값은 〈표 3-4〉와 같다.

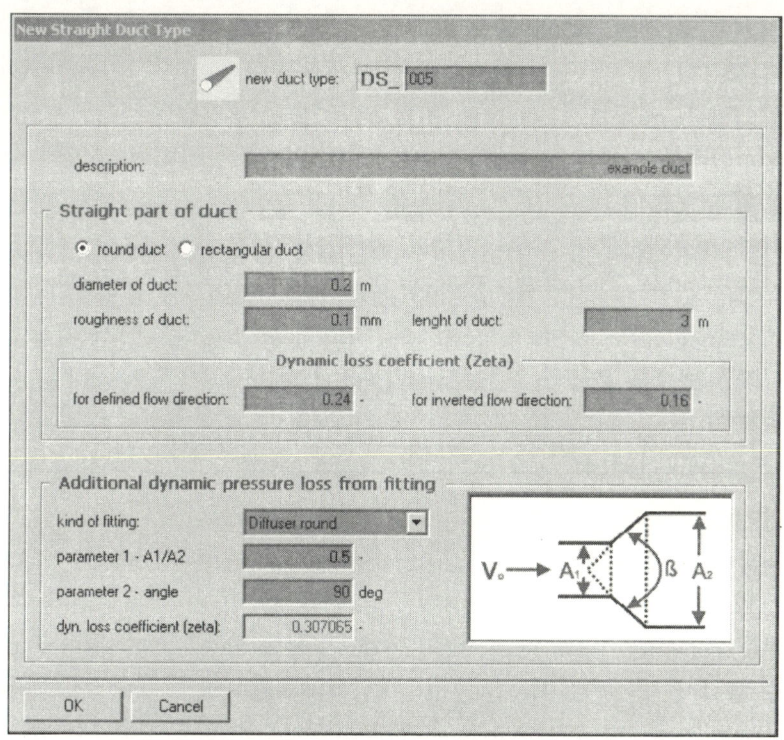

[그림 3-6] 'New Straight Duct Type' 창

덕트의 동압 손실 계수는 2개의 컴포넌트의 합으로 구성된다.

● 알려진 ζ 값은 각 유동 방향에 대하여 분리하여 명시된 값으로 입력될 수 있다. "defined flow direction"은 'From'에서 'To' 절점으로의 link에서 지정됨을 의미하고, 이 값은 link 정의에서 지정되는 "factor for the dynamic loss coefficient" 와의 곱이 될 것이다.

● 조립 타입은 풀다운 메뉴로부터 선택될 수 있다. 이것의 형상은 수반되는 숫자에 설명된 매개변수와 함께 지정되어야 한다. 두 유동 방향에 대한 ζ 값은 다음의 형상 매개변수에 나타난다.

〈표 3-4〉 덕트 재료의 거칠기 [ASHRAE 2001]

Roughness category	Duct material	Absolute roughness $\varepsilon\,[\mathrm{mm}]$
smooth	uncoated carbon steel, clean(0.05 mm) PVC plastic pipe(0.01 to 0.05 mm) aluminium(0.04 to 0.06 mm)	0.03
medium smooth	galvanized steel, longitudinal seams, 1200 mm joints (0.05 to 0.1 mm) galvanized steel, continuously rolled, spiral seams, 3000 mm joints(0.06 to 0.12 mm)	0.09
average	galvanized steel, longitudinal seams, 760 mm joints	0.15
medium rough	fibrous glass duct, rigid fibrous glass duct liner, air side with facing material(1.5 mm)	0.9
rough	fibrous glass duct liner, air side spray coated(4.5 mm) flexible duct, metallic(1.2 to 2.1 mm) flexible duct, all type of fabric and wire(1.0 to 4.6 mm) concrete(1.3 to 3 mm)	3.0

4. Flow Controller

'New Flow Controller Type' 윈도우는 [그림 3-7]과 같다. 유동 조절기 타입명은 항상 [F2_]로 시작되고, 이 접두어는 변경할 수 없으며, 타입명의 나머지는 고유한 것으로 지정되어야 한다. 또한, 선택적인 간단한 설명이 주어질 수 있으며, 더 나아가 다음에 지정된 체적 유량값에 대한 기준 공기 밀도가 입력되어야 한다.

이 컴포넌트는 [그림 3-8]에서 볼 수 있듯이 건물 입면 누기를 통한 것과 유동 조절기를 통한 질량 유량의 합으로써 모델화된다. Range 1의 경우 보조익은 완전히 개방되고, 질량 유량은 지정된 체적 유량 계수와 개방 유동 조절기의 지수에 따른 'Power law' 특성을 갖는다. 총 유량이 지정된 설정점에 도달하면, 보조익은 압력차 증가와 함께 점차로 닫히게 된다. 조절기에서는 유량이 감소하고, 입면에서는 여전히 유량이 증가하여 보상되게 되며, 전체 유량은 Range 2에서 일정하게 유지될 것이다. 설정점의 값은 양 유동 방향에 대하여 분리되어 지정될 수 있다. 유동 조절기가 완전히 닫히면 단지 입면 누기만이 남게 된다. 게다가, 전체 유량은 입면의 지정된 질량 유량 계수와 지수에 따라 Range 2를 상회하여 증가하게 될 것이다.

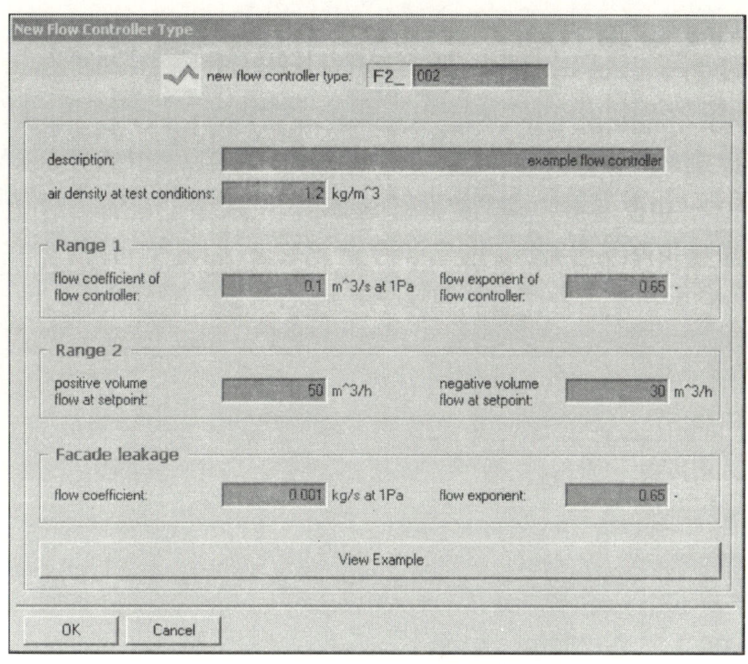

[그림 3-7] 'New Flow Controller Type' 창

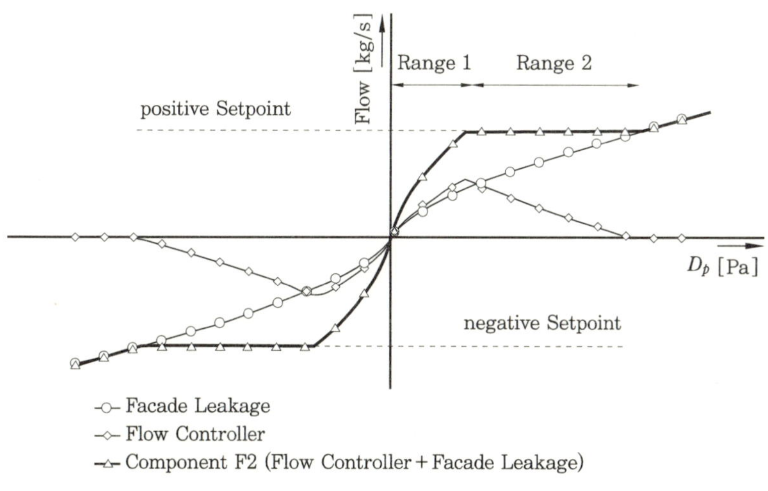

[그림 3-8] 유량 조절기 컴포넌트 F2의 유동 특성

5. Large Opening

'New Large Opening Type' 윈도우는 [그림 3-9]와 같다. 넓은 개구부 타입명은 항상 [WI_]로 시작되며, 이 접두어는 수정이 불가능하고 타입명의 나머지는 고유한 것으

로 지정되어야 한다. 게다가, 선택적인 짧은 설명이 추가될 수 있다.

또한, [그림 3-9]은 선택된 개구부 범주의 형상을 보여준다. 이 범주는 어떻게 개구부의 면적이 개구부 인자(opening factor)와 함께 증가하는지에 따라 네 개의 하위 범주로 구분되며 다음과 같다.–"casement window/door 또는 sliding window/door."

완전 개방된 창문/출입문의 높이와 폭이 지정되어야 한다. bottom hinged sash window의 경우, 추가적으로 피봇된 축의 높이가 반드시 지정되어야 한다.

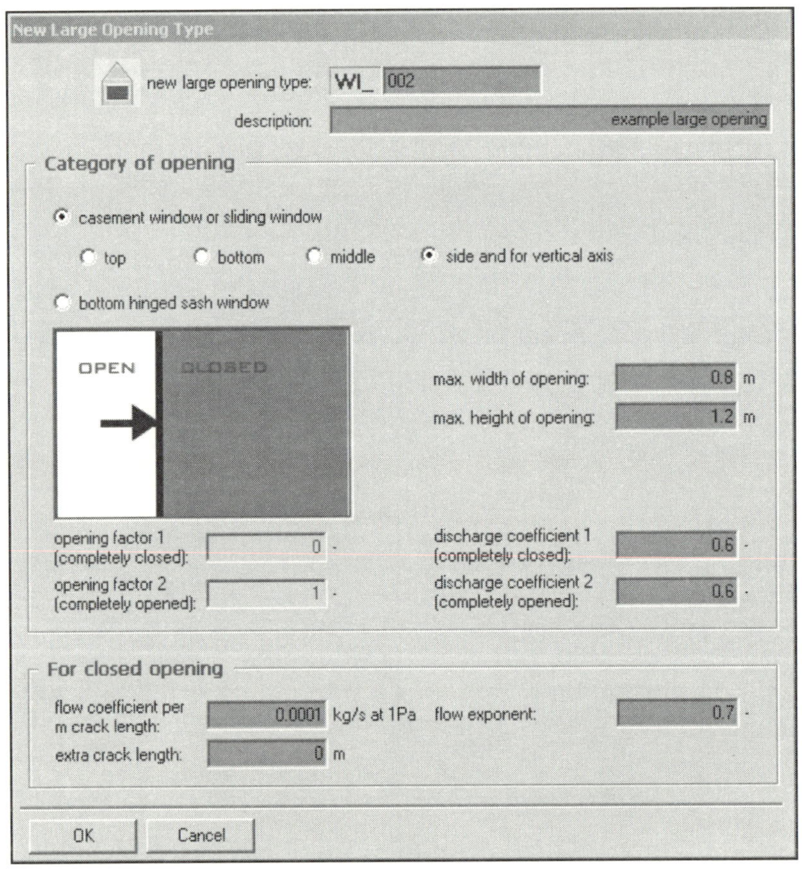

[그림 3-9] 'New Large Opening' 창

넓은 개구부의 소멸계수(C_d)는 실제 개구부를 통한 유량과 베르누이방정식에 의해 계산된 이론적인 유량의 비율이다. 이 값은 개구부 가장자리의 모양, 개구부의 형상 그리고 개구부 양측의 주변 조건에 의존한다. 일반적으로 0.6~0.7의 값이 참고 문헌에서 가장 많이 발견된다. TRNFLOW는 실행되는 동안 실제 조건에 의존하여 특정 상황에서의 몇 가지 창문 타입에 대한 C_d 값을 계산할 수 있다.

- casement window/door or sliding window/door : C_d 값은 'single sided situation' 에서 계산될 수 있다. 이것은 고려된 실이 하나의 외벽에 단지 하나의 개구부만 있다는 것을 의미한다. 계산된 C_d 값은 실의 깊이와 실제 풍속[방정식 (2-17)]에 의존한다. 두 존 사이의 출입문에 대한 C_d 값은 실의 높이와 출입문의 높이[방정식 (2-16)]와의 비율에 의존한다.

- bottom hinged sash window : C_d 값은 단지 피봇된 축의 높이가 0인 경우에만 계산될 수 있다. 계산된 값은 실제 개방 각도와 방정식 (2-15)에 따른 창문의 폭과 높이 사이의 상관 관계에 의존하고 있다.

소멸 계수 C_d 값은 완전 개방된 경우와 완전 폐쇄된 경우에 대하여 지정되어야 한다. 만약 모든 경우에 0이 입력되면, C_d 값은 위에서 설명된 조건에 따라 계산될 것이다. 만약 TRNFLOW가 C_d 값을 계산할 수 없다면, 실행되는 동안 'list file'에 오류 메시지가 발생할 것이다. 부분적으로 개방된 창문이나 출입문의 경우 두 주어진 값 사이의 보간이 수행될 것이다. 사실상 완전히 닫힌 개구부의 값은 완전히 닫힌 개구부를 지정한 유동 계수와 지수값에 따라 크랙 유동 특성을 갖는 모델로 변경됨으로써 단지 이 보간에 대하여 사용된다.

여기서, 유동 계수는 크랙의 단위 길이로써 주어져야 한다. 만약 필요한 경우, 전체 크랙 길이는 추가적인 초과 크랙 길이에 창문 또는 출입문의 폭과 높이를 합한 값으로부터 계산된다.

6. Test Data

'New Test Data Type' 윈도우는 [그림 3-10]과 같다. 이 시험 데이터 타입명은 항상 [TD_]로 시작되며, 이 접두어는 수정 불가능하다. 또한, 타입명의 나머지는 고유한 것으로 지정되어야 한다. 게다가, 선택적인 짧은 설명이 주어질 수 있으며, 아래에 지정된 체적 유량값에 대한 기준 공기 밀도가 입력되어야 한다.

Test Data 타입에는 어떤 유동 컴포넌트의 측정된 유동 특성이 입력될 수 있다. 이 특성은 대응하는 체적 유량과 압력의 쌍으로써 묘사될 수 있다. 새로운 데이터 쌍을 입력하기 위해서는 데이터 쌍의 개요 목록 하단의 [ADD] 버튼을 클릭한다. 곡선의 이 지점의 체적 유량과 압력값이 이 아래에 지정될 수 있다. 또한, 개요 목록에 포함된 기존 행을 선택하여 데이터 쌍을 수정하거나 삭제할 수 있다.

Test Data 컴포넌트에서 팬을 지정하기 위해서는 유동 방향으로 압력이 증가하는 'active element'인 팬에서처럼 (−) 압력값이 주어져야 한다.

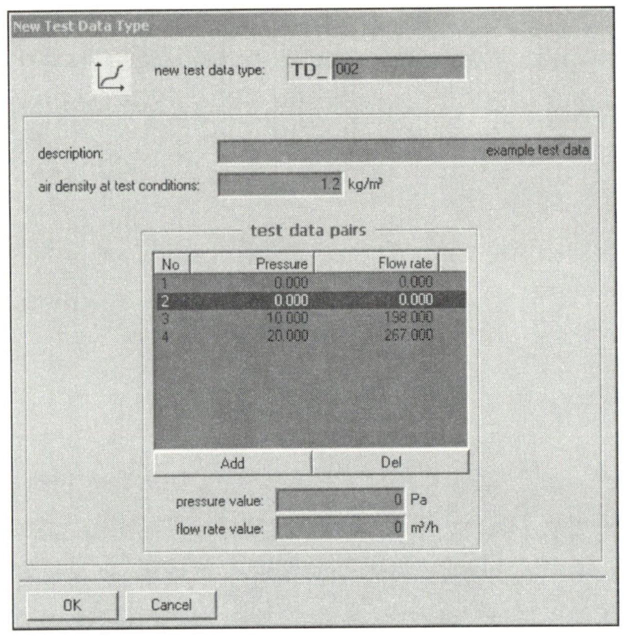

[그림 3-10] 'New Test Data' 창

3-3 **Node Classes**

새로운 절점을 정의하기 위해서는 'From' 또는 'To' 절점의 상부 풀-다운 메뉴에서의 원하는 절점의 분류를 선택하고, 절점의 풀-다운 메뉴에서 NEW를 선택한다. 그림 'Node Definition Window'가 화면에 나타난다. 일단 적어도 이 분류에서 하나의 절점이 지정되면 이 분류의 'Node Manager'를 메인 메뉴 또는 도구모음으로부터 선택할 수 있다. 'Node Manager'는 대응하는 'Node Definition Window'와 동일하다. 유일한 차이점은 'Node Manager'에서는 이미 지정된 절점이 새로운 절점명을 지정하는 대신에 풀-다운 메뉴에서 선택될 수 있는 것이다.

1. External Node

[그림 3-11]은 'New External Node' 윈도우를 나타낸다. 외부 절점명은 항상 [EN_]으로 시작되고, 이 접두어는 수정이 불가능하며, 이름의 나머지는 고유한 것으로 지정할 수 있다.

각 외부 절점의 경우, 원하는 만큼의 풍향에 대한 일련의 C_P 값이 지정될 수 있다. 적어도 입면당 하나의 외부 절점의 면적 평균된 C_P 값이 필요하며, 보다 작은 요소로 입면이 분할되면 보다 정확히 될 것이다.

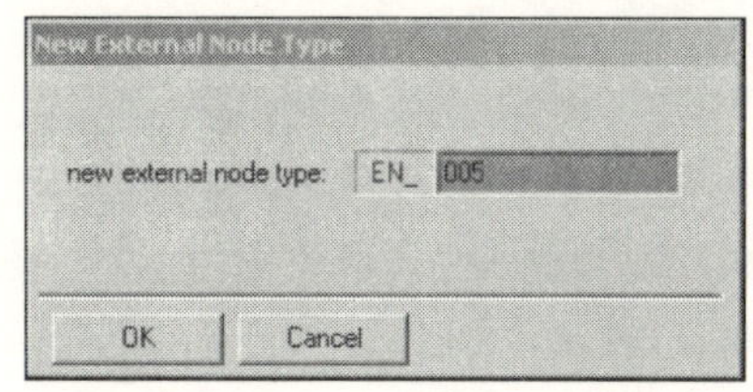

[그림 3-11] 'New External Node' 창

'New External Node' 윈도우를 닫으면, 'External Node Type Manager' 윈도우가 [그림 3-12]와 같이 화면에 나타난다. 여기서, 외부 절점의 C_P 값이 지정되어야 하며 이 값은 도표에서 직접 편집이 가능하다.

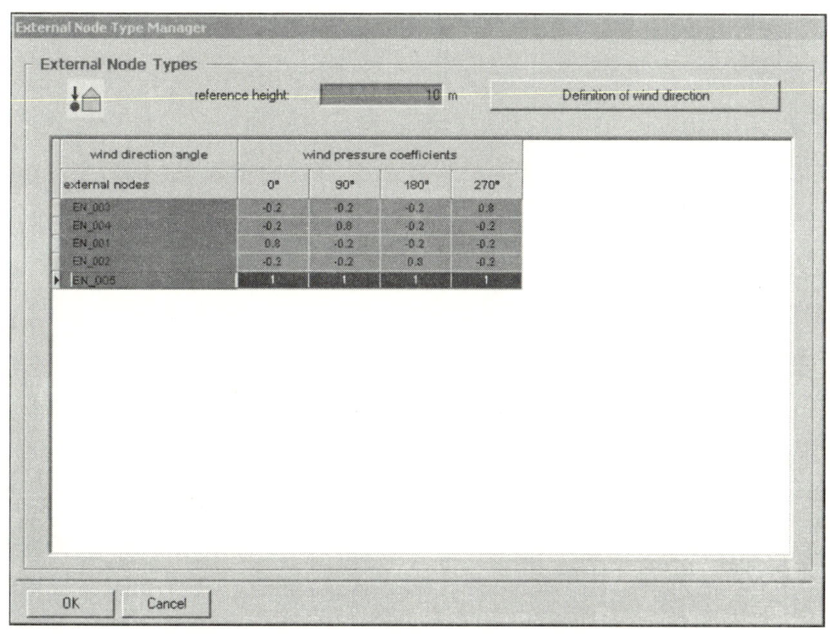

[그림 3-12] 'External Node Manager' 창

C_P 값은 항상 특정 높이에서의 풍속에 대하여 인용된다. 이 기준 높이는 C_P 데이터 모음과 함께 주어져야 하며, 이 윈도우에서 지정되어야 한다. 일반적으로 이 높이는 건

물 처마(eaves)의 높이이다.

건물 표면의 C_P 값은 원하는 만큼의 풍향에 대하여 주어질 수 있으므로, Definition of wind directions 버튼을 클릭하여 풍향을 지정하거나 수정할 수 있다. 이 테이블에서 지정되지 않은 실제 기상 데이터 파일의 풍향은 가장 근접해 있는 지정된 두 풍향의 C_P 값의 보간에 의해 계산된다.

(1) Statistical regression of wind tunnel data sets

C_P–Generator [Knoll 1995]라는 소프트웨어 툴은 광범위한 풍동 데이터 모음의 통계적 회귀법으로 수행될 수 있다. 건물 형상을 묘사하는 매개변수가 이 회귀법을 위해 이용된다. 같은 방법으로 upstream 장애물의 C_P 값이 결정된다.

이러한 값은 조사 중인 건물의 C_P 값에 대한 장애물의 차폐 효과(shielding effect)를 고려하는 대응 항을 계산하기 위해 장애물의 거리와 함께 사용된다.

CPCALC+ [Grosso 1995]는 비슷한 도구이다. 여기서, 주변 건물들은 평면 면적 밀도와 건물 높이의 두 매개변수로써 묘사된다. 차폐 효과는 독립적으로 각 계산된 풍향을 고려할 수 있다. CPCALC+는 다음의 웹사이트에서 다운로드할 수 있다.

http://groups.yahoo.com/group/comis/files/

(2) Wall averaged C_P–values

단순한 건물 형상과 일정한 주변 환경을 갖는 3층 이하의 낮은 건물의 경우, 벽체의 평균 C_P 값은 공기 유동 계산 모델의 요구사항인 충분한 정확도를 갖추고 수행된다. 서로 다른 길이와 폭 비율에 대한 [Orme 1998] 데이터에서 바람의 차폐 조건과 지붕 물매의 각도를 발견할 수 있으며, 이 데이터는 제 6 장에 정리되어 있다.

바람 차폐 효과의 풍향 의존은 고려되지 않는다. 벽체의 평균 C_P 값에 대한 다른 참고 문헌으로는 [Basset 1990]과 [ASHRAE 2001] 등이 있다.

2. Auxiliary Node

[그림 3-13]은 'New Auxiliary Node' 윈도우를 나타낸다. 이 보조 절점명은 항상 [AN_]으로 시작되며, 접두어는 수정이 불가능하다. 그리고 절점명의 나머지는 고유한 것으로 지정되어야 한다.

절점의 기준 높이는 [그림 3-2]의 지표면인 건물의 기준면으로부터 측정된다. 만약 without defined conditions 라디오 버튼이 선택되면, 보조 절점의 공기 온도와 절대습도가 계산될 것이며 결과값으로써 지정될 수 있다. 만약 with defined conditions 라디오 버튼이 선택되면, 보조 절점의 공기 온도와 절대습도는 상수/입력값/스케줄값으로 지정될 수 있다. 이러한 조건을 유지하기 위해 필요한 잠열 및 현열 에너지 소비량이 계산될 것이며, 출력값으로 지정될 수 있다.

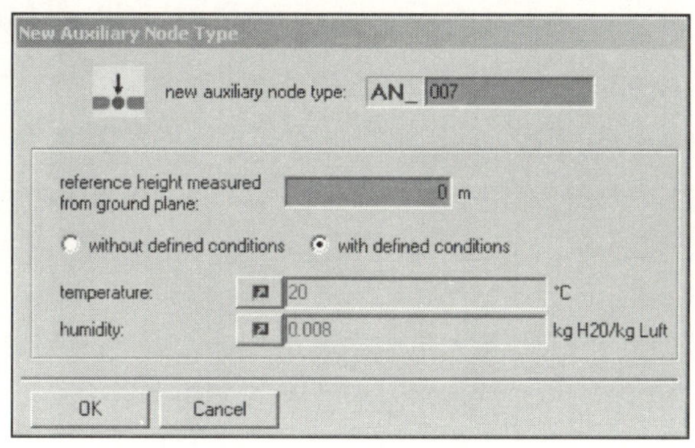

[그림 3-13] ʻAuxiliary Nodeʼ 창

3. Thermal Zone Node

Thermal Zone(열적 존)은 열부하 모델, 즉 하나의 실 또는 일련의 실에서 대응하는 존을 갖는다. 만약 열적 존이 air flow network 절점으로써 처음 선택되면, [그림 3-14]와 같은 ʻThermal Zone Managerʼ 윈도우가 화면에 나타난다.

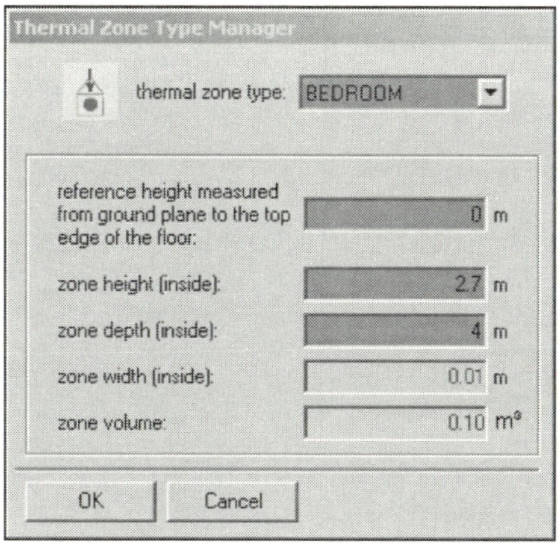

[그림 3-14] ʻThermal Zoneʼ 창

[그림 3-14]에서 PREBID의 열부하 부분에서 미리 지정되지 않은 추가적인 정보가 지정되어야 한다. 만약 이 윈도우가 메인 메뉴나 도구모음으로부터 열었다면, 단지 그러한

열적 존이 air link 목록에서 적어도 한 번 나타나면, 수정(편집)될 수 있다.

기준 높이는 [그림 3-2]에서 볼 수 있듯이 지표면에서 바닥면의 top edge까지 측정된다. 존 높이는 내부 실내의 높이이다. 존 깊이는 외부에서 반대편 내벽까지의 거리이다. 이러한 두 입력값은 단지, [그림 3-1]의 넓은 개구부의 C_P 값의 계산에 이용된다. 만약 이 옵션이 사용되지 않으면, 주어진 기본값이 남겨지게 된다.

여기에 단지 정보 제공을 위해 존의 체적이 보여진다. 이 값은 단지 PREBID의 열부하 부분에서만 수정이 가능하다. 존 폭은 계산된 값이며, 여기에서는 단지 정보만을 제공한다.

> **주의** : 열부하 모델에서의 모든 존이 air flow network에 연결될 필요는 없다. 이것은 열부하 모델에서 단지 건물의 일부만을 모델화하는 것이 가능하다. air flow network 모델에서 연결되지 않은 존의 공기 유동은 infiltration, ventilation 그리고 coupling으로 지정됨으로써 사용될 수 있다. 연결되거나 그렇지 않은 존 간의 coupling은 연결된 존의 유동 평형을 방해하지 않기 위하여 0으로 설정될 것이다.

3-4 Pollutants

TRNFLOW 메인 윈도우의 우측 하단 부분에 위치한 Definition of Pol-LuTants 버튼의 클릭할 경우, [그림 3-15]와 같은 오염물질에 관한 지정을 할 수 있는 윈도우를 열게 될 것이다. 이 윈도우의 상단의 개요상자에는 모든 지정된 오염물질이 표시된다.

선택된 오염물질의 감소율(decay rate), 몰랄 농도(molar mass), 이름(name)이 개요 목록 아래에서 편집될 수 있다. Add from library 버튼을 통해 [POLLUTANT.LIB] 라이브러리 파일에 있는 오염물질을 선택할 수 있다.

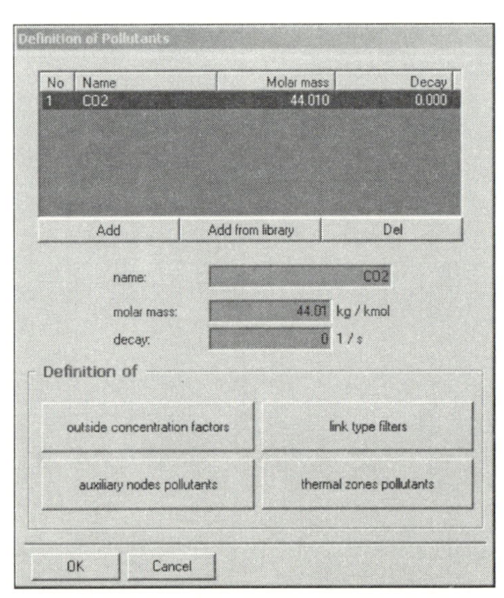

[그림 3-15] 'Definition of Pollutants' 창

1. Outside Concentration Factor

[그림 3-15]에서 Outside Concentration Factors 버튼을 클릭하면, [그림 3-16]와 같은 새로운 창이 화면에 나타날 것이다. 이 창은 각 오염물질의 외부 농도에 대한 표준 TRNFLOW 입력값이다. 이러한 국부적인 농도값은 개별적으로 외부 농도 인자와 함께 각 외부 절점에 대하여 수정될 수 있다. 이것은 원하는 외부 절점의 외기 농도와 국부적인 외부 오염물질 농도와의 비율로서 지정된다.

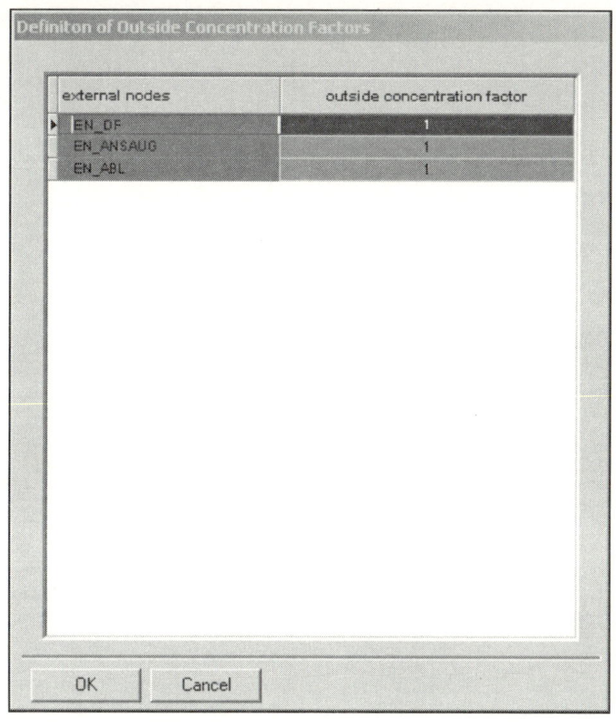

[그림 3-16]   'Definition of Outside Concentration Factors' 창

2. Link Type Filters

[그림 3-15]에서 Link Type Filters 버튼을 클릭하면, [그림 3-17]의 새로운 창이 화면에 생성된다. 각 지정된 link 타입에 대하여 오염물질당 여과값(filter value per pollutant)이 지정될 수 있다. 이 값은 여과 효과, 즉 오염물질을 억제(hold back)하는 능력이다. 이것은 link를 통과하지 못하는 오염물질의 비율로써 표현된다. 값 0.3은 link를 통해 30%의 오염물질이 사라지고, 70%만 통과하는 것을 의미한다.

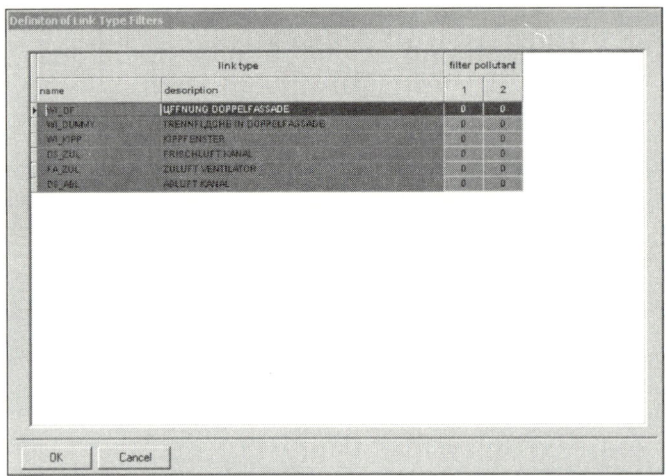

[그림 3-17] ‘Definition of Link Type Filters’ 창

3. Auxiliary Node/Termal Zone Pollutants

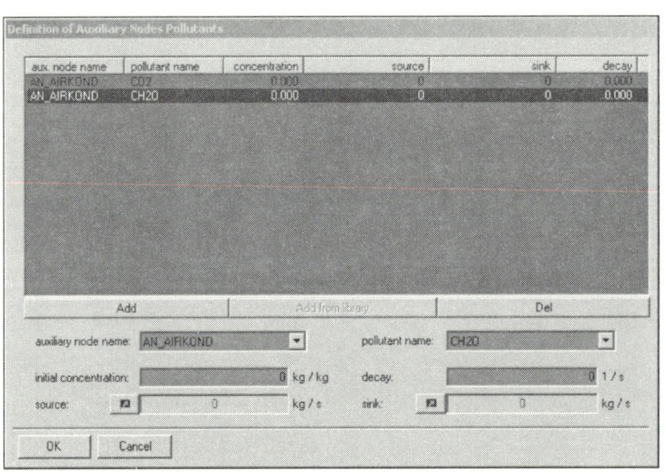

[그림 3-18] ‘Definition of Auxiliary Nodes Pollutants’ 창

Auxiliary Node Pollutants 창은 [그림 3-18]과 같으며, Thermal Zone Pollutants 창은 [그림 3-15]에서 대응하는 버튼을 통해 열 수 있다. 각 Auxiliary Node/Thermal Zone의 경우, 오염물질당 initial concentration, sink, source 그리고 decay value가 개별적으로 지정될 수 있다. sink와 source는 상수/입력값/스케줄 변수로써 지정될 수 있다. 개요 목록에서 선택된 행의 값은 목록 아래에서 편집될 수 있다. 지정된 Auxiliary Nodes/Thermal Zones과 오염물질은 2개의 풀-다운 메뉴에서 이용 가능하다. 새

로운 Auxiliary Node/Thermal Zone을 지정하는 것은 3-3-3절을 참고하고, 새로운 오염물질을 지정하는 것은 3-4절을 참고하면 된다.

node/zone 의존 감쇠율(dependent decay)은 벽체 표면을 통한 흡수에 의해 오염물질이 지수 감소(exponential decline)하는 것을 설명한다. 오염물질의 전체 감쇠는 이 윈도우에서 지정된 node/zone 의존값과 pollutant definition 윈도우에서 지정된 node/zone independent value와의 합이다.

3-5 추가적인 TRNFLOW 명령

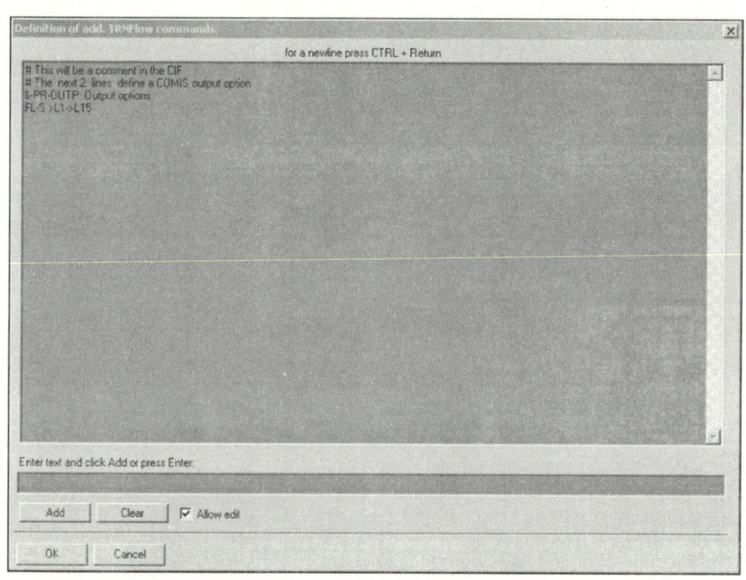

[그림 3-19] 'Definition of add. TRNFLOW commands' 창

Definition of add. TRNFLOW commands 버튼을 클릭하면, [그림 3-19]의 창이 화면에 나타난다. 이 상자에 기술된 텍스트는 TRNFLOW 입력 파일 [*.CIF]에 복사될 것이다. 만약 이 텍스트가 주석문으로써 설명되어야 할 경우, 첫 번째 열에 "#"가 반드시 위치해야 한다. 즉, 각 행의 처음에 "#"가 위치하면 되는 것이다. 또한, 이것은 COMIS User's Guide [Dorer 2001]에서 기술된 형식으로 입력 데이터를 지정하는 것이 가능하다.

이러한 가능성은 매우 주의깊게 취급되어야 한다. 왜냐하면, TRNFLOW 내에서 정확하게 작동할 PREBID user interface가 COMIS의 모든 특징을 이용하는 것은 아니기 때문이다. 〈표 3-5〉는 CIF 파일에 대한 추가 입력값의 정보(allowed, forbidden 또는 ignored)를 정리한 것이다.

〈표 3-5〉 입력 파일 [*.CIF]에 대한 추가적인 입력값

CIF-section	Additional Input for this CIF-section is ···		
	··· allowed	··· forbidden	··· ignored
&-PR-SIMU	×		
&-PR-OUTP	×		
&-PR-UNITS input		×	
&-PR-UNITS output	×		
&-PR-CONTR	×		
&-PR-HISTO			×
Network description		×	
Schedules			×
Building description		×	
Environment description		×	
Pollutant data		×	
Occupant data			×

3-6 TRNFLOW Inputs

TRNFLOW 메인 윈도우의 라디오 버튼을 통해 일단 TRNFLOW가 켜지면, 9개의 TRN-FLOW 입력값이 [그림 3-20]과 같이 추가될 것이다. 이들 각각은 입력값 목록의 어떠한 곳에든지 위치 가능하다.

심지어 목록이 혼란함을 방지하기 위해 다시 TRNFLOW를 꺼도 이들의 위치는 고수된다. 이들 입력값은 Type 56의 열부하 부분에서 이미 사용된 기상 데이터의 추가이다. 이 표준 입력값의 의미는 〈표 3-6〉에 정리되어 있다.

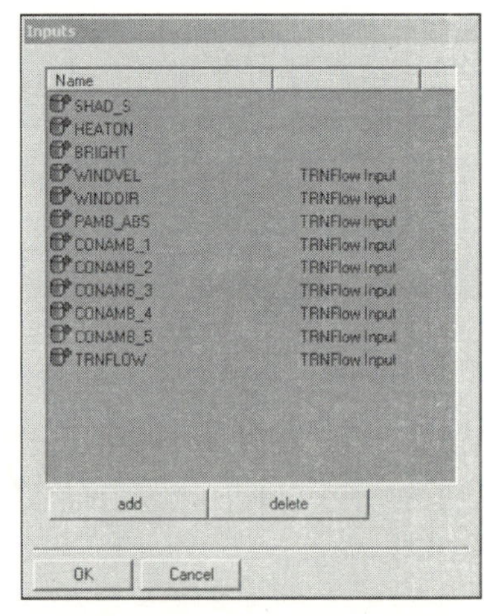

[그림 3-20] TRNFLOW Standard Inputs

<표 3-6> Standard Inputs for TRNFLOW

Name	Description
WINDVEL	Wind spped at meteo station reference height [m/sec]
WINDDIR	Wind direction [deg] 　　0° wind from north 　　90° wind from east
PAMB_ABS	Absolute ambient barometric pressure [Pa]
CONAMB_1	Ambient concentration of pollutant nr 1 [kg/kg]
...	...
CONAMB_5	Ambient concentration of pollutant nr 5 [kg/kg]
TRNFLOW	Switch to turn off TRNFLOW for only parts of the simulation period: 　　> TRNFLOW on 　　≤ TRNFLOW off

3-7　TRNFLOW Outputs

TRNFLOW 출력값은 PREBID output manager에서 지정될 수 있다. 이들은 네 개의 그룹으로 나눠지며 다음과 같다.

- Thermal Zones(including outputs for group of zones and for the whole air flow network)
- External Nodes
- Auxiliary Nodes
- Air Links

(1) Zone Outputs

NType #　　　Label　　　　Description

NType 201 : FLINZ – 존당 '외기 → 존'의 공기 유입량(infiltration) [kg/h]

NType 202 : FLEXZ – 존당 '존 → 외기'의 공기 유출량(exfiltration) [kg/h]

NType 203 : FLVSZ – 존당 환기를 통한 공급 유량 [kg/h]으로 존의 보조 절점으로부터의 모든 유량의 합이다.

NType 204 : FLVEZ – 존당 환기를 통해 배기 유량 [kg/h]으로 존에서 보조 절점을 통해 배기되는 모든 유량의 합이다.

NType 205 : FLIZZ – 지정된 열적 존으로부터 유입되는 유량 [kg/h]으로 모든 유량의 합이다.

NType 206 : FLOZZ – 지정된 열적 존으로 유출되는 유량 [kg/h]으로 다른 지정된 존으로 유출되는 모든 유량의 합이다.

NType 207 : FLTOZ – 존으로 유입되는 전체 외기의 질량 유량 [kg/h]으로 FLINZ와 FVSZ의 외기 비율의 합이다.

NType 208 : FLTZ – 존당 전체 유량 [kg/h]

NType 209 : PRESZ – 해당 존의 압력 [Pa]으로 존 기준 높이에서의 존의 절대압력과 건물 기준 높이에서의 외기의 절대압력 사이의 압력차이다.

NType 210 : ACHZ – 존의 시간당 외기와의 환기 횟수 [1/h]로 $V_{room}/(FLTOZ \cdot \rho_{air})$이다.

NType 211 : RMAZ – 해당 존에서 공기의 실 평균 연령(평균 공기령) [h]이다.

NType 212 : RCHIZ – 해당 존의 환기 횟수 지수이다.

NType 213 : CONZ1 – 해당 존의 오염물질 1의 농도 [$kg_{pollutant}/kg_{dry\ clean\ air}$] 이다.

NType 214 : CONZ2 – 해당 존의 오염물질 2의 농도 [$kg_{pollutant}/kg_{dry\ clean\ air}$]이다.

NType 215 : CONZ3 – 해당 존의 오염물질 3의 농도 [$kg_{pollutant}/kg_{dry\ clean\ air}$] 이다.

NType 216 : CONZ4 – 해당 존의 오염물질 4의 농도 [$kg_{pollutant}/kg_{dry\ clean\ air}$]이다.

NType 217 : CONZ5 – 해당 존의 오염물질 5의 농도 [$kg_{pollutant}/kg_{dry\ clean\ air}$] 이다.

NType 218 : TVSZ – 실내로 공급되는 평균 급기 온도 [℃]로 열적 존으로 유입되는 보조 절점의 모든 유량의 혼합 온도이다.

NType 219 : WVSZ – 실내로 공급되는 평균 절대습도 [$kg_{water}/kg_{dry\ air}$]로 열적 존으로 유입되는 보조 절점의 모든 유량의 혼합 절대습도이다.

NType 262 : FLIZA – 지정된 보조 절점으로부터 열적 존으로의 질량 유량 [kg/h]

NType 263 : FLOZA – 열적 존으로부터 지정된 보조 절점으로의 질량 유량 [kg/h]

NType 264 : POSRZ – Zone Pressure with Outside Stack as Reference [Pa]으로 존 기준 높이에서의 절대압력과 같은 높이에서의 외기 절대압력과의 압력차이다.

(2) Outputs for Group of Zones

NType #   Label   Description

NType 229 : SFLIN – 지정된 존으로의 외기 침기(infiltration)를 통한 질량 유량의 합 [kg/h]

NType 230 : SFLEX – 지정된 존으로부터 외기로 유출(exfiltration)되는 질량 유량의 합 [kg/h]

NType 231 : SFLVS – 지정된 존으로의 환기 공급 유량의 합 [kg/h]

NType 232 : SFLVE – 지정된 존으로부터 환기 배기 유량의 합 [kg/h]

NType 233 : SFLTO – 지정된 존으로 전체 외기 유입 유량의 합 [kg/h]

NType 234 : ACHG – 지정된 존의 외기 환기율(air change rate) [1/h]

NType 235 : ARMAG – 지정된 존의 공기의 산술 실평균 연령 [h]

NType 236 : RRMAG – 지정된 존의 공기의 평균 연령의 제곱근 편차(root mean square deviation) [h]

(3) Outputs for the Whole Air Flow Network

NType #   Label   Description

NType 237 : ACHB – Air flow Network의 모든 존의 외기 환기율(환기 횟수) [1/h]

NType 238 : ARMAB – Air flow Network의 모든 존의 산술 평균 공기 연령 [h]

NType 239 : RRMAB – Air flow Network의 모든 존의 공기의 평균 연령의 제곱근 편차(root mean square deviation) [h]

NType 240 : NTCB – Air flow Network의 모든 존의 명목상의 시간 상수 (nominal time constant) [h]

NType 241 : ACEB – Air flow Network의 모든 존의 환기 효율

(4) Air Link Outputs

NType #   Label   Description

NType 220 : FLNEL – 해당 link의 순 질량 유량 [kg/h]

FLNEL = FLFTL – FLTFL

NType 221 : FLTFL – 해당 link의 'To Node'에서 'From Node'로의 유량 [kg/h]으로 이 방향으로 유동이 없으면 0이 된다.

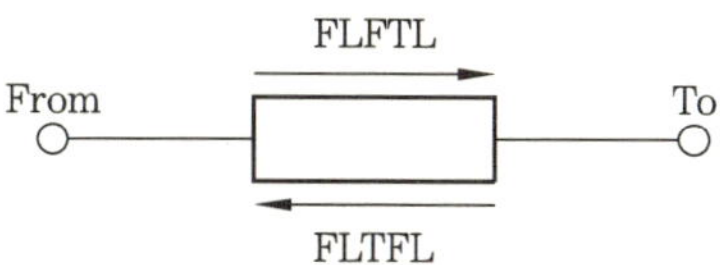

NType 222 : FLFTL – 해당 link의 'From Node'에서 'To Node'로의 질량 유량 [kg/h]으로 이 방향으로 유동이 없으면 0이 된다.

NType 266 : PRESL – 해당 link의 압력차 [Pa], $p_{From} - p_{To}$

(5) External Node Output

<u>NType #</u>   <u>Label</u>   <u>Description</u>

NType 223 : PRESE – 외부 절점의 풍압 $[Pa]$

NType 224 : CONE1 – 외부 절점의 오염물질 1의 농도 $[kg_{pollutant}/kg_{dry\ clean\ air}]$

NType 225 : CONE2 – 외부 절점의 오염물질 2의 농도 $[kg_{pollutant}/kg_{dry\ clean\ air}]$

NType 226 : CONE3 – 외부 절점의 오염물질 3의 농도 $[kg_{pollutant}/kg_{dry\ clean\ air}]$

NType 227 : CONE4 – 외부 절점의 오염물질 4의 농도 $[kg_{pollutant}/kg_{dry\ clean\ air}]$

NType 228 : CONE5 – 외부 절점의 오염물질 5의 농도 $[kg_{pollutant}/kg_{dry\ clean\ air}]$

(6) Outputs for Auxiliary Nodes of Duct – Network

<u>NType #</u>   <u>Label</u>   <u>Description</u>

NType 242 : TAIRA – 보조 절점의 공기 온도 $[℃]$

NType 243 : HAIRA – 보조 절점 공기의 절대습도 $[kg_{water}/kg_{dry\ air}]$

NType 244 : QSENA – 보조 절점의 현열 난방 또는 냉방 에너지 소비량 $[kJ/h]$

NType 245 : TAEA – 보조 절점으로 유입되는 전체 공기의 혼합 온도 $[℃]$

NType 246 : HAEA – 보조 절점으로 유입되는 전체 공기의 혼합 절대습도 $[kg_{water}/kg_{dry\ air}]$

NType 247 : FLINA – 보조 절점으로 직접 유입되는 외기의 질량 유량 $[kg/h]$

NType 248 : FLEXA – 보조 절점에서 직접 외기로의 질량 유량 $[kg/h]$

NType 249 : FLIAA – 지정된 보조 절점에서 보조 절점으로의 질량 유량 $[kg/h]$

NType 250 : FLOAA – 보조 절점에서 지정된 보조 절점으로의 질량 유량 $[kg/h]$

NType 251 : FLTOA – 보조 절점으로의 전체 외기의 질량 유량 $[kg/h]$으로 FLINA와 다른 모든 보조 절점의 유량에서의 외기 비율의 합이다.

NType 252 : FLTA – 보조 절점의 전체 질량 유량 $[kg/h]$

NType 253 : PRESA – 보조 절점의 압력 $[Pa]$으로 절점의 기준 높이에서의 보조 절점의 절대압력과 건물 기준 높이에서의 외기의 절대압력과의 압력차이다.

NType 254 : CONA1 – 보조 절점의 오염물질 1의 농도 $[kg_{pollutant}/kg_{dry\ clean\ air}]$

NType 255 : CONA2 – 보조 절점의 오염물질 2의 농도 $[kg_{pollutant}/kg_{dry\ clean\ air}]$

NType 256 : CONA3 – 보조 절점의 오염물질 3의 농도 $[kg_{pollutant}/kg_{dry\ clean\ air}]$

NType 257 : CONA4 – 보조 절점의 오염물질 4의 농도 $[kg_{pollutant}/kg_{dry\ clean\ air}]$

NType 258 : CONA5 – 보조 절점의 오염물질 5의 농도 $[kg_{pollutant}/kg_{dry\ clean\ air}]$

NType 259 : QLATA – 보조 절점의 잠열 에너지 소비량 $[kJ/h]$으로 가습$(-)$, 감습$(+)$이다.

NType 260 : FLIAZ – 지정된 열적 존으로부터 보조 절점으로의 질량 유량 [kg/h]
NType 261 : FLOAZ – 보조 절점에서 지정된 열적 존으로의 질량 유량 [kg/h]
NType 265 : POSRA – Aux. Node Pressure with Outside Stack as Reference [Pa]

3-8   Type 56 Input Files의 생성

TRNBuild에 입력된 TRNFLOW 정보는 [*.BUI] 파일로 저장될 것이다. 이것은 추가적인 Type 56 입력 파일 [*.CIF]을 생성하는 데 사용된다.

그리고 이 파일은 시뮬레이션이 진행되는 동안 Type 56에 의해 열적 모델 [*.BLD]과 [*.TRN]에 대한 입력 파일과 함께 사용된다.

게다가, 정보 파일 [*.INF]가 Type 56의 이용 가능한 출력과 요구되는 입력은 물론 진행된 BUI 파일을 나타내기 위해 생성된다.

생성 과정을 시작하기 위해, 메뉴 바로부터 [Generate]와 [TYPE 56 files]를 선택하거나 도구모음의 [WRITE] 버튼을 선택한다.

생성된 파일은 열려진 [*.BUI] 파일과 같은 이름을 얻게 되며, 동일한 디렉토리에 위치하게 된다. 만약 에러가 발생되면, 어떠한 파일도 생성되지 않는다. 오류에 대한 상세한 정보를 갖는 하나의 창이 나타난다.

제 6 장 부록 B에 TRNFLOW 정보를 갖는 [*.BUI] 파일과 상응하는 [*.CIF] 예제가 포함되어 있다. 이것은 건물의 침기 데이터와 환기 시스템을 갖는 Type 56 매뉴얼을 문서화한 간단한 TRNBuild 예제이다.

4. TRNSYS 입력 파일에서 수정된 Type 56의 정의

4-1 Parameters

기존의 Type 56의 매개변수에 추가되어 6개의 새로운 매개변수가 지정되어야 하며 〈표 4-1〉에 그 내용이 정리되어 있다. 여기서, 매개변수 15~17은 선택사항으로 내부 반복 계산에 문제가 발생한 경우에 list 파일에 보고하는 데 사용된다. 그리고 대부분의 경우, 기본값들로 훌륭하게 작동된다.

〈표 4-1〉 TRNFLOW에 사용되는 추가적인 Type 56 매개변수

Parameter Nr	Name	Description
9	LU_{CIF}	LU_{CIF} = 0 TRNFLOW is not active LU_{CIF} ≠ 0 logical unit number for TRNFLOW input file *.CIF. The file name has to be assigned to this unit number.
10	COC	COC ≤ 0 Output in COF/CSO per Time step COC ≤ 0 Output in COF/CSO per Iteration step (This parameter is only used if output file names are defined in COMIS.SET)
11	Z_{ENTR}	Altitude of building location above sea level [m]
12	Z_{VMET}	Height above ground for wind data at meteo station (height of the pylon) [m]
13	Z_{MET}	Altitude of meteo station above sea level [m]
14	$ALPH_{MET}$	Wind velocity profile exponent at meteo station (−)
15(optional)	Tol_T	Tolerance of the zone temperature used for the internal iteration [°K](default = 0.01°K)
16(optional)	MAXITER	Maximum number of internal iteration (−)
17(optional)	ZETA	Minimum relaxation factor for the internal iteration (−) (default = 0.2)

4-2   **Inputs and Outputs**

PREBID 프로그램은 필요한 입력 파일과 이용 가능한 출력 파일의 목록을 포함한 출력 파일을 생성한다. 이 목록은 3-6절과 3-7절에 따라 PREBID에서 지정된 입·출력값에 대응한다.

◉ 참고 문헌

1. ASHRAE, 『ASHRAE Handbook, Fundamentals』, American Society of Heating, Refrigerating and Air-Conditioning Engineers, Atlanta 2001.

2. Basset, 『Infiltration and leakage paths in single family houses— a multizone infiltration case study』, AIVC Technical Note 27, 1990.

3. Daskalaki, 『Predicting single sided Natural ventilation rates in Buildings』, SolarEnergy Vol 55 No.5 pp. 327-341, 1995.

4. Dorer, 『Users Guide of COMIS 3.1.』, 2001.

5. Feustel, 『Fundamentals of the Multizone Air Flow Model - COMIS』, Technical Note AIVC TN29, Air Infiltration and Ventilation Centre, 1990.

6. Grosso, 『CPCALC+, Calculation of wind pressure coefficients on buildings』, Software from Polytechnic University of Turin, 1995.

7. Knoll, Phaff J.C., de Gids W.F., 『Pressure Simulation Program』, 16th AIVC Conference, Palm Springs, USA, 1995.

8. Orme, Liddament M., Wilson A., 『Numerical Data for Air Infiltration & Natural Ventilation Calculations, Air Infiltration and Ventilation Centre (AIVC)』, Coventry GB, 1998.

9. Orme, 『Ventilation modelling data guide, AIVC Guide 5』, INIVe on behalf of the IEA, 2002.

10. Pelletret R., 『Personal communication』, CSTB, Sophia Antipolis France.

11. Schauwecker, 『Modification of the pollutant transport routines in COMIS』, IEA-ECB Annex 23, 1995.

12. Catmull, Rom R., 『A class of local interpolating splines, in Barnhill, Rad R. Riesenfeld (eds)』, Computer Aided Geometric Design, Academic Press San Francisco, pp. 317-326, 1974.

5. 부　록(Appendix)

5-1　Appendix A : Wall averaged C_P-values

[Orme 1998]에 출판된 높이가 낮은 건물에 대한 벽체 평균 C_P 값이다.

〈표 5-1〉에서 A6은 건물의 길이와 폭의 비가 1 : 1과 2 : 1인 3층 이하의 낮은 건물에 대한 벽체 평균 C_P 값을 제공한다.

건물 높이는 풍속에 대한 기준값으로 받아들인다. 입면에 대한 벽체 번호는 [그림 5-1]과 같다.

차폐 조건의 세 가지 유형은 다음과 같다.

- **Exposed** : open countryside, no obstructions
- **Semi Shielded** : rural surroundings, some obstructions equivalent to half the height of the building
- **Shielded** : urban, building surrounded on all sides by obstructions of similar size as the building

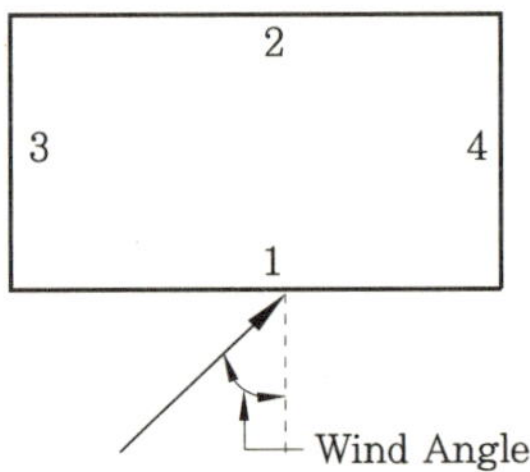

[그림 5-1] 풍향의 정의와 벽체 입면 번호

(1) Length to width ratio ; 1 : 1

〈표 5-1〉 Exposed

		Wind Angle							
		0°	45°	90°	135°	180°	225°	270°	315°
Face 1		0.7	0.35	−0.5	−0.4	−0.2	−0.4	−0.5	0.35
Face 2		−0.2	−0.4	−0.5	0.35	0.7	0.35	−0.5	−0.4
Face 3		−0.5	0.35	0.7	0.35	−0.5	−0.4	−0.2	−0.4
Face 4		−0.5	−0.4	−0.2	−0.4	−0.5	0.35	0.7	0.35
Roof (<10° pitch)	Front	−0.8	−0.7	−0.6	−0.5	−0.4	−0.5	−0.6	−0.7
	Rear	−0.4	−0.5	−0.6	−0.7	−0.8	−0.7	−0.6	−0.5
Roof (11−30° pitch)	Front	−0.4	−0.5	−0.6	−0.5	−0.4	−0.5	−0.6	−0.5
	Rear	−0.4	−0.5	−0.6	−0.5	−0.4	−0.5	−0.6	−0.5
Roof (>30° pitch)	Front	0.3	−0.4	−0.6	−0.4	−0.5	−0.4	−0.6	−0.4
	Rear	−0.5	−0.4	−0.6	−0.4	−0.3	−0.4	−0.6	−0.4

〈표 5-2〉 Semi−Shielded

		Wind Angle							
		0°	45°	90°	135°	180°	225°	270°	315°
Face 1		0.4	0.1	−0.3	−0.35	−0.2	−0.35	−0.3	0.1
Face 2		−0.2	−0.35	−0.3	0.1	0.4	0.1	−0.3	−0.35
Face 3		−0.3	0.1	0.4	0.1	−0.3	−0.35	−0.3	−0.35
Face 4		−0.3	−0.35	−0.2	−0.35	−0.3	0.1	0.4	0.1
Roof (<10° pitch)	Front	−0.6	−0.5	−0.4	−0.5	−0.6	−0.5	−0.4	−0.5
	Rear	−0.6	−0.5	−0.4	−0.5	−0.6	−0.5	−0.4	−0.5
Roof (11−30° pitch)	Front	−0.35	−0.45	−0.55	−0.45	−0.35	−0.45	−0.55	−0.45
	Rear	−0.35	−0.45	−0.55	−0.45	−0.35	−0.45	−0.55	0.45
Roof (>30° pitch)	Front	0.3	−0.5	−0.6	−0.5	−0.5	−0.5	−0.6	−0.5
	Rear	−0.5	−0.5	−0.6	−0.5	0.3	−0.5	−0.6	−0.5

〈표 5-3〉 Shielded

		Wind Angle							
		0°	45°	90°	135°	180°	225°	270°	315°
Face 1		0.2	0.05	−0.25	−0.3	−0.25	−0.3	−0.25	0.05
Face 2		−0.25	−0.3	−0.25	0.05	0.2	0.05	−0.25	−0.3
Face 3		−0.25	0.05	0.2	0.05	−0.25	−0.3	−0.25	−0.3
Face 4		−0.25	−0.3	−0.25	−0.3	−0.25	0.05	0.2	0.05
Roof (<10° pitch)	Front	−0.5	−0.5	−0.4	−0.5	−0.5	−0.5	−0.4	−0.5
	Rear	−0.5	−0.5	−0.4	−0.5	−0.5	−0.5	−0.4	−0.5
Roof (11−30° pitch)	Front	−0.3	−0.4	−0.5	−0.4	−0.3	−0.4	−0.5	−0.4
	Rear	−0.3	−0.4	−0.5	−0.4	−0.3	−0.4	−0.5	−0.4
Roof (>30° pitch)	Front	0.25	−0.3	−0.5	−0.3	−0.4	−0.3	−0.5	−0.3
	Rear	−0.4	−0.3	−0.5	−0.3	0.25	−0.3	−0.5	−0.3

(2) Length to width ratio ; 2 : 1

〈표 5-4〉 Exposed

		Wind Angle							
		0°	45°	90°	135°	180°	225°	270°	315°
Face 1		0.5	0.25	−0.5	−0.8	−0.7	−0.8	−0.5	0.25
Face 2		−0.7	−0.8	−0.5	0.25	0.5	0.25	−0.5	−0.8
Face 3		−0.9	0.2	0.6	0.2	−0.9	−0.6	−0.35	−0.6
Face 4		−0.9	−0.6	−0.35	−0.6	−0.9	0.2	0.6	0.2
Roof (<10° pitch)	Front	−0.7	−0.7	−0.8	−0.7	−0.7	−0.7	−0.8	−0.7
	Rear	−0.7	−0.7	−0.8	−0.7	−0.7	−0.7	−0.8	−0.7
Roof (11−30° pitch)	Front	−0.7	−0.7	−0.7	−0.6	−0.5	−0.6	−0.7	−0.7
	Rear	−0.5	−0.6	−0.7	−0.7	−0.7	−0.7	−0.7	−0.6
Roof (>30° pitch)	Front	0.25	0	−0.6	−0.9	−0.8	−0.9	−0.6	0
	Rear	−0.8	−0.9	−0.6	0	0.25	0	−0.6	−0.9

〈표 5-5〉 Semi-Shielded

		Wind Angle							
		0°	45°	90°	135°	180°	225°	270°	315°
Face 1		0.25	0.06	−0.35	−0.6	−0.5	−0.6	−0.35	0.06
Face 2		−0.5	−0.6	−0.35	0.06	0.25	0.06	−0.35	−0.6
Face 3		−0.6	0.2	0.4	0.2	−0.6	−0.5	−0.3	−0.5
Face 4		−0.6	−0.5	−0.3	−0.5	−0.6	−0.5	0.5	0.2
Roof (<10° pitch)	Front	−0.6	−0.6	−0.6	−0.6	−0.6	−0.6	−0.6	−0.6
	Rear	−0.6	−0.6	−0.6	−0.6	−0.6	−0.6	−0.6	−0.6
Roof (11−30° pitch)	Front	−0.6	−0.6	−0.55	−0.55	−0.45	−0.55	−0.55	−0.6
	Rear	−0.45	−0.55	−0.55	−0.6	−0.6	−0.6	−0.55	−0.55
Roof (>30° pitch)	Front	0.15	−0.08	−0.4	−0.75	−0.6	−0.75	−0.4	−0.08
	Rear	−0.6	−0.75	−0.4	−0.8	0.15	−0.08	−0.4	−0.75

〈표 5-6〉 Shielded

		Wind Angle							
		0°	45°	90°	135°	180°	225°	270°	315°
Face 1		0.06	−0.12	−0.2	−0.38	−0.3	−0.38	−0.2	0.12
Face 2		−0.3	−0.38	−0.2	−0.12	0.06	−0.12	−0.2	−0.38
Face 3		−0.3	0.15	0.18	0.15	−0.3	−0.32	−0.2	−0.32
Face 4		−0.3	−0.32	−0.2	−0.32	−0.3	0.15	0.18	0.15
Roof (<10° pitch)	Front	−0.49	−0.46	−0.41	−0.46	−0.49	−0.46	−0.41	−0.46
	Rear	−0.49	−0.46	−0.41	−0.46	−0.49	−0.46	−0.41	−0.46
Roof (11−30° pitch)	Front	−0.49	−0.46	−0.41	−0.46	−0.4	−0.46	−0.41	−0.46
	Rear	−0.4	−0.46	−0.41	−0.46	−0.49	−0.46	−0.41	−0.46
Roof (>30° pitch)	Front	0.06	−0.15	−0.23	−0.6	−0.42	−0.6	−0.23	−0.15
	Rear	−0.42	−0.6	−0.23	−0.15	−0.06	−0.15	−0.23	−0.6

5-2　Appendix B : Example Input files

Type 56 매뉴얼의 단순한 레스토랑 예제에 대한 TRNFLOW 입력 파일이다. 이 예제의 Airflow network는 [그림 3-1]과 같다.

[BUI File]

```
*************************************************************************************
* PreBid 5.0.30
*************************************************************************************
* BUILDING DESCRIPTIONS FILE TRNSYS
* FOR BUILDING: C:\trnsys15\trnflow\example\Rest_com.bui
* GET BY WORKING WITH PreBid 5.0 for Windows
*************************************************************************************
*
*-------------------------------------------------------------------------------
* C o m m e n t s
*-------------------------------------------------------------------------------
*-------------------------------------------------------------------------------
* P r o j e c t
*-------------------------------------------------------------------------------
*+++ PROJECT
*+++ TITLE = RESTAURANT EXAMPLE
*+++ DESCRIPTION = TRNSYS MAIN REFERENCE MANUAL
*+++ CREATED = SOLAR ENERGY LABORATORY
*+++ ADDRESS = MADISON, WI USA
*+++ CITY =
*+++ SWITCH = UNDEFINED
*-------------------------------------------------------------------------------
* P r o p e r t i e s
*-------------------------------------------------------------------------------
PROPERTIES
DENSITY = 1.204  :  CAPACITY = 1.012  :  HVAPOR = 2454.0  :  SIGMA = 2.041e-007  :  RTEMP =
293.15
*
*+++++++++++++++++++++++++++++++++++++++++++++++++++++++++++++++++++++++++++++++++++
TYPES
*+++++++++++++++++++++++++++++++++++++++++++++++++++++++++++++++++++++++++++++++++++
*
*-------------------------------------------------------------------------------
* L a y e r s
*-------------------------------------------------------------------------------
LAYER GYPSUM
CONDUCTIVITY = 2.62 : CAPACITY = 0.75 : DENSITY = 1601
LAYER INSUL
CONDUCTIVITY = 0.155 : CAPACITY = 0.75 : DENSITY = 32
```

```
LAYER STUCCO
CONDUCTIVITY = 2.49 : CAPACITY = 0.75 : DENSITY= 1858
LAYER WOOD
CONDUCTIVITY = 0.418 : CAPACITY = 2.25 : DENSITY= 592
LAYER CONCRETE
CONDUCTIVITY = 6.23 : CAPACITY = 0.75 : DENSITY = 2242
LAYER STONE
CONDUCTIVITY = 5.17 : CAPACITY = 1.5 : DENSITY = 881
LAYER TILE
CONDUCTIVITY = 0.22 : CAPACITY = 0.75 : DENSITY = 480
LAYER AIRSPACE
RESISTANCE = 0.05
*------------------------------------------------------------------------
* I n p u t s
*------------------------------------------------------------------------
INPUTS HOUTSIDE FAN WINDVEL WINDDIR PAMB_ABS CONAMB_1 CONAMB_2 CONAMB_3
CONAMB_4 CONAMB_5 TRNFLOW
*------------------------------------------------------------------------
* S c h e d u l e s
*------------------------------------------------------------------------
SCHEDULE WEEKDAY
HOURS = 0.0 8.0 10.0 12.0 14.0 17.0 22.0 24.0
VALUES = 0 0.5 0.2 1. 0.2 1. 0 0
SCHEDULE WEEKEND
HOURS = 0.0 8.0 10.0 12.0 14.0 17.0 22.0 24.0
VALUES = 0 1. 0.5 1. 0.4 1. 0 0
SCHEDULE OCCUPANCY
HOURS = 0.0 7.0 22.0 24.0
VALUES = 0 1. 0 0
SCHEDULE CUSTOMERS
DAYS = 1 2 3 4 5 6 7
HOURLY = WEEKDAY WEEKDAY WEEKDAY WEEKDAY WEEKDAY WEEKEND WEEKEND
*------------------------------------------------------------------------
* W a l l s
*------------------------------------------------------------------------
WALL OUTSIDE
LAYERS = GYPSUM INSUL STUCCO
THICKNESS = 0.019 0.076 0.025
ABS-FRONT = 0.9 : ABS-BACK = 0.8
HFRONT = 30 : HBACK = INPUT 1*HOUTSIDE
WALL INSIDE
LAYERS = GYPSUM WOOD GYPSUM
THICKNESS = 0.019 0.058 0.019
ABS-FRONT = 0.8 : ABS-BACK = 0.8
HFRONT = 30 : HBACK = 30
WALL FLOOR
LAYERS = CONCRETE STONE
THICKNESS = 0.102 0.025
ABS-FRON T = 0.8 : ABS-BACK = 0
```

```
HFRONT = 33 : HBACK = 5
WALL ROOF
LAYERS = TILE AIRSPACE INSUL
THICKNESS = 0.016 0 0.076
ABS-FRONT = 0.8 : ABS-BACK = 0.9
HFRONT = 22 : HBACK= INPUT 1*HOUTSIDE
*-----------------------------------------------------------------------
* W i n d o w s
*-----------------------------------------------------------------------
WINDOW DOUBLE
WINID = 2001 : HINSIDE = 30 : HOUTSIDE = INPUT 1*HOUTSIDE : SLOPE = 90 : SPACID = 0 :
WWID = 0.77 : WHEIG = 1.08 : FFRAME = 0.15 : UFRAME = 8.17 :
ABSFRAME = 0.6 : RISHADE = 0 : RESHADE = 0 : REFLISHADE = 0.5 : ;
REFLOSHADE = 0.5 : CCISHADE = 0.5
*-----------------------------------------------------------------------
* D e f a u l t G a i n s
*-----------------------------------------------------------------------
*-----------------------------------------------------------------------
* O t h e r G a i n s
*-----------------------------------------------------------------------
GAIN PEOPLE
CONVECTIVE = 150 : RADIATIVE = 70 : HUMIDITY = 0.058
GAIN LIGHTS
CONVECTIVE = 300 : RADIATIVE = 1500 : HUMIDITY = 0
GAIN STOVES
CONVECTIVE = 10000 : RADIATIVE = 5000 : HUMIDITY = 0.1
GAIN FREEZER
CONVECTIVE = 1500 : RADIATIVE = 0 : HUMIDITY = 0
*-----------------------------------------------------------------------
* C o m f o r t
*-----------------------------------------------------------------------
*-----------------------------------------------------------------------
* I n f i l t r a t i o n
*-----------------------------------------------------------------------
*-----------------------------------------------------------------------
* V e n t i l a t i o n
*-----------------------------------------------------------------------
VENTILATION VENKITCHEN
TEMPERATURE = OUTSIDE
AIRCHANGE = 1
HUMIDITY = OUTSIDE
*-----------------------------------------------------------------------
* C o o l i n g
*-----------------------------------------------------------------------
COOLING KITCHEN
ON = 25
POWER = 50000
HUMIDITY = 100
```

```
*----------------------------------------------------------------------
* H e a t i n g
*----------------------------------------------------------------------
HEATING HEATER
ON = SCHEDULE 5*OCCUPANCY+15
POWER = 999999999
HUMIDITY = 0
RRAD = 0
*
*----------------------------------------------------------------------
* Z o n e s
*----------------------------------------------------------------------
ZONES DINING STORAGE KITCHEN
*----------------------------------------------------------------------
* O r i e n t a t i o n s
*----------------------------------------------------------------------
ORIENTATIONS NORTH SOUTH EAST WEST HORIZONTAL
*
*++++++++++++++++++++++++++++++++++++++++++++++++++++++++++++++++++++++++++
BUILDING
*++++++++++++++++++++++++++++++++++++++++++++++++++++++++++++++++++++++++++
*
*----------------------------------------------------------------------
* Z o n e DINING / A i r n o d e DINING
*----------------------------------------------------------------------
ZONE DINING
AIRNODE DINING
WALL = OUTSIDE : SURF = 1 : AREA = 35 : EXTERNAL : ORI = SOUTH : FSKY = 0.5
WINDOW = DOUBLE : SURF = 2 : AREA = 10 : EXTERNAL : ORI = SOUTH : FSKY = 0.5
WALL = OUTSIDE : SURF = 3 : AREA = 35 : EXTERNAL : ORI = WEST : FSKY = 0.5
WALL = OUTSIDE : SURF = 4 : AREA = 35 : EXTERNAL : ORI = EAST : FSKY = 0.5
WALL = INSIDE : SURF = 5 : AREA = 22.5 : INTERNAL
WALL = INSIDE : SURF = 6 : AREA = 22.5 : ADJACENT = STORAGE : FRONT : COUPL = 1
WALL = FLOOR : SURF = 7 : AREA = 112.5 : BOUNDARY = 10
WALL = ROOF : SURF = 8 : AREA = 112.5 : EXTERNAL : ORI=HORIZONTAL : FSKY = 1
WALL = INSIDE : SURF = 9 : AREA = 22.5 : ADJACENT = KITCHEN : FRONT : COUPL = 1
REGIME
GAIN = PEOPLE : SCALE = SCHEDULE 50*CUSTOMERS
GAIN = LIGHTS : SCALE = SCHEDULE 2*OCCUPANCY
HEATING = HEATER
CAPACITANCE = 500 : VOLUME = 337.5 : TINITIAL = 20 : PHINITIAL = 50 : WCAPR = 1
*----------------------------------------------------------------------
* Z o n e STORAGE / A i r n o d e STORAGE
*----------------------------------------------------------------------
ZONE STORAGE
AIRNODE STORAGE
WALL = INSIDE : SURF = 16 : AREA = 22.5 : ADJACENT = DINING : BACK : COUPL = 1
WALL = INSIDE : SURF = 17 : AREA = 22.5 : ADJACENT = KITCHEN : FRONT
WALL = OUTSIDE : SURF = 18 : AREA = 22.5 : EXTERNAL : ORI = NORTH : FSKY = 0.5
```

```
WALL = OUTSIDE : SURF = 19 : AREA = 22.5 : EXTERNAL : ORI = EAST : FSKY = 0.5
WALL = FLOOR : SURF = 20 : AREA = 56.25 : BOUNDARY = 10
WALL = ROOF : SURF = 21 : AREA = 56.25 : EXTERNAL : ORI = HORIZONTAL : FSKY = 1
REGIME
GAIN = FREEZER : SCALE = 1
CAPACITANCE = 250 : VOLUME = 168.75 : TINITIAL = 20 : PHINITIAL = 50 : WCAPR = 1
*-----------------------------------------------------------------------------
* Z o n e KITCHEN / A i r n o d e KITCHEN
*-----------------------------------------------------------------------------
ZONE KITCHEN
AIRNODE KITCHEN
WALL = INSIDE : SURF = 10 : AREA = 22.5 : ADJACENT = DINING : BACK : COUPL = 1
WALL = OUTSIDE : SURF = 11 : AREA = 22.5 : EXTERNAL : ORI = WEST : FSKY = 0.5
WALL = OUTSIDE : SURF = 12 : AREA = 22.5 : EXTERNAL : ORI = NORTH : FSKY = 0.5
WALL = INSIDE : SURF = 13 : AREA = 22.5 : ADJACENT = STORAGE : BACK
WALL = FLOOR : SURF = 14 : AREA = 56.25 : BOUNDARY = 10
WALL = ROOF : SURF = 15 : AREA = 56.25 : EXTERNAL : ORI = HORIZONTAL : FSKY = 1
REGIME
GAIN = PEOPLE : SCALE = SCHEDULE 5*CUSTOMERS
GAIN = LIGHTS : SCALE = SCHEDULE 1*OCCUPANCY
GAIN = STOVES : SCALE = SCHEDULE 1*OCCUPANCY
VENTILATION = VENKITCHEN
COOLING = KITCHEN
HEATING = HEATER
CAPACITANCE = 250 : VOLUME = 168.75 : TINITIAL = 20 : PHINITIAL = 50 : WCAPR = 1
*-----------------------------------------------------------------------------
* O u t p u t s
*-----------------------------------------------------------------------------
OUTPUTS
TRANSFER : TIMEBASE = 1.000
AIRNODES = DINING STORAGE KITCHEN
NTYPES = 1 : TAIR air temperature of zone
= 2 : QSENS sensible energy demand of zone, heating(-), cooling(+)
= 3 : QCSURF total convection to air from all surfaces within zone (incl. internal shading)
= 4 : QINF sensible infiltration energy gain of zone
= 5 : QVENT sensible ventilation energy gain of zone
= 6 : QCOUP tsensible coupling energy gain of zone
= 7 : QGCONV internal convective gains of zone
= 8 : DQAIR change in internal sensible energy of zone air since beginning of simulation
AIRNODES = DINING
NTYPES = 17 : SURF = 1, 3, 4, 5, 6, 7, 8, 9, 2, : TSI inside surface temperature
AIRNODES = KITCHEN
NTYPES = 201 : FLINZ outdoor air infiltration flow per zone [kg/h]
= 203 : FLVSZ ventilation supply flow per zone [kg/h]
= 202 : FLEXZ exfiltration flow per zone [kg/h]
= 204 : FLVEZ ventilation exhaust flow per zone[kg/h]
= 210 : ACHZ outdoor air change rate per zone [1/h]
AIRLINKS = DS_001[1] DS_003[14]
NTYPES = 222 : FLFTL flow 'From-node to To-node'. per link [kg/h]
```

```
AIRLINKS = DS_001[1] DS_003[14]
NTYPES = 221 : FLTFL flow 'To-Node to From-node', per link [kg/h]
AIRLINKS = CR_001[2]
NTYPES = 220 : FLNEL net mass flow per link [kg/h]
AIRNODES = DINING STORAGE KITCHEN
NTYPES = 229 : SFLIN sum of outdoor air infiltration flows into the specified zones [kg/h]
AIRNODES = DINING STORAGE KITCHEN
NTYPES = 233 : SFLTO sum of total outdoor air flows into the specified zones [kg/h]
AIRNODES = DINING
NTYPES = 237 : ACHB outdoor air change rate of all zones of the flow network [1/h]
AUXILIARYNODES = AN_006
NTYPES = 251 : FLTOA total outdoor air flow into auxiliary node [kg/h]
AUXILIARYNODES = AN_001
NTYPES = 242 : TAIRA air temperature of auxiliary node [kg/h]
= 243 : HAIRA absolut humidity of auxiliary node air [kgwater/kgdry_air]
= 244 : QSENA sensible heating (+) or cooling (-) demand of auxiliary node [kg/hr]
= 245 : TAEA mixing temperature of total air entering the auxiliary node [kg/h]
= 247 : FLINA outdoor air flow directly into auxiliary node [kg/h]
= 246 : HAEA mixing absolute humidity of total air entering the auxiliary node
[kgwater/kgdry_air]
*
*---------------------------------------------------------------------------
*---------------------------------------------------------------------------
*---------------------------------------------------------------------------
* T R N S F L O W Multizone Airflow Network (Model COMIS 3.1)
*---------------------------------------------------------------------------
*---------------------------------------------------------------------------
*---------------------------------------------------------------------------
*
*+++++++++++++++++++++++++++++++++++++++++++++++++++++++++++++++++++++++++++++
MULTIZONE_AIRFLOW_NETWORK
*+++++++++++++++++++++++++++++++++++++++++++++++++++++++++++++++++++++++++++++
*
CALCFLOWS = 1
*---------------------------------------------------------------------------
* A d d T R N S F L O W C o m m a n d s
*---------------------------------------------------------------------------
*
*+++++++++++++++++++++++++++++++++++++++++++++++++++++++++++++++++++++++++++++
POLLUTANTS
*+++++++++++++++++++++++++++++++++++++++++++++++++++++++++++++++++++++++++++++
*
*
*+++++++++++++++++++++++++++++++++++++++++++++++++++++++++++++++++++++++++++++
LINKTYPES
*+++++++++++++++++++++++++++++++++++++++++++++++++++++++++++++++++++++++++++++
*
*---------------------------------------------------------------------------
* C r a c k s
```

```
*------------------------------------------------------------------------------
CRACK CR_001
DESC = -
CS = 0.002 : EXPN = 0.66
FILTER1 = 0 : FILTER2 = 0 : FILTER3 = 0 : FILTER4 = 0 : FILTER5 = 0
CRACK CR_002
DESC = -
CS = 0.1 : EXPN = 0.65
FILTER1 = 0 : FILTER2 = 0 : FILTER3 = 0 : FILTER4 = 0 : FILTER5 = 0
*------------------------------------------------------------------------------
* F a n s
*------------------------------------------------------------------------------
FAN FA_001
DESC = -
AIRDENSITY = 1.2 : CSOFF = 0.2 : EXPNOFF = 0.65
PRESSURE = 0 40 80 120 175
FLOWRATE = 665 622 519 354 26
FILTER1 = 0 : FILTER2 = 0 : FILTER3 = 0 : FILTER4 = 0 : FILTER5 = 0
*------------------------------------------------------------------------------
* S t r a i g h t D u c t s
*------------------------------------------------------------------------------
DUCT DS_002
DESC = -
DIAM1 = 0.2 : DIAM2 = 0 : ROUGHNESS = 0.03 : LENGTH = 1.8
ZETADEF = 0 : ZETAINV = 0 : FITTING = 6 : PARAM1 = 2 : PARAM2 = 0
FILTER1 = 0 : FILTER2 = 0 : FILTER3 = 0 : FILTER4 = 0 : FILTER5 = 0
DUCT DS_001
DESC = -
DIAM1 = 0.2 : DIAM2 = 0 : ROUGHNESS = 0.03 : LENGTH = 0.2
ZETADEF = 0 : ZETAINV = 0 : FITTING = 3 : PARAM1 = 2 : PARAM2 = 15
FILTER1 = 0 : FILTER2 = 0 : FILTER3 = 0 : FILTER4 = 0 : FILTER5 = 0
DUCT DS_003
DESC = -
DIAM1 = 0.2 : DIAM2 = 0 : ROUGHNESS = 0.03 : LENGTH = 0.2
ZETADEF = 0 : ZETAINV = 0 : FITTING = 5 : PARAM1 = 80 : PARAM2 = 0
FILTER1 = 0 : FILTER2 = 0 : FILTER3 = 0 : FILTER4 = 0 : FILTER5 = 0
DUCT DS_004
DESC = -
DIAM1 = 0.2 : DIAM2 = 0 : ROUGHNESS = 0.03 : LENGTH = 0.2
ZETADEF = 0 : ZETAINV = 0 : FITTING = 2 : PARAM1 = 80 : PARAM2 = 0
FILTER1 = 0 : FILTER2 = 0 : FILTER3 = 0 : FILTER4 = 0 : FILTER5 = 0
*------------------------------------------------------------------------------
* F l o w C o n t r o l l e r s
*------------------------------------------------------------------------------
*------------------------------------------------------------------------------
* L a r g e V e r t i c a l Openings (Windows + Doors)
*------------------------------------------------------------------------------
LOPENING WI_DOOR2
DESC = -
```

```
LOTYPE = 1  :  LO1TYPE = 4  :  LOWIDTH = 1.2  :  LOHEIGHT = 2  :  LOEXTRA = 0
CDCLOSE = 0.6  :  CDOPEN = 0.6
CSCL = 0.01  :  EXPNCL = 0.59
FILTER1 = 0  :  FILTER2 = 0  :  FILTER3 = 0  :  FILTER4 = 0  :  FILTER5 = 0
LOPENING  WI_DOOR1
DESC = -
LOTYPE = 1  :  LO1TYPE = 4  :  LOWIDTH = 1.2  :  LOHEIGHT = 2  :  LOEXTRA = 0
CDCLOSE = 0.6  :  CDOPEN = 0.6
CSCL = 0.01  :  EXPNCL = 0.59
FILTER1 = 0  :  FILTER2 = 0  :  FILTER3 = 0  :  FILTER4 = 0  :  FILTER5 = 0
LOPENING  WI_WIN_001
DESC = -
LOTYPE = 1  :  LO1TYPE = 4  :  LOWIDTH = 1.5  :  LOHEIGHT = 1  :  LOEXTRA = 0
CDCLOSE = 0.6  :  CDOPEN = 0.6
CSCL = 0.003  :  EXPNCL = 0.66
FILTER1 = 0  :  FILTER2 = 0  :  FILTER3 = 0  :  FILTER4 = 0  :  FILTER5 = 0
*-----------------------------------------------------------------------------
* T e s t D a t a C o m p o n e n t s
*-----------------------------------------------------------------------------
*
*++++++++++++++++++++++++++++++++++++++++++++++++++++++++++++++++++++++++++++++++
NODETYPES
*++++++++++++++++++++++++++++++++++++++++++++++++++++++++++++++++++++++++++++++++
*
*-----------------------------------------------------------------------------
* E x t e r n a l N o d e s (CP VALUES)
*-----------------------------------------------------------------------------
*REFHEIGHT = 10  :  WINDDIR = 0  90  180  270
ENODE EN_003  :  CONCENTRATION = 1  :  CP = -0.2  -0.2  -0.2  0.8
ENODE EN_004  :  CONCENTRATION = 1  :  CP = -0.2  0.8  -0.2  -0.2
ENODE EN_001  :  CONCENTRATION = 1  :  CP = 0.8  -0.2  -0.2  -0.2
ENODE EN_002  :  CONCENTRATION = 1  :  CP = -0.2  -0.2  0.8  -0.2
REFHEIGHT = 10  :  WINDDIR = 0  90  180  270
*-----------------------------------------------------------------------------
* A u x i l i a r y N o d e s
*-----------------------------------------------------------------------------
ANODE AN_001  :  REFHEIGHT = 0  :  DEFCOND = ON  :  TEMP = 21  :  HUMIDITY = 0.008
ANODE AN_006  :  REFHEIGHT = 0  :  DEFCOND = OFF
ANODE AN_005  :  REFHEIGHT = 0  :  DEFCOND = OFF
ANODE AN_002  :  REFHEIGHT = 0  :  DEFCOND = OFF
ANODE AN_003  :  REFHEIGHT = 0  :  DEFCOND = OFF
ANODE AN_004  :  REFHEIGHT = 0  :  DEFCOND = OFF
ANODE AN_00X  :  REFHEIGHT = 0  :  DEFCOND = OFF
*-----------------------------------------------------------------------------
* T h e r m a l Z o n e N o d e s
*-----------------------------------------------------------------------------
TNODE DINING  :  REFHEIGHT = 0  :  THEIGHT = 3  :  TDEPTH = 4
TNODE STORAGE  :  REFHEIGHT = 0  :  THEIGHT = 3  :  TDEPTH = 4
TNODE KITCHEN  :  REFHEIGHT = 0  :  THEIGHT = 3  :  TDEPTH = 4
```

```
*-------------------------------------------------------------------------------
* W i n d   v e l o c i t y   p r o f i l e
*-------------------------------------------------------------------------------
*
*++++++++++++++++++++++++++++++++++++++++++++++++++++++++++++++++++++++++++++++++
WIND_VELOPROF
*++++++++++++++++++++++++++++++++++++++++++++++++++++++++++++++++++++++++++++++++
*
WINDDIR = 0
VELOEXP = 0.26
*-------------------------------------------------------------------------------
* A i r l i n k   N e t w o r k
*-------------------------------------------------------------------------------
*
*++++++++++++++++++++++++++++++++++++++++++++++++++++++++++++++++++++++++++++++++
AIRLINK_NETWORK
*++++++++++++++++++++++++++++++++++++++++++++++++++++++++++++++++++++++++++++++++
*
LINK DS_001 : ID = 1 : FRNODE = KITCHEN : TONODE = AN_001 : FRHEIGHT = 0 : TOHEIGHT =
0 : WIOWNHF = 0 :
FSCALE = 1
LINK CR_001 : ID = 2 : FRNODE = EN_003 : TONODE = KITCHEN : FRHEIGHT = 0 : TOHEIGHT =
0 : WIOWNHF = 0 :
FSCALE = 1
LINK CR_001 : ID = 3 : FRNODE = EN_004 : TONODE = STORAGE : FRHEIGHT = 0 : TOHEIGHT =
0 : WIOWNHF = 0 :
FSCALE = 1
LINK CR_001 : ID = 4 : FRNODE = EN_004 : TONODE = DINING : FRHEIGHT = 0 : TOHEIGHT = 0
: WIOWNHF = 0 :
FSCALE = 1
LINK CR_001 : ID = 5 : FRNODE = EN_003 : TONODE = DINING : FRHEIGHT = 0 : TOHEIGHT = 0
: WIOWNHF = 0 :
FSCALE = 1
LINK CR_001 : ID = 6 : FRNODE = EN_001 : TONODE = KITCHEN : FRHEIGHT = 0 : TOHEIGHT =
0 : WIOWNHF = 0 :
FSCALE = 1
LINK CR_001 : ID = 7 : FRNODE = EN_001 : TONODE = STORAGE : FRHEIGHT = 0 : TOHEIGHT =
0 : WIOWNHF = 0 :
FSCALE = 1
LINK CR_001 : ID = 8 : FRNODE = AN_006 : TONODE = AN_005 : FRHEIGHT = 0 : TOHEIGHT = 0
: WIOWNHF = 0 :
FSCALE = 0
LINK DS_002 : ID = 9 : FRNODE = AN_001 : TONODE = AN_002 : FRHEIGHT = 0 : TOHEIGHT = 0
: WIOWNHF = 0 :
FSCALE = 1
LINK FA_001 : ID = 10 : FRNODE = AN_002 : TONODE = AN_003 : FRHEIGHT = 0 : TOHEIGHT =
0 : WIOWNHF = 0
: FSCALE = INPUT 1*FAN
LINK WI_DOOR2 : ID = 11 : FRNODE = DINING : TONODE = STORAGE : FRHEIGHT = 0
```

```
: TOHEIGHT = 0 : WIOWNHF = 1
: FSCALE = 0
LINK  WI_DOOR1  :  ID = 12  :  FRNODE = DINING  :  TONODE = KITCHEN  :  FRHEIGHT = 0  :
TOHEIGHT = 0 : WIOWNHF = 1
: FSCALE = 0
LINK DS_003 : ID = 13 : FRNODE = AN_003 : TONODE = EN_001 : FRHEIGHT = 0 :
TOHEIGHT = 0 : WIOWNHF = 0
: FSCALE = 1
LINK DS_003 : ID = 14 : FRNODE = AN_004 : TONODE = KITCHEN : FRHEIGHT = 0 : TOHEIGHT =
0 : WIOWNHF = 0
: FSCALE = 1
LINK DS_002 : ID = 15 : FRNODE = AN_005 : TONODE = AN_004 : FRHEIGHT = 0 : TOHEIGHT =
0 : WIOWNHF = 0
: FSCALE = 1
LINK FA_001 : ID = 16 : FRNODE = AN_006 : TONODE = AN_005 : FRHEIGHT = 0 : TOHEIGHT =
0 : WIOWNHF = 0
: FSCALE = INPUT  0.6*FAN
LINK DS_004 : ID = 17 : FRNODE = EN_001 : TONODE = AN_006 : FRHEIGHT = 0 : TOHEIGHT =
0 : WIOWNHF = 0
: FSCALE = 1
LINK  WI_WIN_001  :  ID = 18  :  FRNODE = EN_002  :  TONODE = DINING  :  FRHEIGHT = 0  :
TOHEIGHT = 0 :  WIOWNHF = 1
: FSCALE = 0
*------------------------------------------------------------------------------
* E n d
*------------------------------------------------------------------------------
END
```

II. 최적화 프로그램 TRNOPT

1. TRNOPT 개요

이 프로그램은 윈도우 운용체계에서 TRNSYS 16 이상의 버전을 필요로 한다.

TRNOPT 버전 16은 LBNL(Lawrence Berkeley National Laboratory)에서 제작된 GENOPT 최적화 알고리즘을 TRNSYS 시뮬레이션 소프트웨어와 결합하기 위해, LLC of Madison, Wisconsin의 Thermal Energy System Specialists에 의해 제작되었다.

TRNOPT는 TRNSYS와 GENOPT 프로그램의 인터페이스 프로그램으로 기능하며, 최적화 과정을 단순화시킨다. TRNOPT의 경우, TRNSYS 시뮬레이션 결과의 전체적인 최적화 과정을 TRNSYS 입력 파일을 선택하고, 결과를 최적화하기 위해 변화하는 변수를 선택하며, 최적화되기 위한 시뮬레이션 결과를 선택하는 것으로 축소하였다.

이 프로그램은 LBNL로부터 사용자 등록을 통해 GENOPT 최적화 엔진을 다운로드해야 한다.

GENOPT는 TRNSYS와 같은 블랙박스 시뮬레이션 프로그램(black-box simulation program)과 연결하여 사용할 수 있도록 LBNL에서 개발한 포괄적인 최적화 알고리즘 (generic optimization algorithm)이다. 그리고 이 프로그램은 자유롭게 다운로드할 수 있으나 사용 권리를 얻기 위해 LBNL에 사용자 등록을 해야 한다.

또한, GENOPT는 사용자 컴퓨터에 'Java run-time executable version'을 함께 설치할 것을 요구한다. 다행히 Java는 프로그램 개발자에게 이 프로그램을 무료로 배포하고 있다. 한편, TRNSYS 16 패키지 내에도 이 파일이 포함되어 있다.

2. 프로그램 설치

다음에 설명되는 각 단계를 통해 TRNOPT, GENOPT 그리고 Java Run-Time Exe-cutable를 설치해야 한다. 이 모든 프로그램이 TRNSYS 입력 파일을 최적화하기 위해 필요한 것이다.

2-1 TRNOPT 프로그램 설치

설치 CD에 포함된 [*Setup_TRNOPT16.Exe*] 파일을 실행한다. 이 프로그램은 사용자 컴퓨터의 하드 드라이브에 TRNSYS와 GENOPT 프로그램의 인터페이스 프로그램인 TRNOPT16 실행 프로그램을 설치할 뿐만 아니라, 메인 TRNSYS 16 디렉토리 내에 Optimization이란 하부 디렉토리를 생성하여 몇 가지 통합 파일(configuration file)을 위치시킨다.

사용자가 TRNOPT를 TRNSYS 16 소프트웨어가 포함된 동일한 디렉토리(typically c:\Program Files\Trnsys16) 내에 설치하는 것은 중요하다. 이렇게 하지 않으면 프로그램 내에 코드화된 TRNSYS의 디렉토리 구조는 최적화 프로그램을 구동시키지 못하는 원인을 제공하게 될 것이다.

사용자 컴퓨터의 운용체계를 통해 TRNOPT는 GENOPT와 접속된다. TRNOPT의 이러한 설치는 사용자 컴퓨터의 시스템 파일 중 어느 것과도 대체될 수 없다. 대부분의 경우 사용자 컴퓨터의 시스템 파일은 TRNOPT와 GENOPT가 함께 작동되도록 허용할 것이다.

그러나 만약 사용자가 TRNOPT를 이용하여 시작한 후 어떤 ocx나 dll 파일과 관련된 에러 메시지가 나타나면, 사용자 시스템 파일에서 생략된 것이 무엇인지 알기 위해 TRNSYS 프로그램 개발자에게 메일을 보낼 수 있다.

2-2   GENOPT 소프트웨어 설치

TRNOPT 버전 16은 GENOPT 버전 2.0과 함께 작동될 수 있도록 고안되었다. 사용자는 인터넷을 이용하여 [http://gundog.lbl.gov/GO/index.html] 사이트에 접속한 후, GENOPT 프로그램에 대한 설명 자료를 읽는다.

[그림 2-1]의 좌측에 download 탭을 클릭한 후, 새로운 화면이 표시되면, GENOPT 프로그램을 다운로드 하기 위해 가장 먼저 [http://gundog.lbl.gov/GO/register.html] 를 통해 사용자 등록을 해야 한다. 그럼 제공된 e-mail 주소를 통해 암호가 주어진다. 이 암호는 사용자 컴퓨터의 하드 드라이브에 압축된 GENOPT 파일을 압축해제할 때 사용된다.

사용자 등록을 마친 후, PDF 형식 또는 PostScript 형식으로 된 GENOPT 문서를 다운 받는다.

[http://gundog.lbl.gov/GO/download/documentation.pdf]

[http://gundog.lbl.gov/GO/download/documentation.ps]

다운로드에 약간의 시간이 소요되므로, GENOPT 문서 특히, 최적화 과정에 대한 중요한 배경 이론에 대한 다양한 알고리즘이 포함된 장을 읽어본다. 이 문서에는 최적화 과정에 대한 다양한 정보와 알아 두면 이로운 많은 내용이 포함되어 있다.

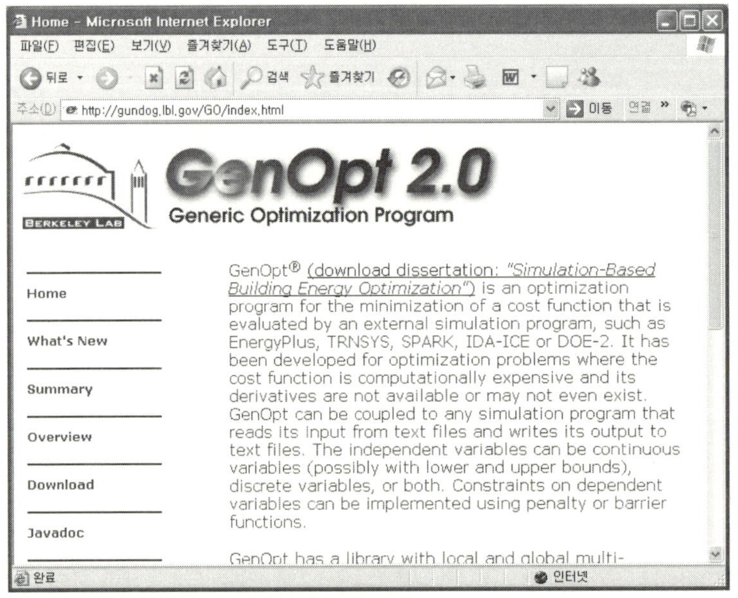

[그림 2-1] GENOPT 다운로드를 위한 웹사이트

문서 다운로드를 마친 후, GENOPT 파일에 대한 ZIP 파일을 다운로드한다.
[http://gundog.lbl.gov/GO/download/go_prg.zip]

한편, LBNL로부터 GENOPT 프로그램의 암호가 포함된 확인 e-mail을 받았는지 확인하고, 이 암호를 적어둔다. 프로그램에 대한 다운로드가 완료되면, 적어둔 암호를 통해 이 파일의 압축을 해제한다. 압축을 해제할 때, 사용자 컴퓨터의 C 드라이브에 [C:\GENOPT] 폴더를 생성하여 이 폴더 내에 압축 해제한 파일이 위치되도록 한다.

이상의 과정을 통해 GENOPT 프로그램이 정확히 설치되었다면, GENOPT 폴더는 [그림 2-2]와 같은 하부 폴더를 포함하게 된다.

왜냐하면, TRNOPT에서 사용되는 메인 GENOPT 디렉토리의 이름이 일반적으로 [c:\GENOPT\go_prg\]이기 때문이다.

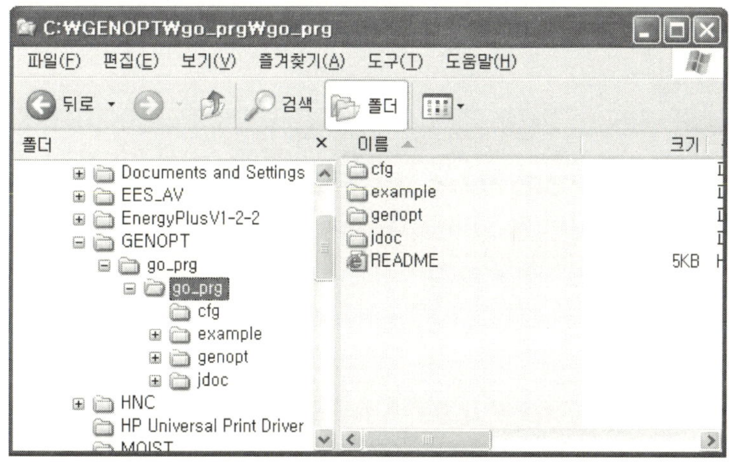

[그림 2-2] GENOPT 프로그램의 일반적인 설치 경로

2-3 Java Run-Time Executable 설치

앞에서 언급되었듯이 TRNOPT를 실행하기 위해 하나 더 필요한 것이 Java Run-Time Executable 프로그램으로 사용자는 이 프로그램을 설치해야 한다. 그러나 TRNSYS 16 설치 프로그램 내에 이 프로그램이 포함되어 있으며, 이것을 설치하거나 또는 GENOPT 웹사이트에서 다운로드한 후 설치하면 된다.

만약 사용자가 사용자 컴퓨터에 이미 설치된 Java Run-Time Executable를 지니고 있지 않다면, 다음의 설치 프로그램을 실행한다.
[Java_Run-Time_Setup_1_4_2_06.Exe]

프로그램 설치 관리자의 지시에 따르면, 이 프로그램은 사용자 컴퓨터에 JRE executable을 설치할 것이다. 기본적으로 이 응용 프로그램은 윈도우 환경에서 [C:\Program Files\Java]에 위치하게 될 것이다.

이 파일 [java.exe]의 위치를 기억하고, 이 정보는 TRNOPT 프로그램에서 사용될 것이며 기본값은 다음과 같다.
[c:\Program Files\Java\j2re1.4.2_06\bin]

2-4 재부팅

이제 필요한 모든 프로그램의 설치가 완료되었으면, 컴퓨터를 재부팅하기 위해 사용 중인 모든 프로그램을 종료한 후 컴퓨터를 다시 시작한다.

3. TRNOPT 기본 설정

시작 메뉴로부터 TRNOPT16 실행 프로그램을 시작하거나, 파일명 또는 아이콘을 더블클릭하여 TRNOPT를 실행한다.

[c:\Program Files\TRNSYS16\Optimization\TRNOPT16.exe]

[그림 3-1] 시작 메뉴를 통한 TRNOPT 프로그램의 실행

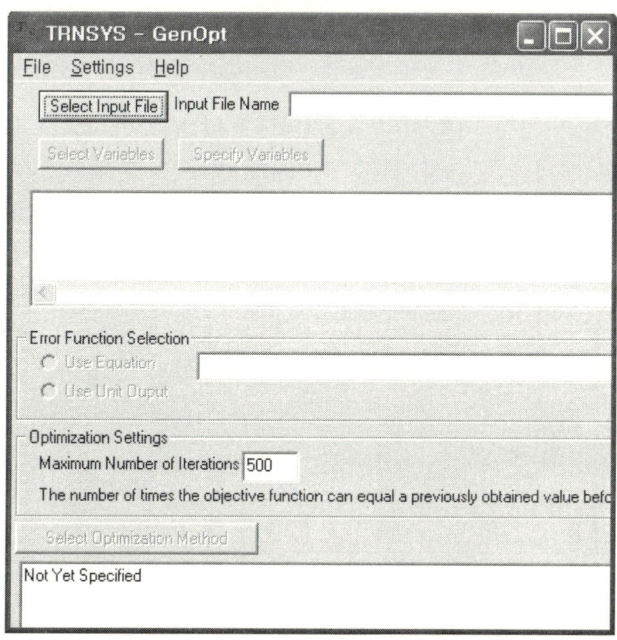

[그림 3-2] TRNOPT 메인 초기 화면

[그림 3-2]와 같은 초기 화면이 나타나고, GENOPT, Java 그리고 TRNSYS에 대한 필요한 경로를 입력해야 하며, 메인 메뉴의 [Settings]를 클릭하면 [그림 3-3]과 같은 경로를 입력하는 창이 화면에 나타난다.

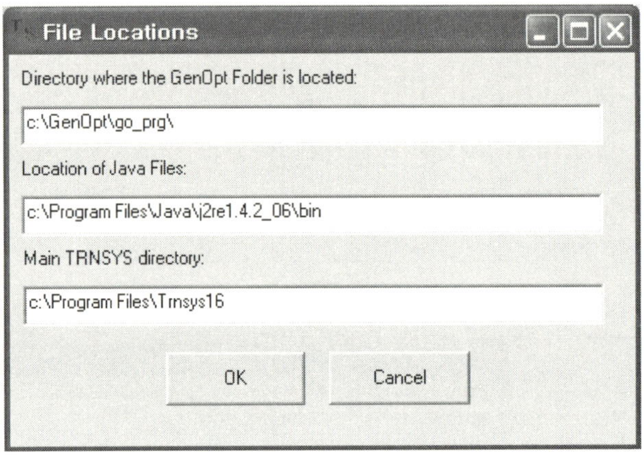

[그림 3-3] Settings 메뉴-경로 지정

그림 [그림 3-3]과 같이 정확한 프로그램 경로를 지정해주면 되고, 대부분 기본값으로 지정되어 있음을 확인할 수 있다.

이때, Java 실행 파일이 [c:\Program Files\Java\2re1.4.2_06\bin\]에 위치하고 있음을 반드시 확인하기 바란다.

- GENOPT 폴더가 위치한 디렉토리 : 이 디렉토리는 일반적으로 GENOPT 프로그램의 압축 파일을 해제한 곳으로 TRNOPT와의 연동을 위해 [C:\GENOPT]에 위치시킬 것을 권장하고 있다. 그리고 이 디렉토리에 GenOpt release note(README.html)가 포함된다.

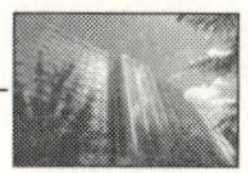

4. TRNOPT 실행

이상의 모든 설정이 완료되면, TRNOPT를 이용한 최적화 과정을 진행할 수 있다. 이 과정은 TRNOPT에서 제공하는 예제를 중심으로 설명이 진행되어 있으며, 이 방법 및 최적화 알고리즘 방법론에 대한 pdf 파일을 통해 숙지할 수 있을 것이다.

4-1 TRNOPT 파일 생성

1. 입력 파일의 선택

TRNOPT 프로그램의 좌측 상단에 [Select Input File] 버튼을 클릭하면, [그림 4-1]과 같이 사용자가 최적화를 원하는 TRNSED 파일이나 TRNSYS 입력 파일을 선택할 수 있는 브라우저 창이 화면에 나타난다.

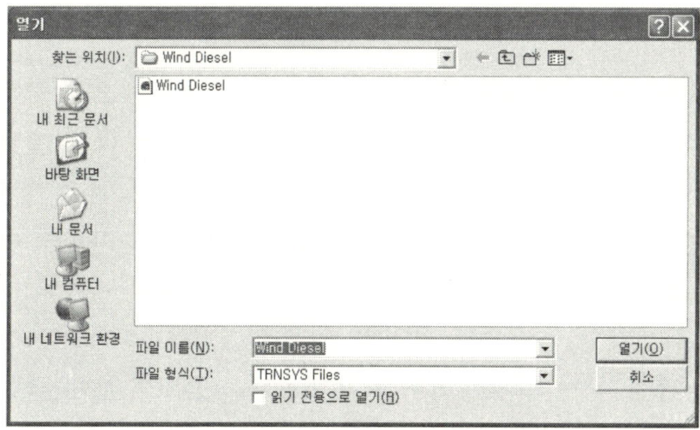

[그림 4-1] TRNSYS 또는 TRNSED 파일 열기 창

원하는 파일을 선택한 다음 [열기] 버튼을 클릭하거나, 그 파일을 더블 클릭하면 선택된다.

2. 최적화를 위한 변수의 선택

일단 입력 파일이 선택되면, Select Variables 버튼을 이용하여 결과의 최적화를 위해 이후의 시뮬레이션에서 조정될 TRNSYS 변수를 선택하는 것으로, [그림 4-2]와 같은 창이 화면에 나타난다.

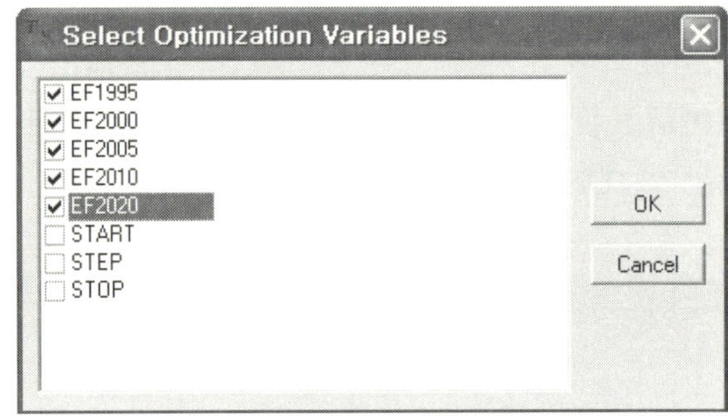

[그림 4-2]   최적화 변수 선택 창

이용 가능한 변수는 선택된 입력 파일에 포함된 변수로 단순한 상수이거나 A = 10과 같은 간단한 방정식이다. 변수의 선택은 마우스를 이용하여 맨 앞의 체크상자를 클릭하여 선택할 수 있으며, 다시 한 번 클릭하면 선택이 취소된다. 선택이 완료되면 [OK] 버튼을 클릭하면 된다.

3. 변수 지정

(1) Specifying Variable Information

일단 최적화 변수가 선택되면, Specify Variables 버튼을 사용하여 최적화에 사용되는 변수 데이터를 설정해야 한다. 변수는 연속 또는 불연속으로써 지정될 수 있다. 연속 변수는 최소값과 최대값 사이의 어떠한 값을 취하는 것이 가능하지만, 불연속 변수는 최소값과 최대값 사이의 일정한 간격을 갖는 값으로써 지정되거나, 입력된 값을 지정하기 위하여 제한된 값으로 지정될 수 있다. 처음 변수를 지정하기 위해 화면 상단의 드롭-다운 상자로부터 변수를 선택한다. 변수에 대한 간단한 기술적인 이름이 선택된 변수명의 바로 아래의 'Display Description' 상자에 입력될 수 있다. 이 설명은 시뮬레이션 과정에서 GENOPT 플롯 윈도우에 사용된다.

이 라디오 버튼은 변수가 연속 또는 불연속인지를 결정하는 데 사용되며, 만약 불연속이라면 이것이 일정한 간격을 갖는지, 또는 사용자가 지정할 것인지를 선택해야 한다. 그러므로 적절한 라디오 버튼을 선택하여 지정한다. 변수의 유형에 기초하여 [그림 4-3]~[그림 4-6]까지와 유사한 형태의 변수 데이터에 대한 정의를 할 수 있는 창의 유형이 나타난다.

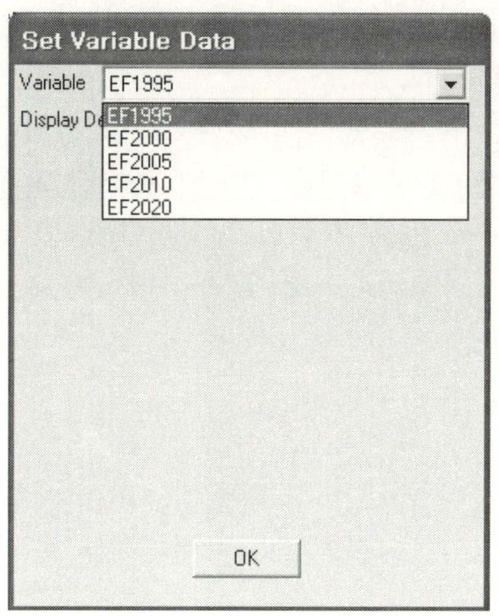

[그림 4-3] 변수 정보 설정 창

[그림 4-4] 선택 예 1

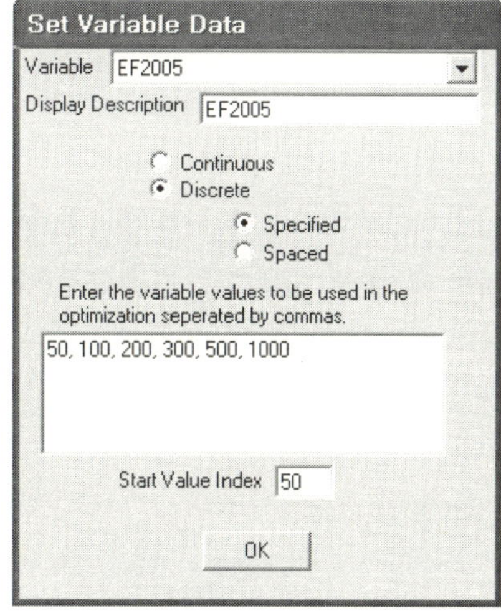

[그림 4-5] 선택 예 2

[그림 4-6] 선택 예 3

(2) 연속 변수의 경우

● Initial Value : 이 변수에 대하여 가장 적합할 것을 추정되는 값이다. 추측이 좋

으면 좋을수록 계산 시간이 단축된다.
- Minimum Value : 시뮬레이션에서 허용되는 변수의 가장 작은 값이다. 보다 자세한 정보는 GENOPT 매뉴얼을 참고하기 바란다.
- Maximum Value : 시뮬레이션에서 허용되는 변수의 가장 큰 값이다. 만약 변수의 범위가 지정되지 않았다면, 예를 들어 변수의 최소값과 최대값은 −9999999 에서부터 9999999까지의 값으로 설정된다.
- Step Value : 초기 추정값으로부터의 증가분을 나타낸다. 특성 길이가 작으면 작을수록 결론에 도달하는 시간은 길어진다. 그러나 전체적으로 큰 특성 길이는 수렴 문제를 야기시킬 수 있다. 또한, 이 값은 선택된 최적화 방법에 따라 서로 다르게 이용되므로, 이 값이 어떻게 사용되는지에 관한 보다 상세한 정보는 GENOPT 관련 문서를 참고하기 바란다.

(3) 지정된 변수가 불연속인 경우

변수로 사용되는 이 값은 콤마로 구분하여 텍스트 상자에 입력되어야 한다. 숫자는 물론 문자도 입력될 수 있다. Start Value Index 상자에 입력되는 이 값에 의해 최적화를 시작하도록 설정한다.

(4) 불연속 일정 간격을 갖는 변수의 경우
- Minimum Value : 시뮬레이션에서 허용되는 변수의 최소값
- Maximum Value : 시뮬레이션에서 허용되는 변수의 최대값
- Number of Intervals : 최적화에서 사용되는 이 값의 계산에 사용되는 최소값과 최대값 사이의 간격 개수
- Start Value Index : 시뮬레이션을 시작하는 데 사용되는 배열에서의 값을 설정
- Linear/Logarithmic : 최소값과 최대값 사이의 값이 선형적 또는 대수적인 간격으로 될 것인지를 지정하는 것으로, 계산되는 값의 유형에 따라 라디오 버튼을 통해 선택한다.

4. 에러 함수의 선택

(1) 에러 함수의 선택(Selecting the Error Function)

라디오 버튼을 통해 시뮬레이션으로부터의 출력 유형을 선택함으로써 최적화 과정 동안에 최소화될 것이다. 사용자는 TRNSYS equation 명이나 TRNSYS 시뮬레이션 입력 파일에 포함된 어떤 컴포넌트 모델로부터의 출력값을 선택할 수 있는 옵션을 갖는다.

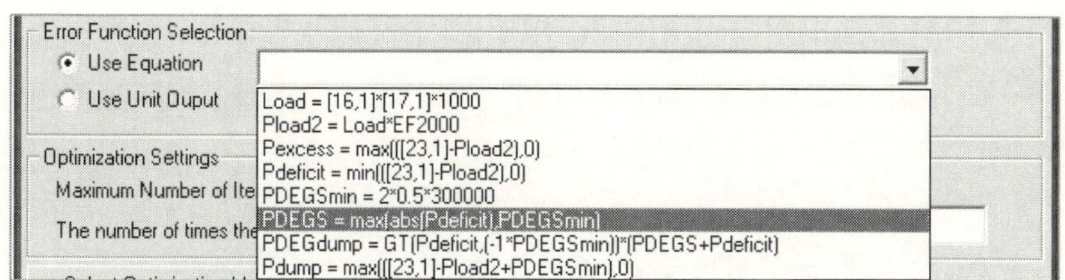

[그림 4-7] Error Function Selection 영역

두 방법 가운데 하나를 선택한 후, combination box control를 이용하여 equation 명이나 현재의 입력 파일로부터 Unit/Type combination을 선택한다. 만약 Unit/Type combination이 선택되면, 최소화 과정에 사용되는 출력 번호를 지정해야 한다.

전형적으로 시뮬레이션으로부터 최적화되는 결과는 integrators 또는 integrator나 summary 컴포넌트로부터의 출력값을 사용하는 equations의 출력값이 될 것이다.

이 값을 통해 최적화 과정을 유도할 수 있도록 적당한 최적화 함수를 선택한다. 다음으로 최적화 설정으로 두 개의 일반적인 설정이 있다. 첫 번째는 최대 반복 횟수이다. 만약 프로그램이 이 값에 도달한다면, 에러 메시지와 함께 멈추게 된다. 두 번째는 프로그램이 멈추기 전에 목적 함수가 이 값으로 되돌아오게 하는 'number of times'이다.

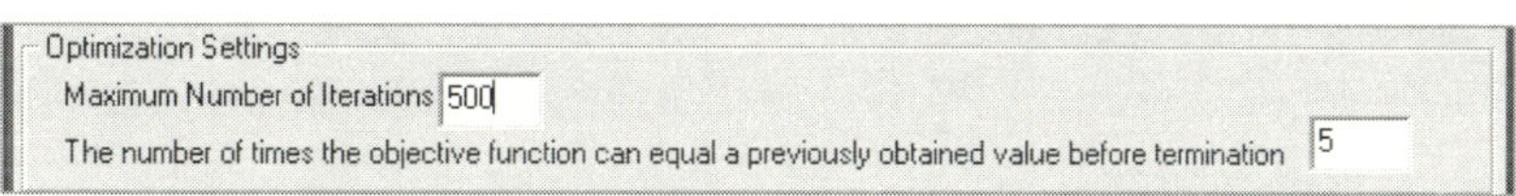

[그림 4-8] Optimization Settings 영역

5. 최적화 기법의 선택

(1) Selecting an Optimization Method

"Select Optimization Method" 버튼을 클릭하면, 사용될 최적화 기법을 선택하는 창이 열릴 것이다. GENOPT에서 이용 가능한 모든 방법이 TRNOPT에서 사용될 수 있다. 그러나 이 선택은 최적화를 위해 선택된 변수의 유형과 개수에 의해 제한될 수 있다. 사용되는 방법은 화면 상단의 drop-down 상자로부터 선택된다. 그림

선택된 방법에 대하여 입력될 필요가 있는 최적화 매개변수가 화면에 표시된다. 예를 들어, 'Coordinate Search Method'가 선택되면, 화면에 다음과 같은 내용이 보일 것이다.

서로 다른 기법에 요구되는 Parameters과 이용 가능한 기법의 전체적인 설명은 GenOpt 문서에 포함되어 있으므로 참고하기 바란다.

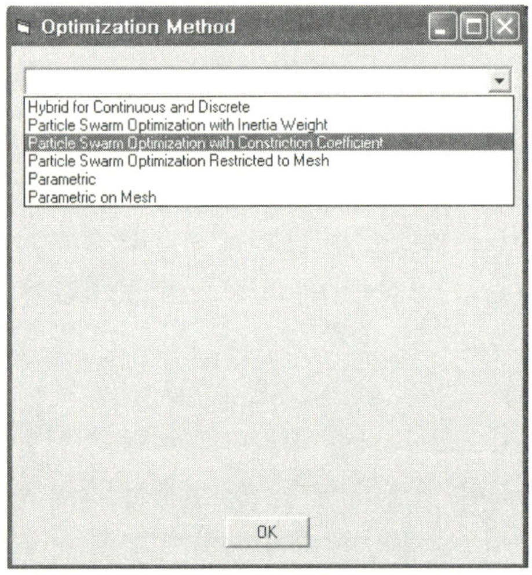

[그림 4-9] 최적화 알고리즘 선택 창

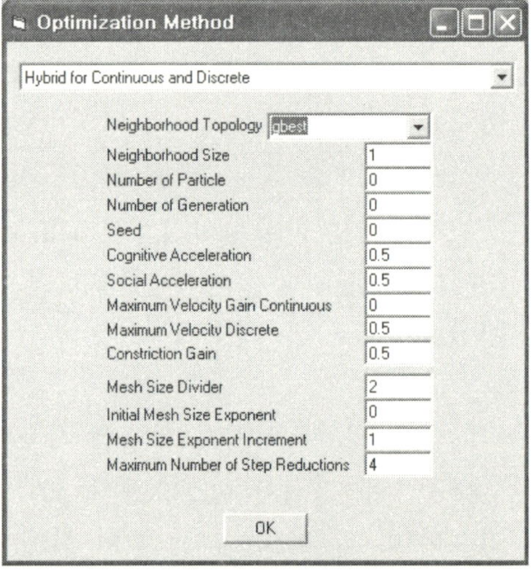

[그림 4-10] 최적화 알고리즘의 입력 창 1

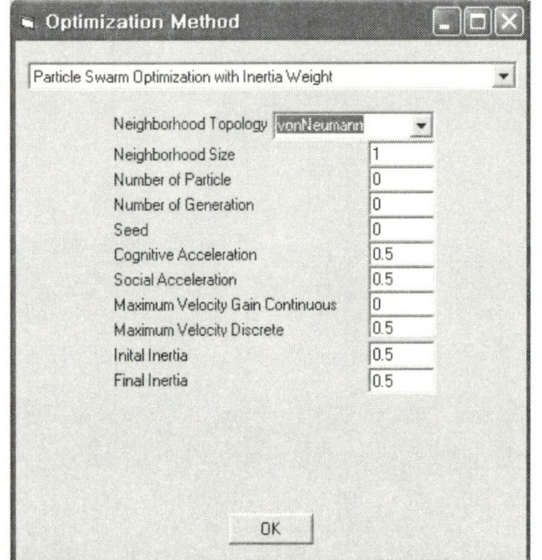

[그림 4-11] 최적화 알고리즘의 입력 창 2

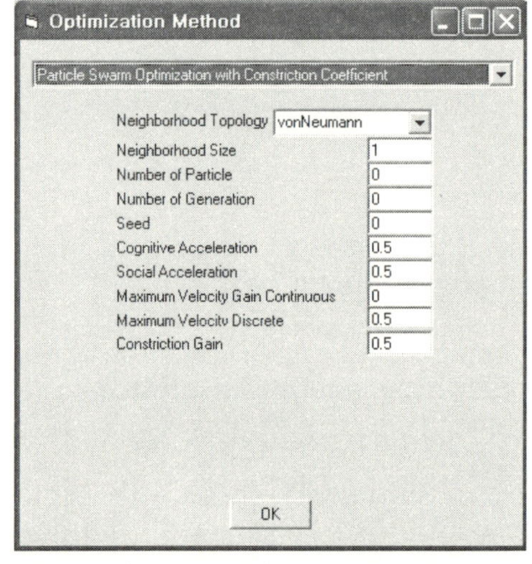

[그림 4-12] 최적화 알고리즘의 입력 창 3

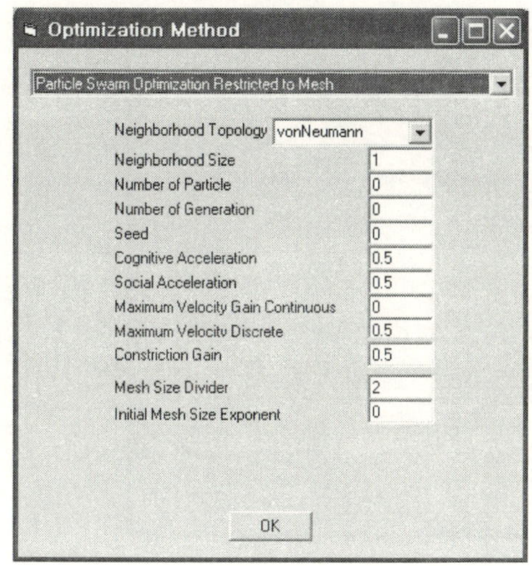

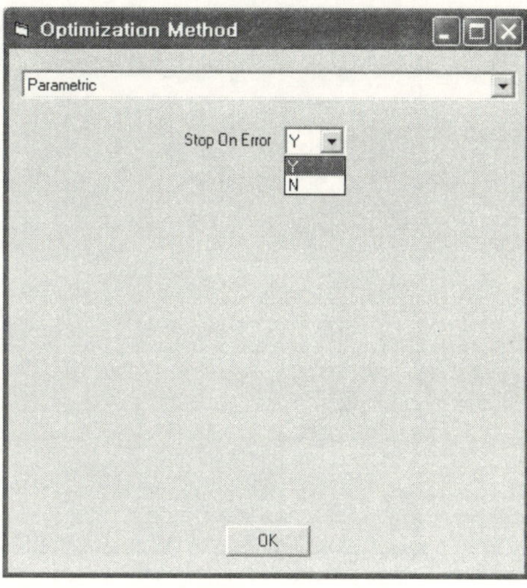

[그림 4-13] 최적화 알고리즘의 입력 창 4   [그림 4-14] 최적화 알고리즘의 입력 창 5

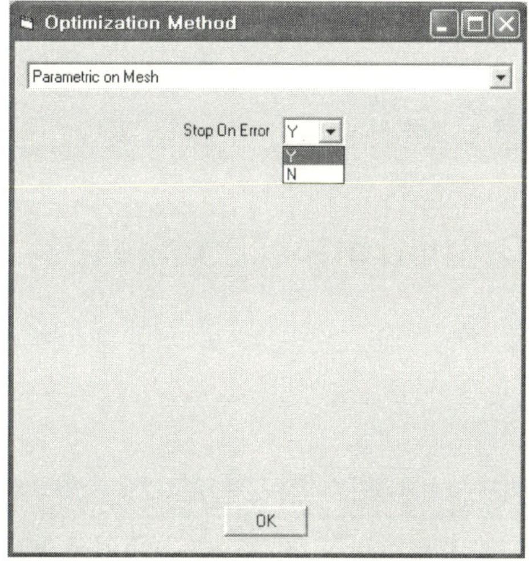

[그림 4-15] 최적화 알고리즘의 입력 창 6

(2) 사용자 최적화 파일의 저장

만약 사용자가 최적화 설정을 저장하고자 할 경우, TRNOPT의 File 메뉴 아래에 위치한 Save 또는 Save As 옵션을 이용하면 된다.

기본값으로 TRNOPT는 확장자 [*.top]를 갖는 파일 형태로 저장하거나, 이 확장자를 갖는 파일을 열도록 설정되어 있다.

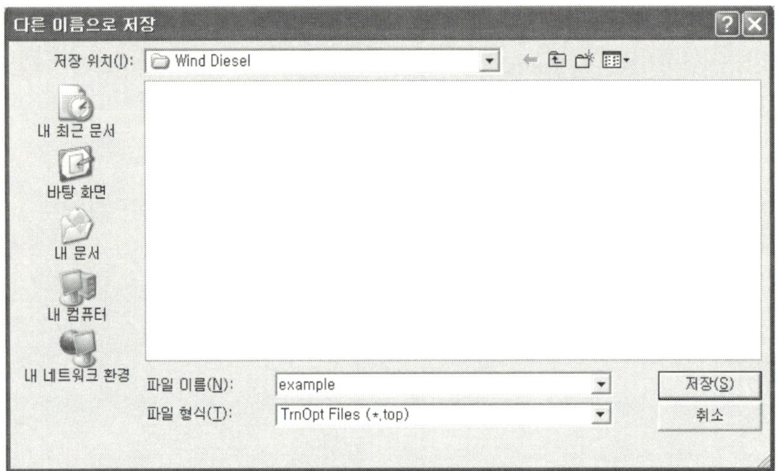

[그림 4-16] Save As 옵션에 대한 저장 창

<table>
<tr><td>**4-2**</td><td>**최적화 파일의 실행**</td></tr>
</table>

1. Starting the Optimization Process

모든 정보가 프로그램에 제공되면, 프로그램의 하단에 위치한 Run Optimization 버튼을 선택한다.

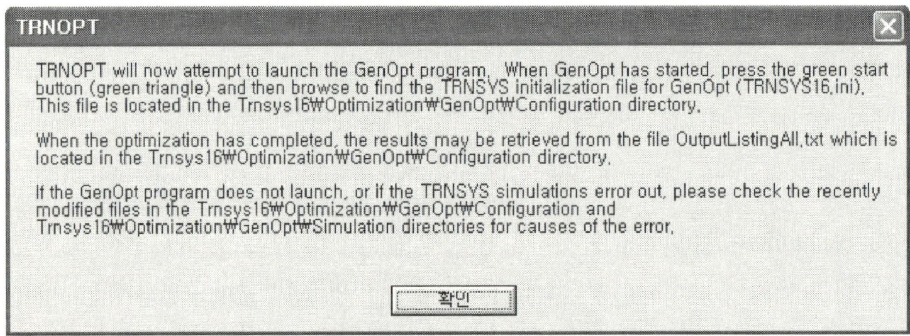

[그림 4-17] 팝업 창

TRNOPT는 약간의 새로운 행을 파일에 추가하고 현재의 입력 파일을 반영함으로써 GENOPT(이 파일은 *TRNSYS16\Optimization\Genopt\Simulation\Template.dck* 에

위치함.)에 대한 새로운 TRNSYS template file을 읽을 것이다. 이 새로운 입력 파일은 GENOPT에 변수가 최적화될 수 있도록 명령하고, Type 758 printer를 위한 명세를 갖는다. 이 프린터는 각 실행이 완료된 후, GENOPT에 의해 입수되는 결과를 지정된 파일에 작성할 것이다. Type 758은 TRNOPT 프로그램이 설치될 때 *TRNSYS16\UserLib* 하부 디렉토리 내에 위치하는 DLL 파일(Type758.dll)에 포함된다. 그런 다음 TRNOPT는 TRNSYS 구성을 위한 GENOPT에 의해 요구되는 몇 가지 파일을 생성하고, GENOPT 프로그램을 호출한 후 멈춘다. TRNOPT 프로그램이 멈추기 바로 직전에 GENOPT을 위한 TRNSYS 초기화 파일(initialization file)을 어떻게 선택할 것인지 그리고 최적화 과정을 어떻게 시작하는지에 대한 몇 가지 사용법이 제공될 것이다.

만약 디렉토리 설정이 TRNOPT에 성공적으로 입력되면, GENOPT 프로그램이 시작될 것이며 메인 GENOPT display screen이 나타날 것이다.

최적화 과정을 시작하기 위해 녹색의 삼각형 아이콘을 클릭하고, *TRNSYS16\Optimization\GenOpt\Configuration* 에 위치하는 TRNSYS 초기화 파일 *TRNSYS16.ini* 를 읽는다.

초기화 파일이 읽혀진 후 GENOPT은 TRNOPT에 의해 작성된 템플릿 입력 파일을 검색할 것이며, 실행을 위한 첫 번째 시뮬레이션을 수행할 때 최적화 변수의 초기값을 가지고 TRNSYS 입력 파일을 생성할 것이다. GENOPT 프로그램은 새로운 입력 파일을 갖는 TRNSYS 실행 프로그램의 호출을 시도할 것이다. 만약 에러가 나타나거나 이 프로그램이 실행되지 않으며, 이 문제의 원인에 대하여 *GENOPT.log* 파일과 TRNSYS 목록 파일인 *TRNGEN.LST* 파일을 검토하면 된다.

만약 아무런 문제가 없다면 GENOPT은 TRNSYS가 종료될 때까지 기다릴 것이며, TRNSYS error file로부터 결과를 평가할 것이고, 사용자 지정 오차에 error function 이 수렴할 때까지 이 과정을 반복하고 최적 변수로써 값을 추정할 것이다. 이 방법에 따라 사용자는 GENOPT의 plot window 내의 error function의 결과와 최적화된 변수에 관하여 주의하여 평가해야 한다.

5. 결과 분석

● Review the Results

최적화 과정이 완료된 후 프로그램은 발견된 error function의 최소값을 표시할 것이다. 그러나 이것이 이 error의 최소값이 되지 않을 수 있다. 왜냐하면, 최적화 프로그램은 국소적인(local) 최소값에 빠질 수 있으며, 전반적인(global) 최소값을 발견하지 못할 수 있기 때문이다.

그러므로 사용자는 만약 유사한 답이 얻어지는 것을 확인하기 위해 다른 초기점 (initial point)에 대한 최적화를 재시도할 필요가 있다.

GENOPT은 분석 결과를 포함하는 *OutputListingAll.txt* 와 *OutputListingMain. txt*의 두 파일을 생성한다.

이들 파일은 모두 기본적으로 *TRNSYS16\Optimization\GenOpt\Configura- tion*\디렉토리에 위치된다. 그리고 이들 파일은 최적화 과정에 취해진 조치와 발견 된 결과 그리고 실행에 대한 일람표를 포함한다.

6. 사용자를 위한 Tips

1. Turn Off the Online Plotter and Completion Display Indicator in TRNSYS so that the TRNSYS program runs in the background and does not keep taking control every time a new iteration begins.

2. To Maximize results instead of Minimize results, simply create an equation in the TRNSYS input file that subtracts the minimized function from a large number.

3. The user should generate the input file from the project just before starting TRNOPT such that the latest changes to the project are contained in the input file.

4. Provide reasonable initial values and ranges for the variables. For example, allowing the collector area to go below zero will cause a TRNSYS error and the optimization process will be halted.

5. The user must provide simple equations (ie A = 10) in the input file for the variables that will be used in the optimization process. These simple equations should then be used throughout the simulation where appropriate as parameters and constant inputs through the use of the 'string' variable type.

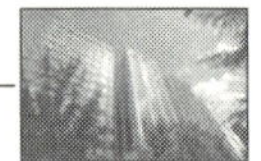

7. 예제 설명

　　TRNOPT 프로그램의 사용법을 설명하기 위한 간단한 예제가 제공된다. Simulation Studio를 전혀 사용하지 않고 이 예제를 사용자가 실행시킬 수 있는 반면에, 사용자 대부분은 이들 시뮬레이션의 생성을 위해 studio program을 이용할 것이라고 판단되기 때문에 이 예제는 Simulation Studio를 활용하게 될 것이다.

　　예제를 시작하기 위해 TRNOPT 예제 프로젝트를 연다. 기본값으로 이 프로젝트는 [TRNSYS16\Optimization\Example] 디렉토리에 포함될 것이며, 파일명은 [Example.tpf]이다. 이 예제 프로젝트를 불러오면 시스템은 화면에 [그림 7-1]과 같이 표시될 것이다.

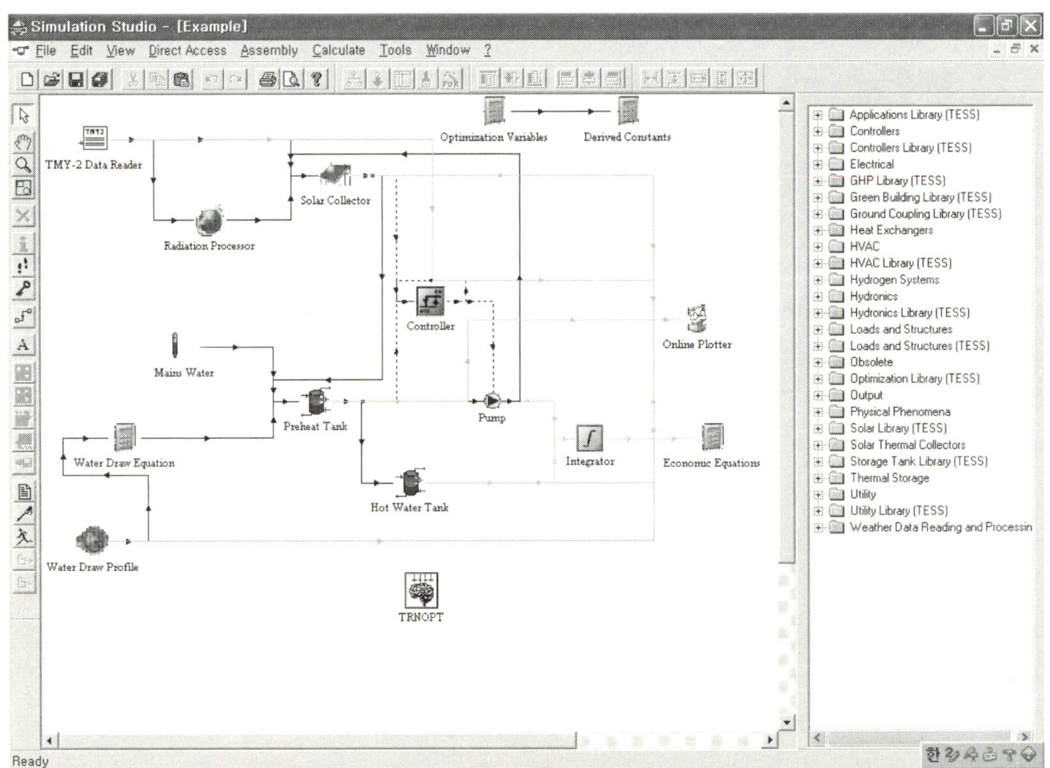

[그림 7-1]　최적화 프로그램의 설명을 위한 예제 파일

이 예제는 가정용 2-탱크 태양열 급탕 시스템에 대한 최적화 과정을 설명한다. 이 예제에서 태양열 집열판의 경사와 크기 그리고 예열 저장 탱크(preheat storage tank)는 시스템의 최저 생애 주기 비용(life cycle cost)을 찾기 위해 조정될 것이다. 넓은 집열 면적과 탱크 크기는 온수 탱크에 위치한 보조 난방기기 사용량을 감소시킬 것이나, 이 절감액이 집열기와 예열 탱크의 높은 초기 비용과는 대비될 것이다.

그러므로 먼저 앞에서 제공된 시스템 정보와 모델을 재검토하는 시간을 갖길 바란다.

7-1 트랜시스 컴포넌트 구성

1. Optimization Variables

이 Equation은 집열기 면적의 값(AREA_COLL), 예열 탱크의 크기(VOL_TANK) 그리고 태양열 집열기의 경사 각도(SLOPE_COLL)를 설정하는 데 사용된다. 이러한 변수는

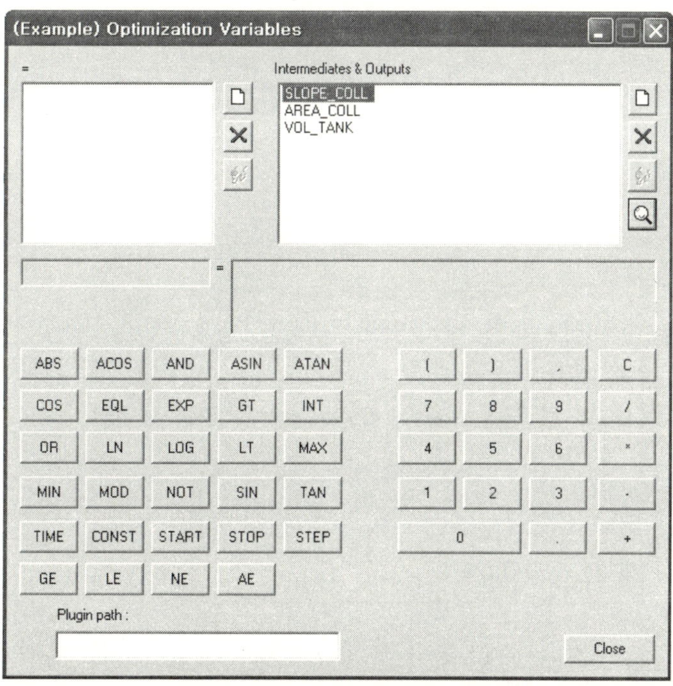

[그림 7-2] 최적화 변수 설정 창

태양열 집열기 모델, 일사 프로세스 모델 그리고 저장 탱크 모델에 대한 매개변수로써 사용된다.

TRNOPT는 이러한 변수들을 통해 20년 동안의 최소 비용에 대한 시뮬레이션 결과를 유도할 것이다.

2. Derived Constants

이 방정식은 집열기의 현 상태의 크기에 근거한 집열 펌프에 대한 유량을 계산한다.

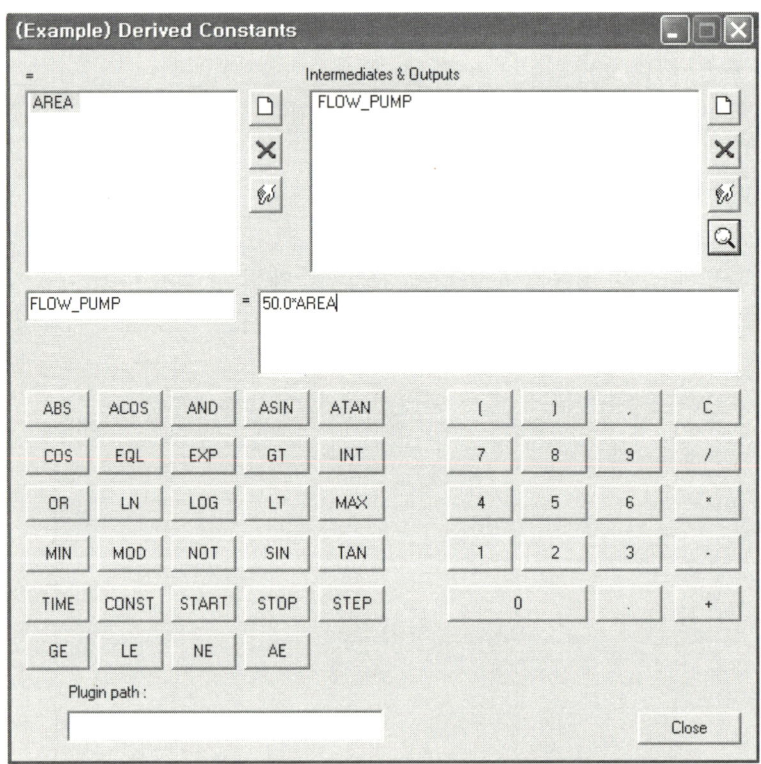

[그림 7-3] Derived Constants 입력 데이터

3. TMY-2 Data Reader

TMY 2 기상 정보는 시뮬레이션을 유도하기 위해 사용되며, 본 예제에서는 Colorado 주의 Boulder 지역의 기상 자료를 사용한다.

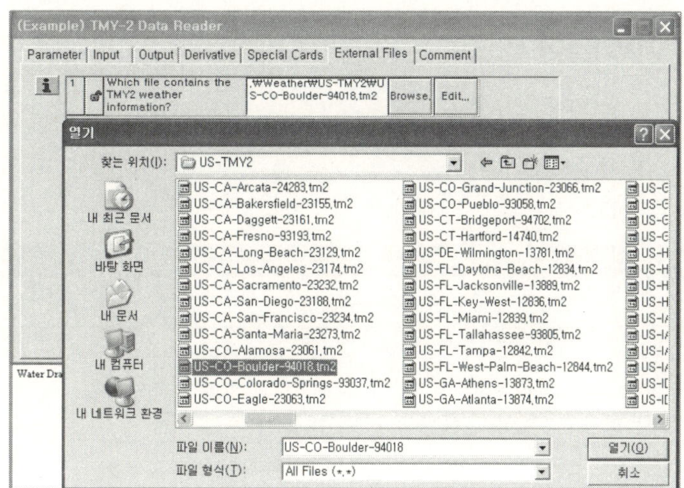

[그림 7-4] 사용될 기상 데이터의 선정

4. Radiation Processor

일사 프로세스는 정남향을 면하고 있으며, 최적화 알고리즘에 의해 지배를 받는 경사면(각 실행 단계에서는 상수값)에 대한 고정된 집열기의 면에서의 이용 가능한 일사량을 계산한다.

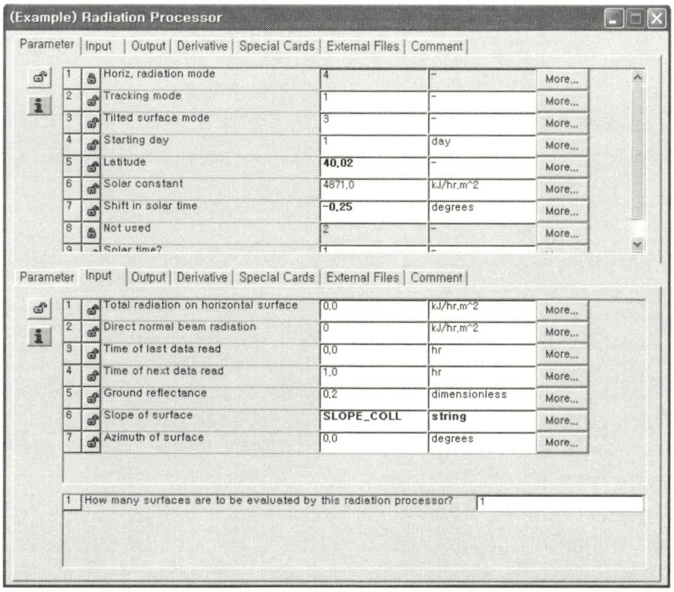

[그림 7-5] Solar Radiation Processor 입력 데이터

5. Solar Collector

평판형 태양열 집열기는 열원으로 이용된다. 단일 커버 집열기에 대한 대표적인 매개
변수가 이 모델에서 사용된다.

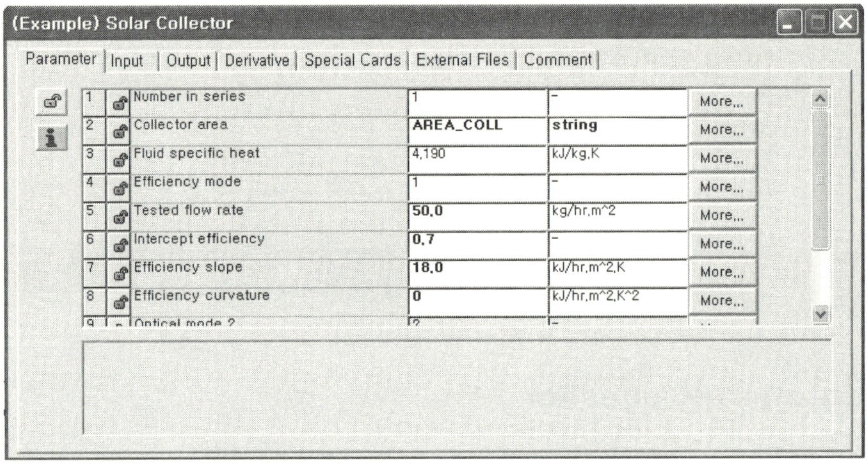

[그림 7-6] Solar Collector 입력 데이터

6. Controller

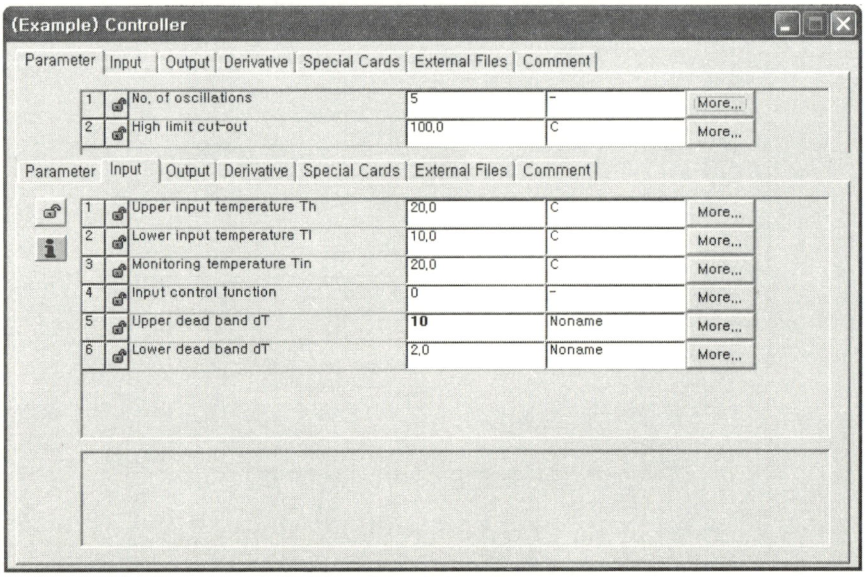

[그림 7-7] Controller 입력 데이터

On/Off 제어기(differential controller)는 집열기의 출구온도가 예열 탱크의 바닥쪽 온도보다 10℃ 이상 높을 때 펌프를 가동하는 데 사용된다.

만약 집열기 출구온도가 예열 탱크의 바닥쪽 온도보다 단지 2℃ 이내로 떨어지거나, 저장 탱크의 온도가 100℃에 접근하게 되면 이 펌프는 이용할 수 없다. 즉, 가동을 멈추게 된다.

7. Pump

정속 펌프 모델(constant speed pump model)은 작동 유체를 태양열 집열기와 예열 저장 탱크에 공급한다.
유체의 유량은 집열판 배열(collector array)의 크기에 대응하여 제어되는 것으로, 단위 집열 면적당 일정한 질량 유량을 제공하게 된다.

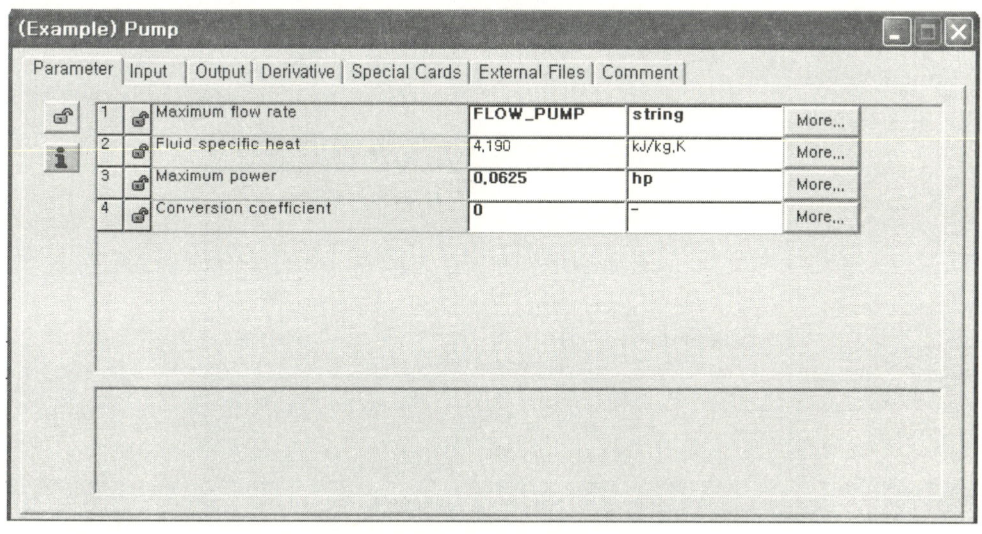

[그림 7-8] Pump 입력 데이터

8. Mains Water

강제 함수 모델(forcing function model)은 저장 탱크에 시간별 메인 물 온도를 제공하는 데 사용된다.
이 강제 함수는 월별 메인 물 온도의 출력된 값에 의존한다.

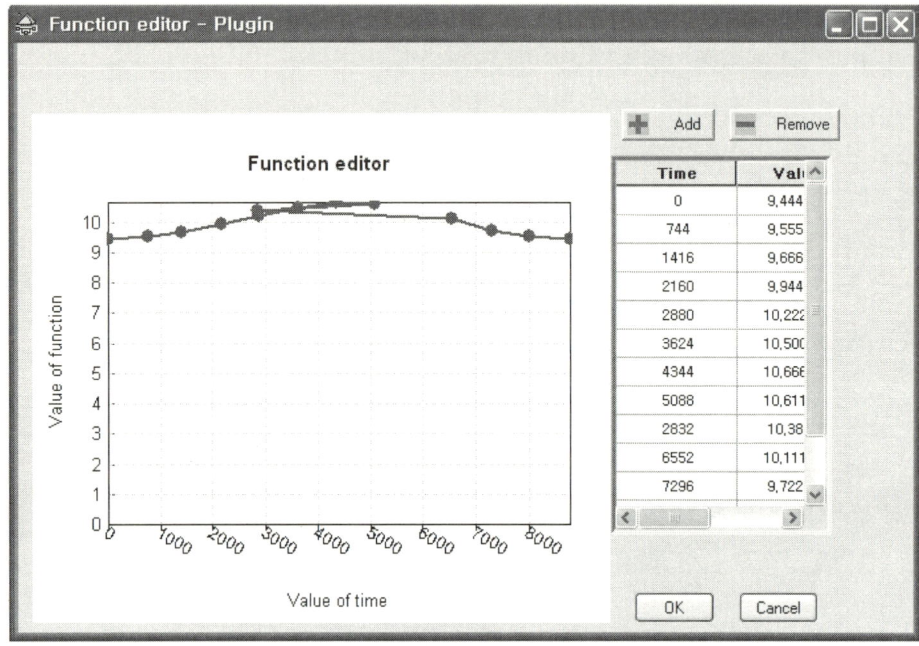

[그림 7-9] Mains Water 입력 데이터

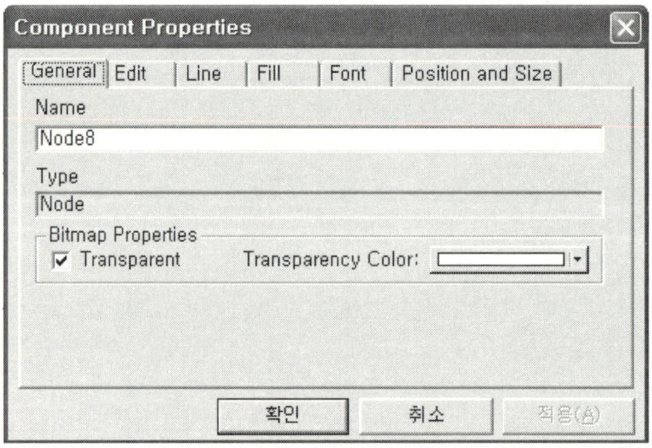

[그림 7-10] 컴포넌트 속성 창

9. Water Draw Profile

강제 함수 모델은 일별 온수 소비량의 스케줄을 제공하는 데 이용된다. 이 스케줄은 하루당 전체 64갤런의 시간별 분포에 기초한다.

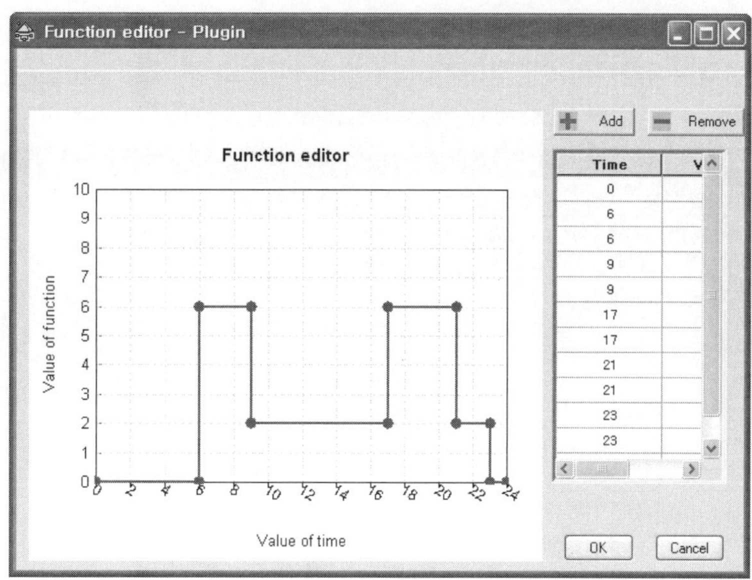

[그림 7-11]   Water Draw Profile 설정 창

10. Water Draw Equation

이 방정식은 물을 빨아들이는 [gallons/h]를 [kg/h]의 단위로 바꿔준다.

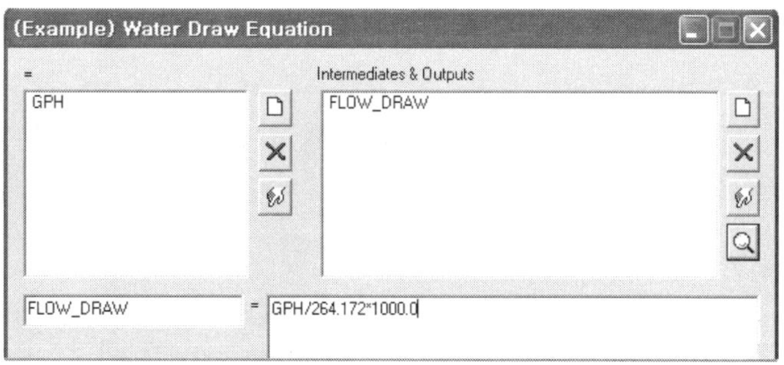

[그림 7-12]   Water Draw Equation 설정 창

11. Preheat Tank

이 일정한 체적의 저장 탱크는 2-탱크 시스템에 대한 예열 탱크로써 작용한다. 열손실은 탱크 전체에 걸쳐 일정한 것으로 가정되므로, 여기에는 보조 난방 장치가 없다. 저장 탱크의 바닥쪽에서 저온의 물이 유입되며, 저장 탱크의 상부에서 2번째 탱크로 흘러

들어간다. 더운 집열기 유체는 예열 탱크의 상부에서 유입되며, 집열기를 순환하여 탱크의 바닥쪽으로 빠져나간다.

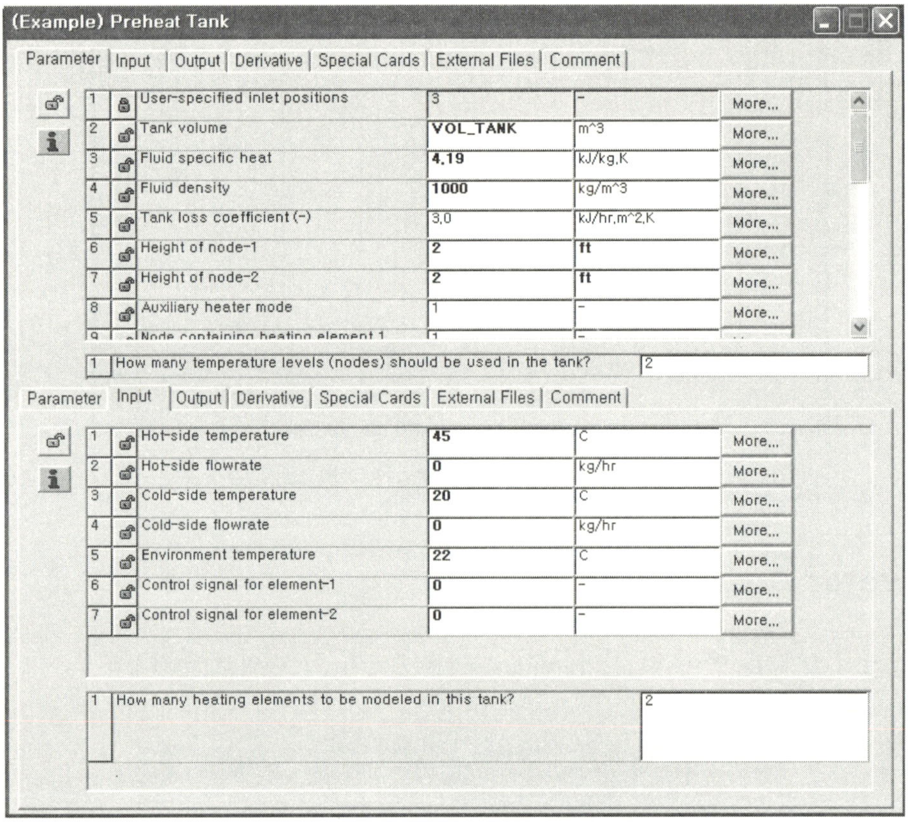

[그림 7-13] Preheat Tank 입력 데이터

12. Hot Water Tank

이 일정한 체적의 저장 탱크는 2-탱크 시스템의 고온 탱크로써 작동한다. 열손실은 탱크 전체에 걸쳐 일정한 것으로 가정되며, 여기에는 2개의 보조 난방장치가 있다. 첫 번째 보조 난방기기는 탱크의 상단 1/2 지점의 온도가 55℃가 되도록 조절하기 위한 4.5 kW의 난방기이다. 두 번째 보조 난방기기는 저장 탱크의 하단 1/2 지점의 온도가 45℃가 되도록 조절하기 위한 4.5 kW의 난방기이다.

예열 탱크의 상부로부터 따뜻한 물이 탱크의 바닥쪽에 유입되고, 온수(급탕) 부하(hot water load)에 대응하기 위해 저장 탱크의 상부쪽으로 흘러간다.

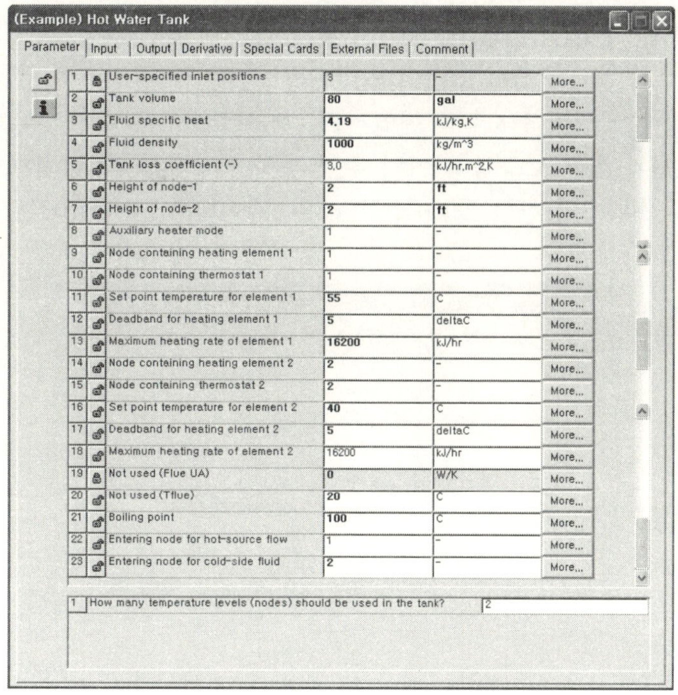

[그림 7-14] Hot Water Tank 입력 데이터

13. Integrator

이 컴포넌트는 온수 저장 탱크에서의 펌프와 보조 난방기에 대한 에너지 소비량을 통합하고, 이 값을 경제성 분석쪽으로 제공한다.

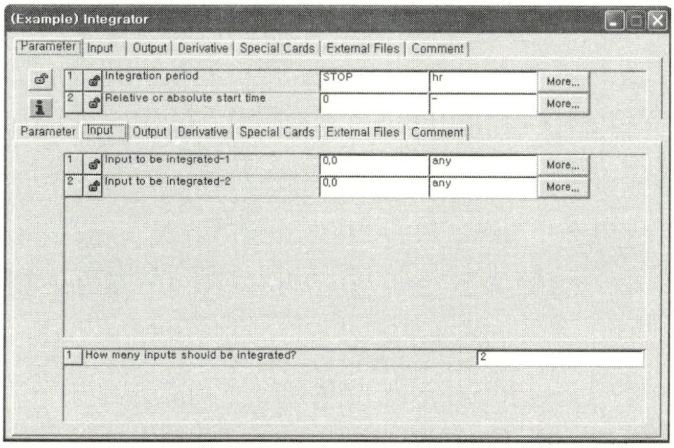

[그림 7-15] Integrator 입력 데이터

14. Economic Equations

이 방정식 모음은 집열기($/m^2$)와 예열 저장 탱크($/m^3$)에 대한 1차 비용 정보를 제공한다. 그리고 전기 이용 요금과 기기의 수명 또한 제공된다. 최종적으로 이 방정식은 태양열 집열기 시스템의 간단한 생애 주기 비용(COST_SOLAR)을 계산한다.

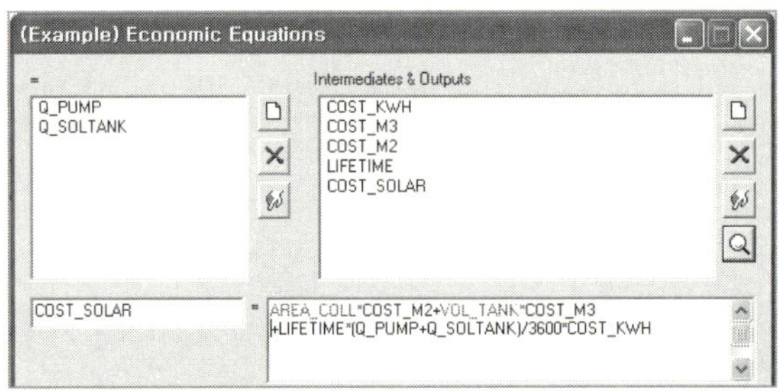

[그림 7-16] Economic Equations 설정 창

그 외 COST_KWH = 0.1, COST_M3 = 750, COST_M2 = 400 그리고 LIFETIME = 20이다.

15. Online Plotter

시간의 함수로써 온수 측의 질량 유량과 시스템의 온도를 화면에 그래프로 나타낸다.

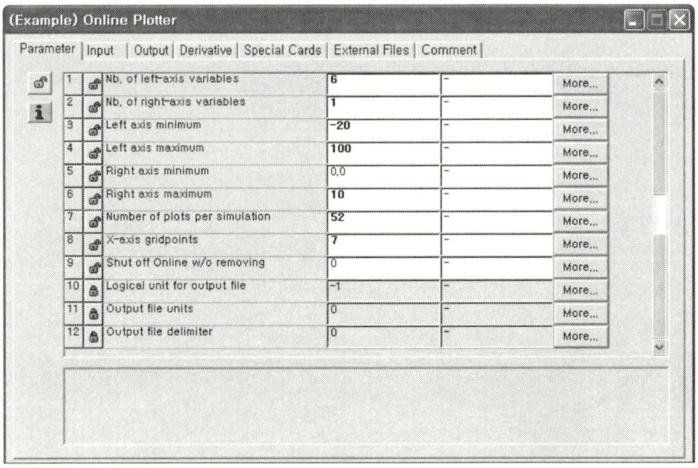

[그림 7-17] Online Plotter 입력 데이터

16. TRNOPT

IISiBat으로부터 TRNOPT를 시작하는 방법을 제공하기 위해서는 IISiBat 플러그-인 특징을 사용해야 한다.

사용자가 위의 시스템에 관하여 충분히 이해하였다면, Studio에서 'generate input file button' ▣ 버튼을 클릭하거나, [그림 7-18]과 같이 Calculate 메뉴의 'Create input file' 명령을 실행하면, 가장 최근의 시스템 정보가 텍스트 입력 파일에 표현된다.

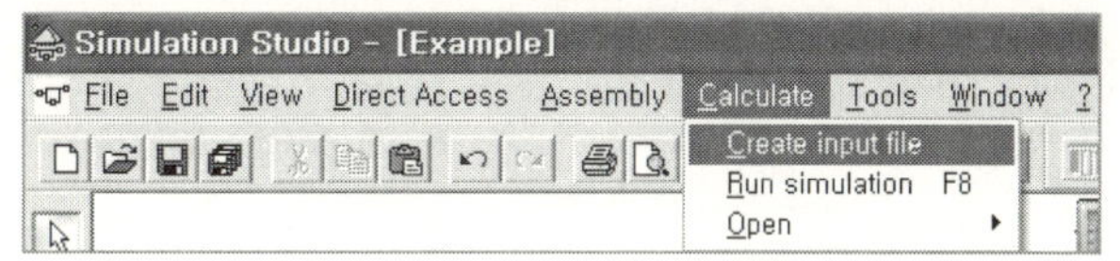

[그림 7-18] 입력 파일 생성 방법

그럼 Studio는 입력 파일을 생성할 것이다. 이 입력 파일의 위치는 TRNSYS Control Cards 내의 정보에 의해 지시된다.

한편, 이 Control Cards는 'control cards' 버튼 ▤을 클릭함으로써 접근될 수 있다. 전체 경로에 대한 정보가 제공되지 않으면, 입력 파일은 프로젝트 파일을 포함한 디렉 토리에 작성된다.

기본값으로 입력 파일은 [TRNSYS16\Optimization\Example\Example.dck]에 저장 될 것이다.

프로젝트에 위치한 TRNOPT 아이콘 을 더블 클릭한다.

7-2 TRNOPT

1. TRNOPT를 통한 최적화

사용자 설정에 의존하여 TRNOPT 프로그램은 자동적으로 시작되거나, TRNOPT 모델 의 Proforma가 표시될 것이다. 만약 TRNOPT 응용 프로그램이 자동적으로 시작되지

않으면, 이 응용 프로그램의 시작을 위해 Proforma 창의 parameters 탭에 위치한
'plug-in' 아이콘을 간단히 클릭하면 된다.

한편, TRNOPT가 제대로 시작되면, 이 응용 프로그램은 [그림 7-19]와 유사하게 화
면에 나타날 것이다.

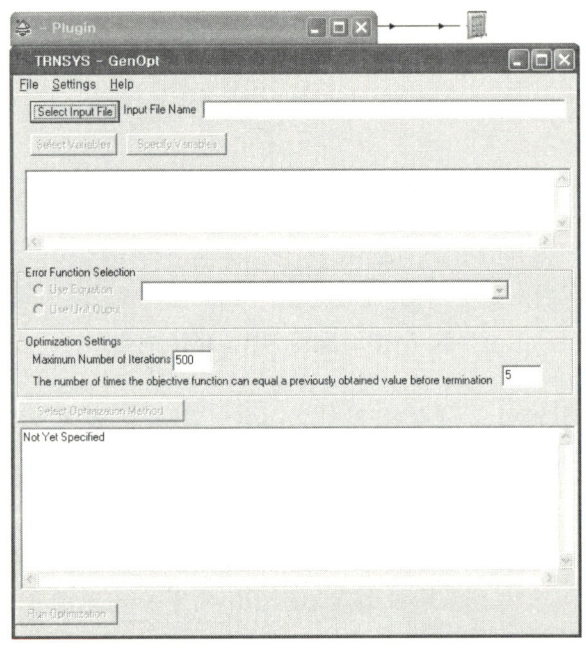

[그림 7-19] TRNOPT 실행 화면

'Settings'이 제대로 지정되었는지 앞에서 설명한 내용을 중심으로 다시 한 번 확인
한다.

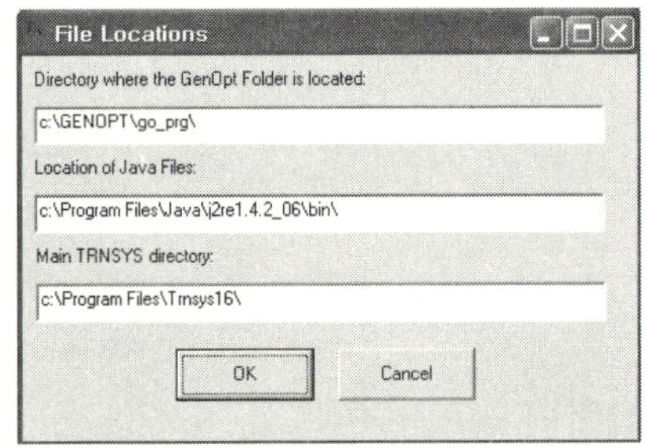

[그림 7-20] TRNOPT 설정 창

[그림 7-19]의 Select Input File 버튼을 클릭하면, 최적화 파일을 열 수 있게 하는 브라우저

창이 나타나고, 이 창은 사용자가 최적화를 희망하는 TRNSYS 입력 파일 또는 TRNSED 파일을 선택할 수 있도록 한다. [그림 7-21]과 같이 원하는 파일을 선택한 후, [열기] 버튼을 클릭하거나, 이 파일을 더블 클릭하면 된다. 본 예제의 경우, 기본값으로 이 입력 파일은 다음과 같다.

[TRNSYS16\Optimization\Example\Example.dck]

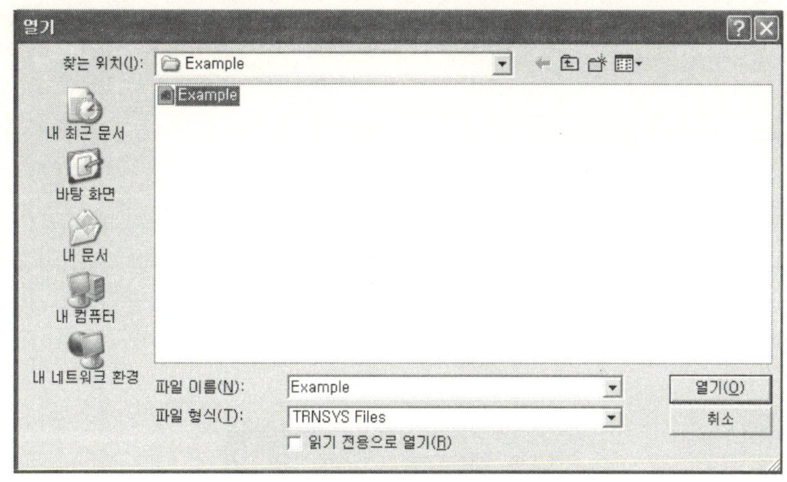

[그림 7-21] 예제 파일 열기

일단 입력 파일이 선택되면, Select Variables 버튼을 사용하여 결과의 최적화를 위해 다음 시뮬레이션에서 조정될 수 있는 TRNSYS 변수를 선택한다. [그림 7-22]와 같이 변수명 앞에 위치한 체크상자를 클릭함으로써 변수를 선택할 수 있다. 이때 선택을 취소하고자 할 경우에는 다시 한 번 마우스로 선택한 변수를 클릭하면 된다.

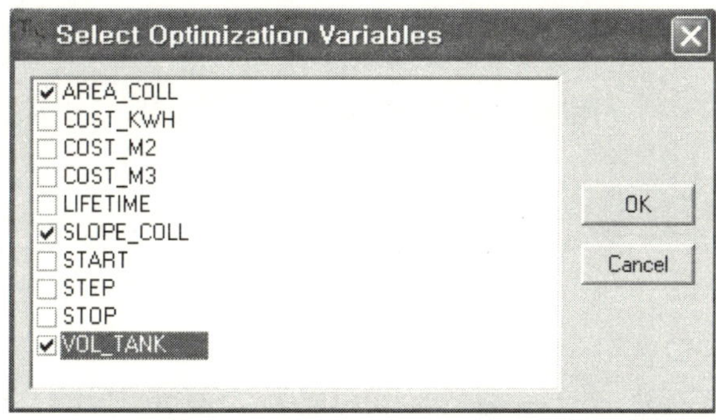

[그림 7-22] 최적화 변수의 선택

이 예제의 경우, [그림 7-22]와 같이 'AREA_COLL', 'VOL_TANK' 그리고 'SLOPE_
COLL'를 선택한 후 계속 진행하기 위해 [OK] 버튼을 클릭한다.

[그림 7-23] 선정된 최적화 변수의 표시 → 변수 지정

일단 최적화 변수가 선택되면, [그림 7-23]의 'Specify Variables' 버튼을 이용하여
최적화에 사용되는 변수 데이터를 설정해야 한다. [그림 7-24]와 같이 먼저 변수를 지
정하기 위해 드롭-다운 상자로부터 변수를 선택해야 하며, 앞에서 최적화를 위해 선택
한 변수가 모두 여기에 포함된 것을 확인할 수 있을 것이다. 선택한 변수명 바로 아래의
'Display Description' 상자에 변수에 대한 간단한 설명이 입력될 수 있다. 이 설명은 시
뮬레이션이 진행되는 동안 GENOPT 플롯 창에서 사용된다.

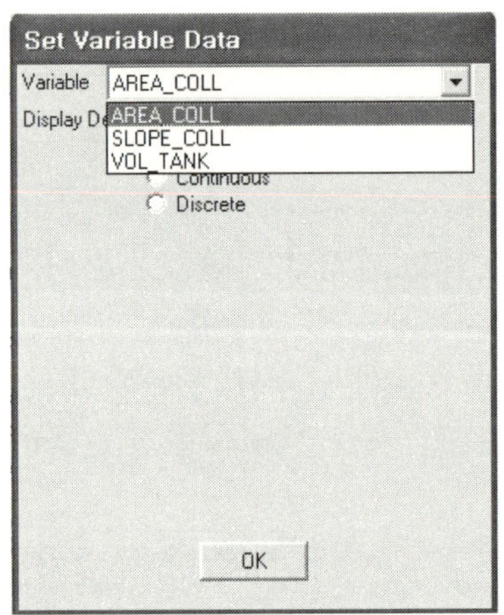

[그림 7-24] 변수 데이터 설정창

본 예제의 경우 다음과 같이 입력한다.
"we'll assume that the tank size, collector area and collector slope are
continuous variables(infinitely adjustable in size)."
실제로 집열기의 크기와 탱크는 일반적으로 이용 가능한 크기로 제한되며, 불연속 변
수로 사용될 수 있다. 여기서, 집열기의 크기는 0.0001에서 $40 \ m^2$ 로 제한할 것이며, 탱

크의 체적은 0.0001에서 99 m^{3}로 제한할 것이다. 그리고 집열기의 경사는 수평면(0°)부터 수직면(90°)까지로 한다. 이상의 세 변수의 설정은 다음 [그림 7-25]~[그림 7-27]과 같다.

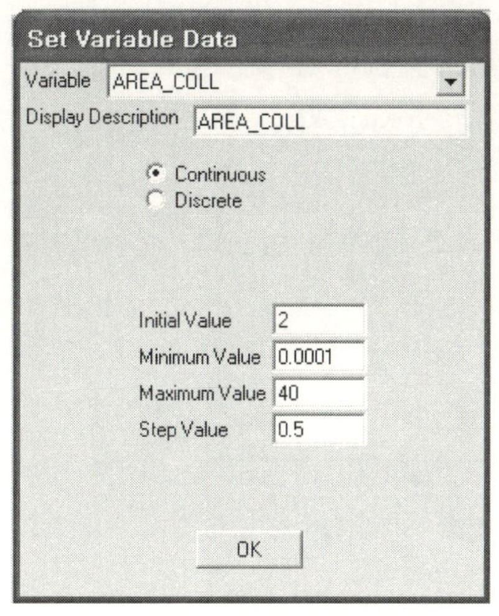

[그림 7-25] 집열기 면적 설정 창

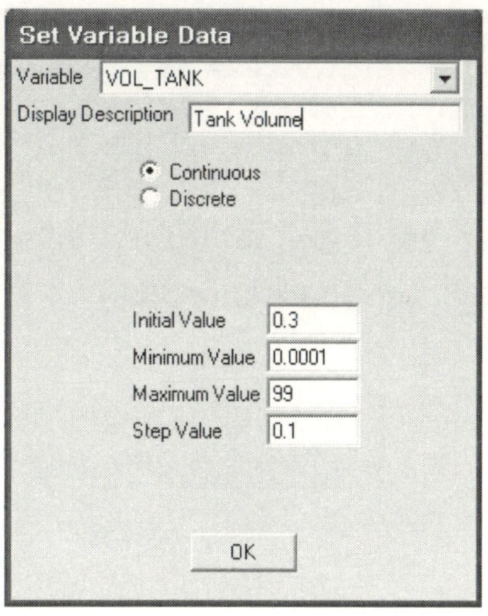

[그림 7-26] 탱크 체적 설정 창

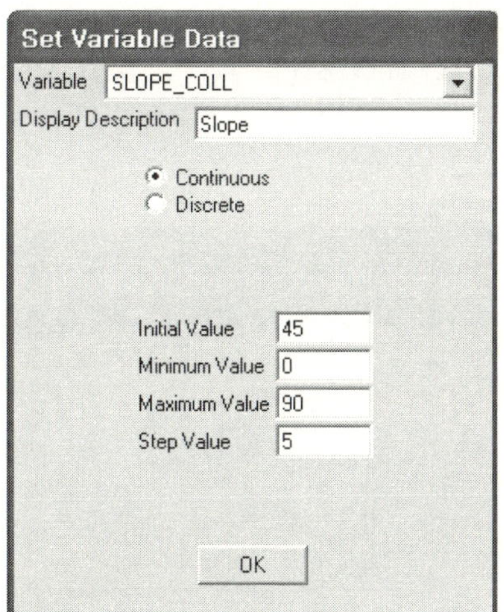

[그림 7-27] 집열기 경사 설정 창

시뮬레이션으로부터의 출력 유형을 선택하는 라디오 버튼을 이용하여 최적화 과정을 최소화할 수 있을 것이다. 본 예제의 경우, 간단한 LCC는 방정식에 의해 계산되며 오류 함수로써 이 방정식을 사용할 것이다.

[그림 7-28]과 같이 사용자의 화면을 일치시켜 입력 파일에서 정확한 방정식을 선택한다.

[그림 7-28] 에러 함수 선택 창

[그림 7-29]와 같이 두 종류의 일반적인 최적화 설정이 있으나, 여기에서는 이들 기본 설정은 그대로 남겨둘 것이다.

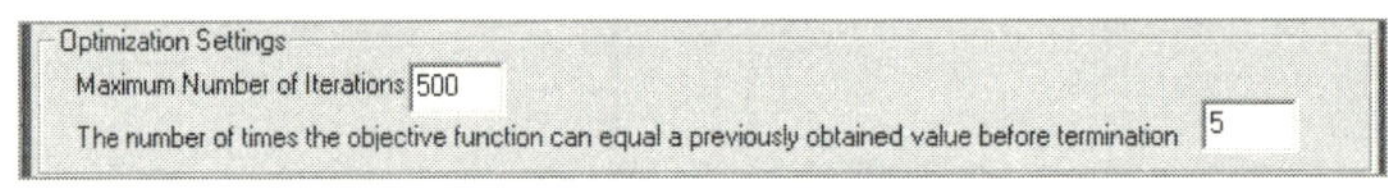

[그림 7-29] 최적화 설정 창

'Select Optimization Method' 버튼을 클릭하면, 사용될 수 있는 최적화 방법을 선택할 수 있는 창이 열릴 것이다.

본 예제에서는 [그림 7-30]과 같이 단지 연속 변수를 최적화하는 데 많이 사용되는 'Hooke-Jeeves' 알고리즘을 선택할 것이다. 그 외 나머지 매개변수에 대한 정의는 기본 값으로 그대로 둔다.

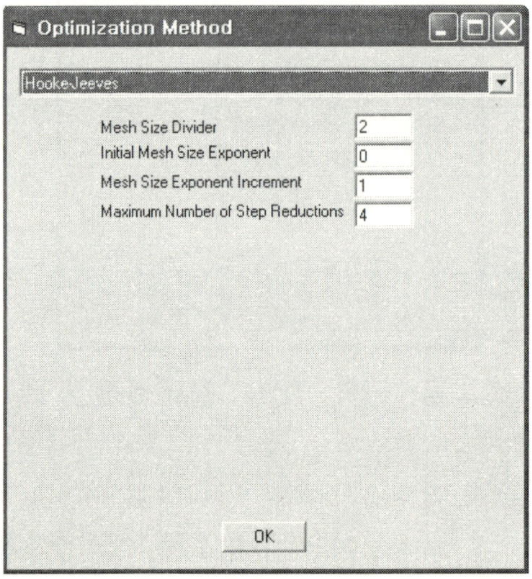

[그림 7-30] 최적화 기법 선택 창

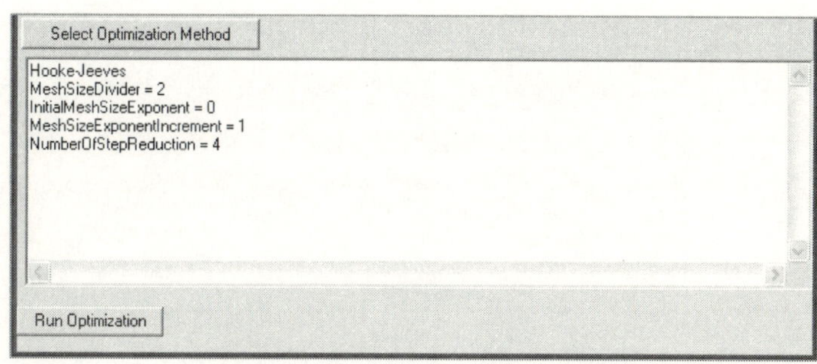

[그림 7-31]   선택된 최적화 기법에 대한 최적화 변수 표시 창

만약 사용자가 최적화 설정을 저장하길 원한다면, TRNOPT의 File 메뉴에 위치한 'Save' 또는 'Save As' 옵션을 이용하면 된다. 기본값으로 TRNOPT는 확장자 [*.TOP]형태의 파일을 열고 저장할 수 있다. 본 예제는 [그림 7-32]와 같이 이미 [TRNSYS16\Optimization\Example\Example.top]로 저장되었으나, 사용자가 다시 한 번 작업을 저장해도 무방하다.

[그림 7-32]   다른 이름으로 파일 저장 창

모든 정보가 프로그램에 제공되었으며, 프로그램의 하단에 위치한 'Run Optimization' 버튼을 클릭한다.

TRNOPT는 현재의 입력 파일을 반영하고, GENOPT에 의해 요구되는 파일의 몇 가지 새로운 행을 추가함으로써, GENOPT에 대한 새로운 TRNSYS 템플릿 파일을 작성할 것이다. 그리고 TRNOPT는 TRNSYS 구성에 대한 GENOPT에 의해 요구되는 몇 가지 파일을 생성하고, GENOPT 프로그램을 호출한 후 종료된다.

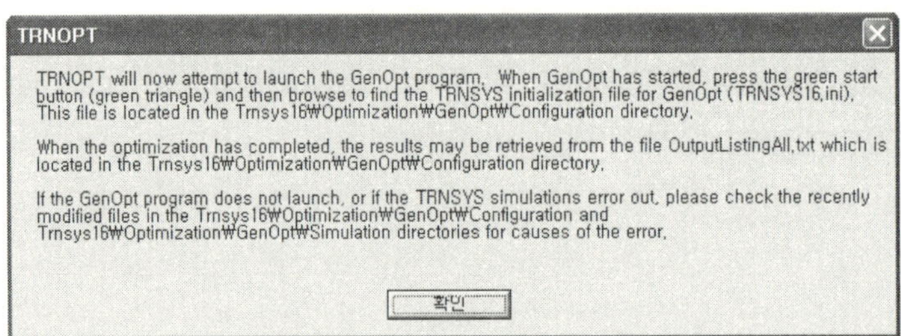

[그림 7-33] TRNOPT 정보 창

TRNOPT 프로그램이 종료되기 전에 GENOPT에 대한 TRNSYS 초기화 파일을 어떻게 선택하는지 그리고 최적화 과정에 어떻게 시작되는지에 대한 약간의 설명을 제공한다.

만약 디렉토리 설정이 성공적으로 TRNOPT 내에 입력되도록 되어 있다면, GENOPT 프로그램을 시작될 것이고, 메인 GENOPT 창이 [그림 7-34]와 같이 화면에 나타날 것이다.

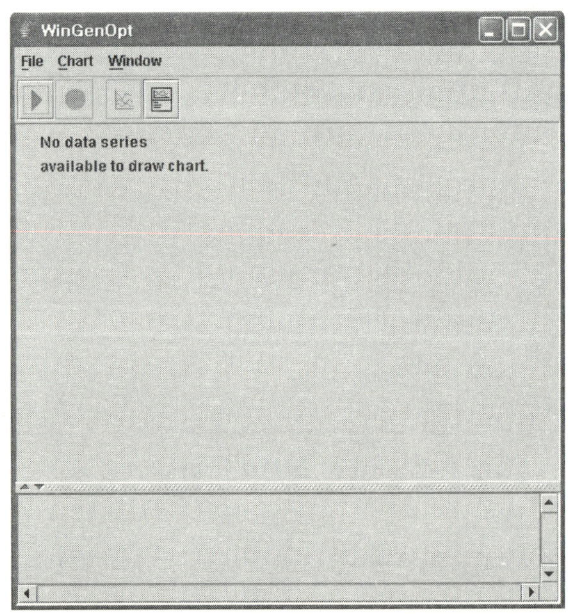

[그림 7-34] GENOPT 초기 실행 화면

최적화 과정을 시작하기 위해 푸른 색의 삼각형 버튼 ▶을 클릭하면, [그림 7-35]의 TRNSYS 초기화 파일 [TRNSYS16.ini]를 선택해야 한다. 기본값으로 이 파일은 [TRNSYS16\Optimization\GenOpt\Configuration\]에 위치한다.

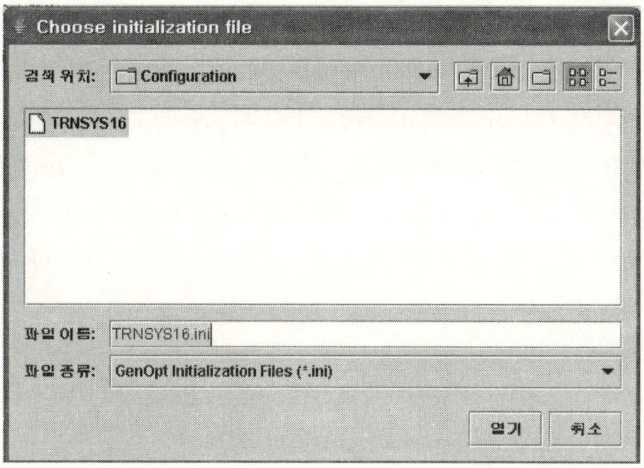

[그림 7-35] 초기화 파일의 선택 화면

    초기화 파일을 불러오면 GENOPT는 TRNOPT에 의해 작성된 템플릿 입력 파일을 검색할 것이며, 처음 시뮬레이션이 실행될 때의 최적화 변수의 초기값을 갖는 TRNSYS 입력 파일을 [그림 7-36]과 같이 생성한다. 그런 다음 GENOPT 프로그램은 새로운 입력 파일을 갖는 TRNSYS 실행 프로그램의 호출을 시도할 것이다.

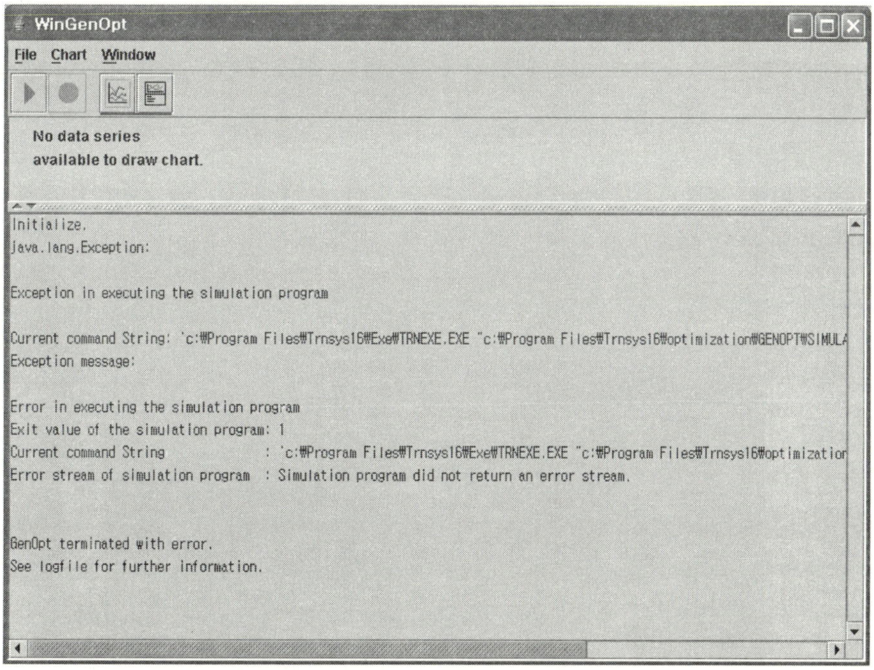

[그림 7-36] WinGenOpt 실행 창

만약 에러가 나타나거나 프로그램이 [TRNSYS16\Optimization\GenOpt\Configuration\GENOPT.log] 파일 검사를 실행시키지 못하면, 이 문제에 대한 내용은 TRNSYS List 파일 [TRNSYS16\Optimization\Simulation\TRNGEN.LST]에 표시된다.

만약 아무런 문제가 없으면 GENOPT는 TRNSYS 실행이 끝날 때까지 기다릴 것이며, TRNSYS 오류 파일, 기본값으로 [TRNSYS16\Optimization\GenOpt\Simulation\TRNGEN.OUT]로부터 결과를 평가할 것이다. 그리고 보다 나은 매개변수 설정에 대하여 추정하고, 에러 함수가 사용자가 지정한 오차 이내로 수렴될 때까지 처리 과정을 반복하게 된다.

이 방법에 따라 사용자는 GENOPT 플롯 창의 에러 함수의 결과와 최적화 변수의 하나의 조합을 주시할 수 있을 것이다. 최적화 과정이 모두 완료되면, 프로그램은 에러 함수의 최소값을 표시할 것이다. 이것은 에러의 최소값이 아니라는 점을 명심해야 한다.

최적화 프로그램이 국소 'minima'에 고정될 수 있으며, 전반적인 최소값을 찾지 못할 수도 있다. 사용자가 유사한 결과가 얻어지는 것을 체크하기 위해 초기점과는 다른 최적화를 재시도해야 한다.

[TRNSYS16\Optimization\GenOpt\Configuration\OutputListingMain.txt] 파일을 검토하여, 사용자는 집열기 면적 $6.375\ m^2$, 집열기 경사 $42.8°$(a value which is near the latitude which has been shown to be near optimal for DHW collection systems), 탱크의 체적 $0.2875\ m^3$에서 찾을 수 있는 최소 LCC 값 4600 \$인 값을 얻을 수 있다.

그러므로 이러한 기후와 응용에 대하여, 이 크기의 가정용 태양열 급탕 시스템은 최소의 생애 주기 비용을 나타낸다.

III. PREP Manual

1. PREP Manual

PREP는 사용자 설치 디렉토리인 [C:\Program Files\Trnsys16\Prep]에 위치한다.

1-1 PREP이란

PREP는 Type 19 Zone Model에서 사용되는 벽체 또는 지붕의 전달 함수 계수를 생성하는 데 이용된다. 그러나 PREP는 일반적인 전달 함수 계수(transfer function coefficients) 생성 프로그램으로 개발되었으나, Type 19만을 위한 것은 아니다.

1-2 PREP 개요

PREP는 대화식으로 사용되거나 벽체 또는 지붕에 대한 전달 함수 계수를 생성하기 위한 batch mode에서 사용될 수 있다. 프로그램으로부터의 출력은 b, c 그리고 d 계수이다.

PREP는 Mitalas & Arsenault (1)의 Z-전달 함수 프로그램을 채택하고 있다. PREP가 Type 19에 대한 전달 함수를 생성하는 데 사용될 때, 명심해야 할 몇 가지 사항이 있다. : TRNSYS Type 19와 함께 사용되는 전달 함수 계수는 내표면에 대한 복사 열저항을 포함하지 않는다. 만약 표준 ASHRAE Layer Codes가 사용되면, 표준 내표면 열저항(E_0)은 대류와 복사 열저항을 모두 포함한다는 점을 주목해야 한다. Type 19는 독립적으로 복사를 다루기 때문에 단지 내표면의 대류 열저항만이 포함된다 [2]. 내표면 대류 열

---

2) This modification has already been taken into account in the ASHRAE.COF file of standard walls, etc.

저항에 대한 적당한 값은 $0.1044\ \text{m}^2 \cdot \text{h} \cdot \text{℃}/\text{kJ}(2.134\ \text{ft}^2 \cdot \text{h} \cdot \text{°F}/\text{Btu})$이다. 또한, 이 값은 Type 19의 매개변수 목록에서 지정되어야 하며, 상당외기온도를 계산하는 데 사용될 것이다. 표준 외표면 열저항(A_0)은 정교하다. : Type 19의 입력값으로서 주어지는 풍속은 단지 상당 외기온도(sol-air temperature)를 계산하는 데 사용된다.

그러나 이것은 surface-to-surface transfer coefficients를 사용하는 Type 56에 적용되지는 않는다. 만약 대화식으로 사용되면, PREP는 'self-document'이다. 사용자는 재료 물성값이나 1977 ASHRAE Fundamentals의 25장의 Table 8, 1981 Fundamentals 26장 Table 8 ; 1985 Fundamentals 26장 Table 8 ; 1989 Fundamentals 26장 Table 11의 Code 번호 또는 이 매뉴얼의 Table 4-5를 입력할 수 있다. 벽체의 묘사는 외표면에서 시작하여 내표면으로 진행한다.

PREP는 실행되면 각 벽체에 대하여 2개의 출력 파일을 생성한다. 첫 번째 파일 [trnsfn.dat]은 표준 배치 형식의 모든 계수를 포함한 텍스트 파일이다.

두 번째 파일 [fortype19.dat]은 동일한 전달 함수 계수를 포함하지만, 보다 읽기 쉬운 형식이다. 종종 PREP에 의해 생성된 계수가 정확한지를 확신하기가 어렵다. 그래서 PREP를 사용한 예제의 경우, ASHRAE.COF 파일의 첫 번째 기입 내용을 검증해야 할 것이다.

1. TRNSYS 설치 디렉토리에서 [prep.exe] 파일을 더블 클릭함으로써 PREP 프로그램을 시작한다.
2. PREP가 'Do you want instructions?'라고 물으면, 대문자 표시를 On한 상태에서 'NO'라고 입력한다.
3. ASHRAE.COF 파일은 ENGLISH 단위 체계이므로, 'ENG'라고 입력한다.
4. 다음으로 PREP는 'How many layers there are to be in the wall?'라고 물을 것이다. 사용자는 손으로 지붕에 대한 Type 19 설명에서 Table 4.8.3.6을 참고하여 ASHRAE.COF의 첫 번째 벽체를 생성할 것이며, 여기에는 10개의 layers가 있다.
5. 각 재료에 대하여 PREP는 사용자에게 2개의 질문을 할 것이다. 첫 번째는 이 재료가 공기층인지 일반 재료인지를 물을 것이며, 두 번째는 코드 번호이다. 다음 순서에 맞춰 기입한다.

– AIR	A0	– MAT	E3
– MAT	C12	– MAT	C5
– AIR	B1	– AIR	E4

– MAT	B6	– MAT	E5
– MAT	E2	– AIR	2.134

6. 다음으로 PREP는 사용자에게 벽체가 정확한지 확인할 것이다. 어떤 변경도 필요 없다면 'NO'라고 친다.

7. 그럼 PREP는 계수를 생성하고 보여줄 것이다. 이것은 [그림 1-1]과 같이 보이는 것이다.

8. 이제 ASHRAE.COF 파일을 열고, 첫 번째 기입한 데이터가 PREP에 의해 생성된 데이터와 일치하는지 검증한다. ASHRAE.COF 파일의 기입 내용은 다음의 구문을 갖는다. 첫 번째 행은 2개의 번호가 있다.

  첫 번째 번호는 b와 c 계수의 번호이며, 두 번째 번호는 주어진 d 계수의 번호이다.

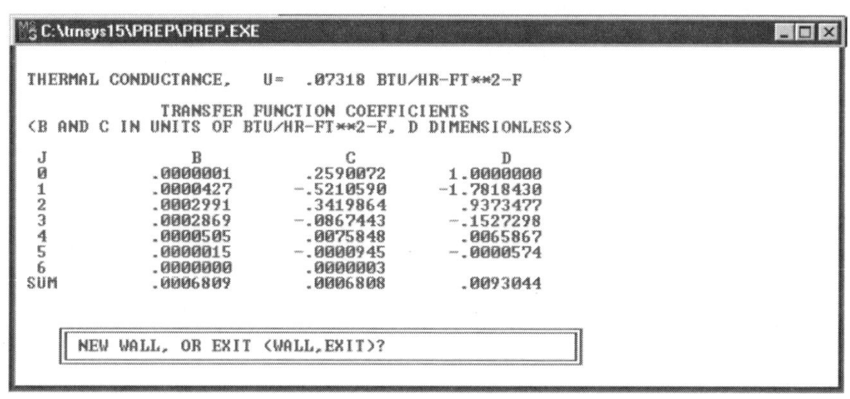

[그림 1-1] 전달 함수 계수 생성 예

그럼 계수는 다음의 순서에 맞춰 나열될 것이다.

    b0   b1   …   bn   c0   c1   …   cn   d1   d2   …   dn

Batch Mode에서는 첫 번째 데이터 항목은 'BATCH'라는 단어가 되어야 한다. 다음 데이터 항목은 사용될 단위 모음 설정을 지정한다. SI는 미터법을 사용한다. 이 다음의 데이터는 고려된 각 벽체를 구성하는 layers를 설명한다. 이 데이터는 다음의 〈표 1-1〉 에 요약되었다.

이 데이터 내용은 자유 형식으로 읽힌다. 데이터 항목은 콤마 또는 공백으로 구분되어 야 한다. 벽체의 번호는 Batch analysis에서 고려된다. 프로그램은 'EXIT'를 만날 때까 지 〈표 1-1〉에서 보이는 것과 같이 데이터를 계속해서 찾을 것이다. 이 'EXIT'는 입력 데이터의 종료 신호를 보낸다.

<표 1-1> Necessary Data for Each Wall in Batch Mode

Data Item	Data Entry	Description
1	N	The number of layers comprising the wall. Includes convective resistance at the inside or outside surface.
	$1 < N < 20$	
2	AIR or MAT	Layer 1 type. AIR denotes a massless layer such as a convective(air) resistance only. MAT is for a massive(materials) layer.
3	Resistance(if AIR), ASHRAE code number or thickness, conductivity, density and specific heat(if MAT)	Properties associated with Layer 1. If an ASHRAE code number is not used then a resistance is necessary for massless layers, while for massive layers, the thickness, conductivity, density and specific heat are required.
...		
2N	AIR or MAT	Layer N type
2N+1	Resistance(if AIR), ASHRAE code number or thickness, conductivity, density and specific heat(if MAT)	Properties associated with layer N.

1-3 Reference

1. Mitalas, G.P and Arseneault, J.G., "FORTRAN IV Program to Calculate z-Transfer Functions for the Calculation", National Research Council of Canada, DBR Computer Program No. 33 (1982).

프로그래머 가이드
(Programmer's Guide)

- Solar Energy Laboratory, Univ. of Wisconsin-Madison

  http://sel.me.wisc.edu/trnsys

- TRANSSOLAR Energietechnik GmbH

  http://www.transsolar.com

- CSTB - Centre Scientifique et Technique du Bâtiment

  http://software.cstb.fr

- TESS - Thermal Energy System Specialists, LLC

  http://www.tess-inc.com

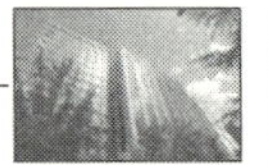

1. 소 개

Part 3은 3개의 메인 섹션으로 구성된다.

- 먼저 제2장은 TRNSYS 15 컴포넌트를 TRNSYS 16에서 사용하기 위한 업데이트 방법을 설명한다. 모든 TRNSYS 15의 Type은 어떠한 프로그램 지식 없이도 몇 가지 단계를 거쳐 'legacy mode'에서 사용될 수 있다.
- 제3장은 Scratch[3]를 통해 새로운 컴포넌트를 생성하는 과정을 설명한다.
- 제4장은 TRNSYS kernel의 상세한 설명을 포함한다.
  - 3절에서는 INFO 배열(array)의 구조와 Types의 순서 호출을
  - 1절에서는 이용 가능한 global constants에 관한 설명을
  - 2절에서는 Types에서 kernel 변수에 접근할 수 있는 함수에 관한 설명을
  - Utility subroutines(0)들과
  - 9절과 10절에서는 TRNSYS DLL 파일을 재컴파일하는 것과 서로 다른 컴파일러를 이용하여 새로운 DLL을 UserLib에 추가하는 방법을 설명한다.

---

3) 스크래치[작업용 컴퓨터의 내부 또는 외부의 기억 매체(媒體)].

2. TRNSYS 15 컴포넌트를 업데이트하는 방법

기존의 TRNSYS 15 컴포넌트는 두 가지 방법에 의해 TRNSYS 16으로 업데이트될 수 있다.

- 어떤 프로그램 지식도 필요없는 다음의 두 가지 쉬운 단계를 통해 사용자는 'legacy TRNSYS 15 mode'에서 기존 Types를 실행할 수 있다. Kernel을 통해 교환된 모든 정보는 TRNSYS 15에서 발생했었던 것과 동일하다. 이것은 사용자가 새로운 특징 몇 가지로부터 이익을 얻지 못할 것임을 암시한다.
- General use of double precision
- Added security and user-friendliness thanks to access functions, etc.
- Drop-in DLL's : Types running in legacy 'TRNSYS 15 mode' must be linked to the main TRNSYS DLL(TRNDll.dll)

  또한, 사용자는 초기화한 다음 시스템 응답(system response)에 관심이 있다면 매우 주의해야 할 것이다. 왜냐하면, TRNSYS 15 Types의 초기 시간 간격의 지정된 값의 수정은 시뮬레이션이 시작되면 부정확한 응답을 할 수 있기 때문이다.
- 또한, 사용자는 기존 컴포넌트를 다음의 체계적인 절차에 의해 TRNSYS 16 표준으로 완전히 전환할 수 있다. 전환을 위해 요구되는 시간과 이 절차의 수고로움은 기존 Type이 코드되는 방법에 의존할 것이다.

2-1 Steps to use TRNSYS 15 components in 'legacy mode'

다음 두 단계는 TRNSYS 16에서 TRNSYS 15를 사용하기 위해 필요하다. 만약 사용자가 'legacy TRNSYS 15 mode'에서 사용자 Type을 사용하길 원한다면, 이것이 사용자가 할 필요가 있는 전부이다. 만약 사용자가 사용자 Types을 TRNSYS 16 표준으로 완전히 전환하고자 한다면, 사용자는 2-1-3절의 추가적인 지시에 따라야 한다.

주의 : 이 장에서 소개되는 절차는 기존의 TRNSYS 15 Types을 완전히 전환할 경우에
도 필요한 것이다.

1. Export the name of the routine(Typennn)

사용자 컴포넌트가 TRNSYS Kernel에 의해 발견되도록 하기 위해, 컴포넌트 이름을
널리 알릴 필요가 있다.

이것은 다음 형식을 컴포넌트 파일의 제일 위의 서브루틴 행 바로 아래에 추가함으로
써 가능하다.

```
!DEC$ATTRIBUTES DLLEXPORT :: TYPEnnn
```

여기는 'nnn'은 Type 번호이다. 따라서 Type 205의 경우, 다음 행이 추가될 것이다.

```
!DEC$ATTRIBUTES DLLEXPORT :: TYPE205
```

이 문법은 좌측 첫 번째 열부터 시작해야 한다. 바꿔 말하면, 첫 번째 기호인 '!'의 좌
측에 어떠한 여백도 위치해서는 안된다는 것이다. Fortran 컴파일러가 관계되는 한 추
가되는 이 행은 주석문이다.

그러나 선-처리 프로그램(pre-processor)은 이 형식을 인식하고, export library를
호출한 파일에서 이 Type을 포함한다. 필수적으로 이것은 서브루틴은 동일한 DLL 내에
포함되지 않은 다른 서브루틴에 의해 접근될 수 있음을 의미한다.

주의 : 위의 행은 비록 TRNSYS 15 Types이 메인 DLL에 링크되어야만 할지라도
TRNSYS 16의 새로운 호출 메커니즘에 의해 요구된다. 'DLLEXPORT' 지시는
요구되지만, 사용자 Type이 외부 DLL에서 사용할 수 없게 되는 것을 의미하
지는 않는다.

2. Version sign the Type

많은 구조적 변경이 TRNSYS 컴포넌트에 행해졌다. TRNSYS 16에서 Types은 계산이
수행될 때와 수행하는 방법에 있어 훨씬 많은 유연성을 허락하기 위해, 새로운 INFO 배
열 코드를 갖는 다른 방법에 의해 호출된다. 이들 변화의 상당부분은 사용자가 모든 사
용자 컴포넌트를 완전히 재작성할 것을 강제하는 것을 피하기 위해, TRNSYS 15 또는
그 이전 버전으로 작성된 Types과 양립할 수 없으며, TRNSYS 16은 2개의 대등한 호출

구조를 포함한다. 하나는 새로운 TRNSYS 16 컴포넌트를 위한 것이고, 다른 하나는 'legacy components'를 위한 것이다. TRNSYS에서 컴포넌트를 호출하는 방법을 결정하기 위해, 각 컴포넌트는 작성된 버전 번호를 포함해야 한다. 사용자 컴포넌트를 표시하기 위해, 사용자는 변수 선언 바로 아래인 실행 부분의 제일 위에 다음의 형식을 추가할 필요가 있다.

```
! Set the version information for TRNSYS
    if (INFO(7) == -2) then
        INFO(12) = 15
        return 1
    endif
```

위의 형식을 추가함으로써, 사용자는 TRNSYS에 사용자 컴포넌트가 TRNSYS 15 호출 구조(calling structure)로 작성된 것임을 신호한다. TRNSYS는 그에 맞게 이것을 처리할 것이다. 사용자가 사용자 Type을 버전 16에서 실행하기 위해 행해야 할 더 이상의 변경은 없다.

3. Additional considerations

만약 사용자 Type이 global TRNSYS 15 constants를 선언하는 데 포함된 파일 'param.inc'와 관련되면, 사용자는 이 파일에 경로를 업데이트할 필요가 있다. 현재 param.inc는 [\TRNSYS16\SourceCode\Include]('TRNSYS 16'는 사용자 설치 디렉토리이다)에 위치된다.

> **주의** : Param.inc는 쓸모없으며, TRNSYS 16 Types은 TrnsysConstants 모듈에서 선언된 global constants를 사용해야 한다(2-2-4 절 참고).

2-2   Instructions to convert TRNSYS 15 Types to the TRNSYS 16 standard

기존 Type을 TRNSYS 16 표준 Type으로 전환하기 위해 요구되는 단계는 다음 장에서 주어진다. 처음 두 단계는 TRNSYS 15 Types을 'legacy mode'에서 실행하기 위해 필요한 단계와 같다. 만약 사용자가 TRNSYS 15 이전 버전으로 작성된 Type을 지니고 있다면, 이들 Type의 전환을 위해 필요한 단계는 이 매뉴얼의 Reference 장에 나열되어 있으므로 참고하기 바란다.

1. Export the name of the routine(Typennn)

사용자는 파일의 맨 위의 subroutine 행 바로 아래에 다음의 형식을 추가할 필요가 있다.

```
!DEC$ATTRIBUTES DLLEXPORT :: TYPEnnn
```

여기서, 'nnn'은 Type 번호이므로, Type 205는 다음 행이 추가될 것이다.

```
!DEC$ATTRIBUTES DLLEXPORT :: TYPE205
```

이 문법은 가장 좌측 행에서 반드시 시작된다는 점을 명심해야 한다. 바꿔 말하면, 어떠한 tabs나 spaces도 첫 번째 선언 포인트의 좌측에 놓일 수 없다는 것을 의미한다.

2. Special calls identified by INFO(7 : 8) and INFO(13)

INFO array에 관한 상세한 설명과 하나의 반복적인 호출을 위한 전형적인 호출 순서에 관한 전체 예제는 4-3절에서 제공된다. 다음 장에서는 단지 기존의 TRNSYS 15 Types을 변경하는 윤곽만을 소개한다.

(1) Version Sign Call[INFO(7) = -2]

상세한 것은 2-1-2절을 참고하길 바란다. 사용자 컴포넌트를 승인하기 위해 컴포넌트에 다음의 형식을 추가할 필요가 있으며, 변수 선언 바로 아래인 실행 영역의 제일 위쪽에 위치시킨다.

```
! Set the version information for TRNSYS
    if (INFO(7) == -2) then
        INFO(12) = 16
        return 1
    endif
```

위의 형식을 추가함으로써 사용자는 TRNSYS에 사용자 컴포넌트가 TRNSYS 16 표준 형식으로 작성되었음을 알리게 된다.

(2) Initialization(Pre-Simulation) Call[INFO(7) = -1]

INFO(7) = -1 호출은 TRNSYS 15에서처럼 컴포넌트가 초기화 수행을 하도록 하기 위한 의도이다. 그러나 TRNSYS 내의 TIME이라는 새로운 특징(specification)에 의해 INFO(7) = -1에 요구되는 조작(manipulation)은 변경되었다. 사용자 컴포넌트가 INFO(7) = -1에 행해야 할 조작은 다음과 같다.

- INFO(6)를 컴포넌트에 의해 필요로 한 output spot의 개수로 설정한다.
- 사용자 Type이 적절한 방법으로 호출될 수 있도록 INFO(9)을 설정한다[4-3 절 참조].
- 데이터 저장 초기 설정을 조작한다.
- INFO(10)을 single precision storage structure, 즉 S array에서 요구하는 storage spot의 개수로 설정한다.
- SetStorageSize를 double precision storage structure 내의 공간을 확보하 기 위해 호출한다[2-2-6절 참조].
- TYPECK을 Inputs, Outputs 그리고 Parameters의 정확한 개수가 deck 파일 에서 지정되었는지를 TRNSYS가 검토할 수 있도록 호출한다.
- RCHECK을 deck 파일에서 유닛의 Input-Output connections이 정확한지를 TRNSYS가 검토할 수 있도록 호출한다.
- **return 1** : no other manipulations should be made during this call.

사용자는 파일이 오픈될 때 단 한 번 행해져야 하는 모든 운전을 주의깊게 조작 해야 한다.

(3) New Significance of the First Time Step[TIME = TIME0]

TRNSYS 16의 경우, simulation control cards에 지정된 시간(Simulation Start Time)은 시뮬레이션을 시작하는 정확한 순간이다. 이것은 소위 시뮬레이션 시작은 첫 번째 시간 간격의 마지막(끝)에서의 시간인 TRNSYS 15와는 다르다. TRNSYS 16의 경우, 컴포넌트들은 'TIME = TIME0'에서 호출되며, 이들은 호출될 때의 초기 값만을 출력해야 한다. 그리고 해당 시간 간격에서 어떠한 반복 과정도 없다.

하나의 컴포넌트가 TIME = TIME0으로 만들기 위한 조작은 다음과 같다.
- Parameter 값을 읽고 이들을 국소(local) 변수명으로 설정한다.
- Parameters가 유효한지 검토한다. 예를 들어, 지정된 비열값이 '-' 라면, 이 것이 오류를 생성하는지를 확인한다. 그리고 Outputs은 초기 조건이나 '0'으 로 설정할 경우 주의해야 한다.
- **return 1** : 이 호출에서는 어떠한 것도 조작할 수 없다.

(4) "Post Convergence" Call[INFO(13) = 1)]

TRNSYS 16 버전으로 작성된 모든 컴포넌트들은 수렴에 도달된 후에 모든 시간 간격의 마지막에서 한 번 이상 호출된다. 이 조작은 storage의 이용을 단순화하기 위하여 행했으며, 프린팅과 적분과 같은 다른 운전(operation)들은 수렴에 도달된 후에 행해야 한다. 만약 사용자 컴포넌트에 storage가 사용되지 않고 프린터나 적분기가 없다면, 사용자는 다음 행을 단순히 추가하면 된다.

```
!    Perform post-convergence operations
 if(INFO(13) > 0) then
   return 1
 endif
```

그러나 사용자 컴포넌트에 storage가 사용되면, 사용자는 사용자 local storage 배열을 설정하는 행을 추가해야 하며, 2-2-6절에 설명된 setStorageVars subroutine을 호출하는 데 사용할 global storage에 이 값을 보낸다.

(5) Final Call after the Simulation is done[INFO(8) = -1]

이 호출은 TRNSYS 15와 16 사이에서 변경되지 않는다. TRNSYS 시뮬레이션의 바로 끝에 각 Type이 INFO(8) = -1과 함께 한 번 호출된다. 만약 사용자 Type이 INFO(8) = -1의 어떠한 조작도 포함하지 않으면, 이것은 최종 시간에 한 번 계산이 실행될 것이고, 아마도 어떠한 위해(harm)도 발생되지 않을 것이다. 그러나 INFO(8)을 취급하는 것이 좋다. 사용자는 만약 사용자 컴포넌트가 어떠한 일도 할 필요가 없다면 다음 행을 추가할 수 있다.

```
!    Perform last call manipulations
 if(INFO(8) == -1) then
   return 1
 endif
```

사용자는 사용자 컴포넌트가 시뮬레이션의 끝에서 실질적으로 의미있는 일을 하길 원할 수 있다. 이러한 일에는 시뮬레이션 과정에 사용되는 logical units을 닫거나 list file에 메시지를 출력하는 것이다. 표준 컴포넌트 Type 22(Iterative Feedback controller)는 사용자가 예제로써 사용할 수 있는 시뮬레이션의 끝에 조작을 수행한다.

만약 시뮬레이션이 치명적인 오류와 함께 멈춘다면, INFO(8) = -1 호출이 발생된다. 이 경우 오류를 발생한 컴포넌트는 제어를 위해 모든 컴포넌트의 'end of simulation' 운용을 수행하기 위해 최종 시간에 대하여 이들을 호출하는 TRNSYS로 되돌아 간다. 사용자는 만약 바로 그 최종 호출이 getNumberOfErrors(   )를 호출함으로써, 정상적인 시뮬레이션 과정의 일부로써 또는 오류에 의해 발생되는지를 검토할 수 있다. 만약 시뮬레이션이 치명적인 오류에 의해 종료되었다면, 시뮬레이션 운용의 몇몇 끝은 불필요하거나 TRNSYS를 불시에 멈출 수 있다. 예를 들면, Type 22는 다음과 같이 INFO(8) = 1로 처리한다.

```
if (info(8) == -1) then
    ! Exit immediately if this call is the result of a fatal error
    if (getNumberOfErrors() > 0) then
        return 1
    ! Otherwise, print the nb of "stuck" timesteps
    else
        ...
        printing manipulations
        ...
    endif
    return 1    ! Exit
endif
```

만약 오류 없이 시뮬레이션이 종료되면, 사용자가 시뮬레이션이 끝날 때 'Yes' 또는 'Continue' 버튼을 클릭함으로써, 시뮬레이션을 종료할 수 있도록 한 후에 INFO(8) = -1 호출은 발생된다.

위의 코드 행은 일반적인 지시문 앞에 위치되어야 하며, 이들 지시문이 실행되기 이전에 'return'이 발생한다.

3. Double precision variables

TRNSYS 16 개발의 또 다른 목표 가운데 하나가 single precision variable를 double precision variable로 전환시키는 것이었다. 현재 각 Type에 보내지는 4개의 인수들 (TIME, PAR, T & DTDT)은 double precision이다. 사용자는 실수형 변수 대신에 double precision으로 TIME, PAR, T 그리고 DTDT를 선언하고 끝마칠 필요가 있을 것이다.

또한, 사용자에게 모든 사용자 변수에 대하여 이처럼 할 것을 권장하고 있다. 만약 사용자가 사용자 변수를 single precision으로 유지하고자 한다면, 사용자는 Fortran을 정확하게 변환하도록 해야 한다. 다음의 부정확한 코드는 Fortran compiler에 의해 받아들여지지 않을 것이며 부정확한 결과를 유발할 것이다.

```
RealVariable = DoublePrecisionVariable
```

위의 형식을 수행하기 위한 정확한 방법은 다음과 같다.

```
RealVariable = sngl(DoublePrecisionVariable)
```

또 다른 방법의 경우, 사용자는 다음과 같이 할 필요가 있다.

```
DoublePrecisionVariable = dble(RealVariable)
```

4. Access to global constants : the "TrnsysConstants" module

TRNSYS 16 Types은 'TrnsysConstants' 데이터 모듈을 통해 'global constants'로 접근해야 한다. 이용 가능한 상수는 4-1절에 소개되어 있다. 새로운 많은 상수가 TRNSYS의 일관성(consistency) 향상을 위해 추가되었으며, 'param.inc' 파일에서 발견되는 기존 상수는 새로운 데이터 모듈로 전달되었다. 'param.inc' 파일은 backwards compatibility를 위해 TRNSYS 배포판에 여전히 포함되어 있으나, TRNSYS 16 Types에 의해 사용되지는 않는다. Type에서 'TrnsysConstants' 모듈을 사용하기 위해 다음 행을 선언 부분의 제일 위에 추가해야 한다.

```
use TrnsysConstants
```

이것은 사용자 Type에서 이 모듈을 상수 모두에 선언할 것이다. 대신에 만약 사용자가 Label 문자의 최대 길이를 지정하는 상수(maxLabelLength)만을 사용하고자 할 경우, 사용자는 다음 형식을 사용할 수 있다.

```
use TrnsysConstants, only: maxLabelLength
```

이것은 단지 키워드 'only' 다음에 오는 상수만을 선언할 것이다. 사용자는 이 키워드 다음에 콤마로 구분된 몇 개의 상수를 나열할 수 있다.

(1) A Note on Strings

Fortran 77/90/95은 변수 길이 문자를 제공하지 않기 때문에 각 개별 문자 변수는 이것의 예상 최대 길이에 따라 크기가 결정된다. 이것은 코드의 다른 부분이 동일한 문자에 대하여 서로 다른 길이를 가질 경우 문제를 야기시킬 수 있다.

만약 사용자 Type에서 문자 변수를 조작한다면, 만약 적당한 상수가 이미 사용자 변수의 크기에 대하여 이용 가능한 경우라면, 새로운 상수나 고정된 값을 이용하기보다는 사용자는 4-1절을 검토할 것을 권장하고 있다.

또한, 문자를 출력할 때 'ann' 포맷보다는, 일반적인 'a' 포맷을 사용할 것을 권장한다. 여기서, 'nn'은 문자의 길이다. 그리고 변수 서술자(variable descriptor ; 프린터에서의 열 타이틀)에 대한 과거의 출력 지시문은 다음과 같을 수 있다.

```
     character*10 myString
     myString = 'Hello world'
     write(*,1000) myString
1000 format(a20)
```

현재의 권장 방법은 다음과 같다.

```fortran
use TrnsysConstants    ! defines integer, parameter ::maxDescripLength
character (len=maxDescripLength) :: myString
myString = 'Hello world'
write(*,'(a)') trim(myString)
```

일반적인 'a' 포맷은 문자열과 정확히 동일한 것이 아닌 문자 배열에 대한 작업을 하지 않는다. 이 경우 변수와 함께 형식 지시문을 조정할 필요가 있으며, 다음과 같다.

```fortran
use TrnsysConstants     ! defines integer, parameter ::maxDescripLength
character (len=100) :: myFormatString
character :: myString(maxDescripLength)    ! myString is a character array,
                                             not a string
write(myFormatString,'(i)') maxDescripLength
myFormatString = '(' // trim(adjustl(myFormatString)) // 'a1)'
myString = 'Hello world'
write(*,myFormatString) trim(myString)
```

TRNSYS에서는 가능한 경우, 사용자가 문자 배열보다는 문자형 변수를 사용할 것을 권장한다.

5. Access to Kernel variables : Access Functions and the "TrnsysFunctions" module

(1) Why Access Functions?

TRNSYS 16 Types은 함수를 통해서만 'global(Kernel) variables'에 접근해야 한다. 함수를 통한 접근은 TRNSYS 15에서 사용된 'Common Blocks'보다 안전한 방법으로 Types에서 'Kernel variables'를 사용할 수 있도록 한 것이다.

'Common Blocks'는 Types 상호간의 Kernel variables에 대한 Type의 일관성이나 변수명을 보증할 수 없기 때문에 본질적으로 위험하다. 또한, Type에서 simulation stop time 또는 현재의 simulation time이 변경되는 것을 방지할 방법이 전혀 없다.

함수를 통한 접근의 원리는 Kernel variables이 사용되는 의도가 있을 때에만 접근을 허용하는 함수를 제공하기 위함이다. 예를 들어, 하나의 함수가 simulation time step을 얻기 위해 제공되었으나, 이것을 변경하기 위한 어떠한 함수도 제공되지 않았다.

모든 접근 가능한 함수는 4-2절에 소개되어 있다.

(2) How to use Access Functions

먼저, Type에 다음의 모든 함수 선언을 갖는 모듈이 사용되어야 한다.

```
use TrnsysFunctions
```

이 행은 선언 구역의 제일 위에 다른 '이용(use)' 지시문과 함께 삽입되어야 한다. 여기서, 다시 단지 함수 몇 개만이 요구되고, 이 이름 충돌이 발생할 수 있다면, 키워드 'only'가 추가될 수 있다. 그리고 하나의 Kernel variable이 요구되면, 대응하는 함수를 통해 접근될 수 있다.

예를 들어, simulation time step (Kernel에서 DELT 변수)은 'getSimulation-TimeStep(   )' 함수를 통해 접근된다. 하나의 Type이 값 x를 전시간에 걸쳐 적분하면, 결과에 'integral'이 추가된 결과라고 한다.

TRNSYS 15

```
subroutine Type205(TIME,XIN,OUT,T,DTDT,PAR,INFO,ICNTRL,*)
common/SIM/TIME0,TFINAL,DELT,IWARN
real TIME0,TFINAL,DELT
integer IWARN
...
real x,s
...
s = s+x*DELT
```

TRNSYS 16

```
subroutine Type205(TIME,XIN,OUT,T,DTDT,PAR,INFO,ICNTRL,*)
use TrnsysFunctions

double precision :: delt, x, s
...
delt = getSimulationTimeStep()
...
s = s+x*delt
```

(3) Note on External Dll's

TRNSYS 15 Common Blocks은 'legacy mode'에서 실행될 기존 Types에 허용되기 위하여 TRNSYS 16에 여전히 존재하고 있다. 그러나 이들은 메인 DLL(TRNDll.dll)로부터 불리지 않는다. 만약 사용자가 Common Blocks을 Access Functions로 대체하지 않으면 사용자는 사용자 Type을 외부 DLL에서 사용할 수 없을 것이다.

6. Data storage(the "S array")

(1) Storage in TRNSYS 15

TRNSYS 15에서 가장 직관적인 유틸리티 가운데 하나가 S-배열(S array)을 이용한 저장이었다. 저장의 근간이 되는 생각은 사용자가 사용자 선언이 마지막 반복 과정(last iteration)에서 변수의 값에 기초하는 것이 아니라, 마지막 시간 간격 (last time step)의 끝에서의 변수의 값이 되길 종종 원할 때이다.

S-배열을 사용하기 위해 이것은 COMMON block의 일부분으로써 제공해야 하고, INFO(10)을 해당 숫자만큼 설정함으로써, 얼마나 많은 장소가 요구되는지를 선언한다. 그리고 모든 시간에 저장된 변수에 요구되고, 사용자는 INFO(10)을 국소 정수형 변수(ISTORE 등과 같은)로 설정함으로써 S-배열에 지시자(pointer)를 얻게 된다. 그럼 S(ISTORE), S(ISTORE + 1) 등과 같이 이들을 참고함으로써 저장된 값을 가져올 수 있다. 하나의 시간 간격의 끝에서 사용자는 이 값을 전환시켜 S-배열에 지시자를 다시 얻게 된 후, 정확한 국소 변수에 값을 설정하게 된다.

문제점은 Types이 새로운 시간 간격이 시작되어야만 현 시간 간격의 끝을 알 수 있었다는 것이다. 결론적으로 사용자는 새로운 시간 간격이 시작되는 시점을 주목해야만 했고, 이들의 S-배열에 가장 최근의 값으로 업데이트하였다. 게다가, 주어진 유닛은 다른 유닛에 할당되는 S-배열의 일부분에 값을 작성할 수 없는 것을 검토하지 못했다.

(2) Storage in TRNSYS 16

TRNSYS 16의 경우, S-배열은 legacy 컴포넌트들을 위해 COMMON block/ STORE/로 여전히 존재한다. 그러나 세 가지 유틸리티 서브루틴들이 생성되었으며, 변수 저장에 대한 보다 직관적인 접근법을 제공한다. 이 함수들은 4-2-1절에 자세히 설명되어 있다.

- At the initialization call[INFO(7) = −1], the Type should call SetStorage-Size to allocate storage for the current Unit.
- When the user wants to set storage at the end of a time step, a call is made to the setStorageVars subroutine when INFO(13) = 1
- When the user wants to obtain a previously stored value, a call is made to the getStorageVars subroutine. This usually occurs during the first call of a new time step, identified by INFO(7) = 0.

7. The "Messages" subroutine

TRNSYS 16에서 향상된 것 중 하나는 list와 log 파일에 출력되는 해당 컴포넌트의 모든 주의(notice) 및 오류(error) 메시지를 취급하는 Messages 서브루틴의 도입이다. 이것은 오류에 대하여 list와 log 파일의 분석을 쉽게 하고, Simulation Studio의 'Error

Manager'에 의해 메시지의 일관성 있는 조작을 보장한다.

이전에는 Type이 오류 메시지를 list 파일에 작성하였고, 지금은 Messages 서브루틴을 호출하게 되었다.

```
call Messages(errorCode,message,severity,unitNo,typeNo)
```

여기서, 'errorCode'는 표준 TRNSYS error number이며, 'message'는 출력되어야 하는 문자열이다. 'severity'은 메시지의 비중(경고 또는 오류)을 가리키며, 'UnitNo'와 'TypeNo'는 호출된 유닛과 Type 번호를 가리킨다.
이 서브루틴에 관한 보다 많은 정보는 4-4-9절을 참고하기 바란다.

8. Utility subroutine calls

TRNSYS 16 버전 개발의 목표(초점) 가운데 하나는 앞에서 설명된 'single precision variables'를 'double precision variables'로 옮기는 것이었다.

그 결과, 사용자 컴포넌트에서 호출되는 PSYCH와 같은 유틸리티 서브루틴의 인수를 정확하게 조작할 수 있게 되었다. TRNSYS 15의 경우, PSYCH의 호출은 다음과 같은 형식이었다.

```
call PSYCH(TIME,INFO,IUNITS,MODE,WBMODE,PSYDAT,0,STATUS,N)
```

인수 'TIME'과 'PSYDAT'는 모두 실수형 single precision으로써 선언되었다. 그러나 TRNSYS 16의 경우, 'TIME'과 'PSYDAT' 모두 double precision으로 컴포넌트에 선언되어야 하며, 습공기선도가 호출되는 PSYCH의 double precision 버전으로 호출이 행해져야 한다. 그러므로 형식은 다음과 같이 되어야 한다.

```
call Psychrometrics(TIME,INFO,IUNITS,MODE,WBMODE,PSYDAT,0,STATUS,N)
```

Single precision PSYCH 서브루틴은 TRNSYS 16에 여전히 존재하지만, 이것은 단지 single precision 인수들을 double precision 호출 Psychrometrics로 정확하게 전환하기 위한 껍질에 지나지 않으며, double precision으로부터 single precision으로 결과를 재전환시키기 위함이다. 〈표 2-1〉은 이에 관한 자세한 설명이 정리되어 있다.

〈표 2-1〉 TRNSYS 15(single precision) and TRNSYS 16(double precision)
utility routines

Single precision routine	Double precision routine	Arguments that need to be changed from single to double precision
PSYCH	Psychrometrics	TIME, PSYDAT
DATA	DynamicData	X, Y
TALF	TauAlpha	THETA, XKL, REFRIN, ALPHA, RHOD
DIFFEQ	Differential_Eqn	TIME, AA, BB, TI, TF, TBAR
ENCL	Enclosure	SPAR, WPAR, FV
VIEW	ViewFactor	A, B, C, D, E, F, G, H, X3, Y3, Z3
TABLE	Table_Coefs	B, C, D
INVERT	Matrix_Invert	A
DINVRT	Matrix_Invert	A
FLUIDS	Fluid_Props	PROP
STEAM	Steam_Props	PROP

Utility Subroutines에 관한 추가적인 정보는 4-4절에 자세히 소개되어 있다.

3. 새로운 컴포넌트 생성 방법

TRNSYS의 강력한 특징 가운데 하나는 사용자가 프로그램의 능력을 확장하기 위해 새로운 컴포넌트를 생성할 수 있다는 점이다. 세 가지 특징이 이러한 확장성에 기초하여 제공된다. 첫 번째는 TRNSYS의 개방형 설계(open architecture)이다. 한 가지만을 제외하고, 모든 표준 컴포넌트는 새로운 컴포넌트 추가를 위한 근거(basis)와 참고 자료(reference)로써 기능할 수 있는 그들의 소스 코드가 함께 제공된다. 두 번째로, 표준 컴포넌트 또는 사용자 생성 컴포넌트와 같은 모든 컴포넌트는 동일한 방법으로 공식화되며, 동일한 단계와 코드를 통한 진행을 따른다. ; 새로운 컴포넌트의 제작은 사용자 컴포넌트 작성을 위한 방정식과 유틸리티 호출, 적절한 함수의 추가와 템플릿을 사용하는 방법을 통해 만든다. 아마도 가장 중요한 것은 세 번째 것으로 TRNSYS kernel은 시뮬레이션 사용되는 컴포넌트가 무엇을 하든지 어떠한 체계(hierarchy)도 강요하지 않는다는 점이다. 이것은 시스템을 시뮬레이션하기 위해 풀어야 하는 컴포넌트의 순서에 관련한 어떠한 가정도 하지 않는다. 많은 유사한 시뮬레이션 패키지는 이러한 체계를 강요한다. 건물 시뮬레이션 예의 경우, 이들은 종종 kernel의 한 부분을 사용하여 건물 부하를 계산하고, 이들 kernel의 또 다른 부분을 통해 시스템의 해석을 진행하고 끝으로 시스템의 플랜트 특성을 해석한다. 다음 단계에서 계산의 기초가 되는 이전 단계의 많은 것이 변경되지 않는다. 그리고 시스템은 주어진 시간 간격에서 부하(load)와 부딪히지 않을 수 있다. 그러나 다음 시간 간격에서 건물은 부하(load)와 만나지 않을지는 모르는 것이다.

이와 대조되어 TRNSYS는 수렴에 도달할 때까지 모든 컴포넌트를 통해 계속해서 반복 계산한다. 이것은 다소 귀찮지만 TRNSYS 시뮬레이션을 조절할 수 있는 한편, 새로운 컴포넌트를 작성하는 누군가의 관점에서 매우 큰 이점을 가져다준다. 즉, 새로운 컴포넌트를 포함하고 제공하기 위한 어떤 방법에서 TRNSYS kernel을 수정하기 위한 component writer가 필요하지 않다는 것이다. 예를 들면, 사용자가 운용 체계(management hierarchy)에서 최상의 준비를 한 새로운 컴포넌트가 어디에 있는지 결정할 필요가 없다. TRNSYS의 컴포넌트는 주어진 시뮬레이션에서 발견됨과 동시에 자동적으로 kernel에 의해 호출된다.

각 컴포넌트에 숫자를 할당함으로써 TRNSYS kernel은 예견하고, 시뮬레이션 입력 파일에서 발견되는 모든 컴포넌트 숫자를 자동적으로 호출한다. 만약 TRNSYS kernel에 의해 컴파일된 코드가 없는 특별한 Type 번호가 입력 파일에서 발견되면, 컴포넌트 유지를 위한 dummy place가 대신에 호출되고 시뮬레이션은 오류와 함께 종료된다.

이 매뉴얼의 다음 절은 TRNSYS 시뮬레이션에서 사용될 새로운 모델을 생성하기 위한 Type Template를 채우는 과정을 소개하며, 이를 통해 새로운 TRNSYS Type programmer로 나아갈 수 있을 것이다.

3-1 기본 원리

대부분의 기본 단계에서 TRNSYS 내의 컴포넌트는 단지 블랙박스이다. TRNSYS kernel은 입력값으로 블랙박스에 제공하고, 교대로 블랙박스는 출력값을 생산한다. 그러나 좀 더 깊이 알고자 할 때, TRNSYS는 시간에 의존하는 입력값과 그렇지 않은 입력값으로 구분한다. 시간 의존 입력값의 예로는 온도, 질량 유량 또는 전압 등이 있다. 시간 독립 입력값의 예로는 면적 또는 부과된 용량(rated capacity) 등이 있다. TRNSYS 초기 버전에서는 이러한 구분은 계산 시간이 매우 비싸고, 시간 독립인 입력값은 상당한 계산 시간을 절약하기 위해 시뮬레이션 초기 단계에서 한 번 설정될 수 있기 때문에 매우 중요했다. 그러나 현재의 컴퓨터 계산 능력은 이들 구분이 다소 덜 중요해졌으나, TRNSYS는 아직까지 시간 독립 또는 시간 의존 입력값을 보유하고 있다. 시간 의존 입력값은 Inputs로 간주되는 반면에 시간 독립 입력값은 Parameters로 간주된다.

각 반복 과정과 시간 간격에서, 컴포넌트는 Inputs와 Parameters의 현재값을 Outputs과 교환한다. Outputs 사이의 어떠한 구별도 없이 모든 Outputs은 시간 의존 값으로 가정되며 컴포넌트에 의해 재계산된다.

TRNSYS는 하나 이상의 Input/Output의 구별을 가지며, 그것은 Derivatives이다. 수치 해석적으로 미분방정식을 해석하는 컴포넌트는 종종 Inputs, Outputs 그리고 Parameters은 물론 Derivatives를 포함하게 될 것이다. 시뮬레이션 사용자 관점에서 주어진 Type에 대한 Derivatives는 멀티 존 건물의 초기 존 온도나 열저장 탱크의 다양한 절점의 초기 온도와 값은 초기값을 지정한다. 어떤 주어진 포인트에서 Type의 Derivatives는 해석된 미분방정식의 결과를 간직한다. 만약 이들 Derivatives이 컴포넌트 내의 Outputs으로 설정되었다면, 시뮬레이션 사용자는 이 값을 출력하거나 화면상에서 볼 수 있다.

1. The INFO Array and component control

시뮬레이션의 주어진 포인트에서 컴포넌트가 무엇을 해야 하는지에 대한 제어의 대부분은 'INFO array'라 불리는 데이터 구조(data structure)의 내용에 의해 조절된다. 이 배열은 주어진 시간에서 시뮬레이션에서 전반적으로 진행되는 많은 정보를 15개의 점(spot)으로 운반한다. 예를 들면, 첫 번째 INFO spot[INFO(1)]은 kernel이 호출하는 현재의 유닛 번호(UNIT number)를 운반한다. 두 번째 INFO spot[INFO(2)]은 kernel이 호출하는 현재의 Type 번호를 운반한다. 일곱 번째 INFO spot[INFO(7)]은 kernel로부터의 현 호출이 호출된 Type에 대한 자체 초기화를 하고자 할 경우 '-1'의 값을 갖는다. 그러나 주어진 시간 간격에서 Type이 첫 번째 호출될 경우에는 '0'의 값을 갖는다. 그런 다음 이것은 현재의 시간 간격에서 지나쳤던 반복 과정의 총 횟수를 운반한다. 여덟 번째 INFO spot[INFO(8)]은 어떤 주어진 시간에서 시뮬레이션 내에서 지나쳤던 각 Type의 총 호출 횟수를 운반한다. 열세 번째 INFO spot[INFO(13)]은 정상적으로 '0'이나 주어진 시간 간격에서 수렴에 도달한 후에는 '1'로 설정된다.

INFO array의 내용에 관한 보다 상세한 설명은 4-3절을 참고하면 된다. 이 INFO array는 시뮬레이션의 다양한 위치에서 Type을 기능적인 조절을 위한 방법으로써 매우 중요하게 사용될 것이다.

이 장의 나머지 부분은 TRNSYS의 새로운 컴포넌트 작성을 위한 과정을 설명하기 위해 간단한 액체 난방 장치(liquid heating device)의 예제에 관하여 다루게 될 것이다.

사용자 정의온도 T_{set}으로 유입되는 유체의 온도를 상승시키는 간단한 히터를 고려하자. 유체의 유입온도 T_{in}과 질량 유량 $\dot{m}$에 관한 에너지 평형은 다음과 같다.

$$\dot{Q} = \dot{m}\, C_p\, (T_{set} - T_{in})$$

Type programmer가 판단한 첫 번째 결정 사항은 다음과 같다. 이 모델의 Parameters, Inputs 그리고 Outputs을 무엇으로 할 것인가?

이 경우 두 가지 가능성만이 있다. 만약 이 컴포넌트의 목적이 최종 사용자를 위해 입구온도와 원하는 출구온도를 지정할 수 있도록 하고, 그 대답으로 입·출구 조건에 따른 얼마나 많은 에너지가 요구되는지를 계산하는 것이라면, $\dot{Q}$는 명백한 'Output'이며, $\dot{m}$, T_{set}, T_{in}은 'Inputs'이 되어야 한다. 그리고 C_p는 'Parameter'나 유체의 온도에 중요하게 변하거나 상수로써 가정될 수 있는지에 따라 'Input'이 될 수 있다.

반면에 이 컴포넌트의 목적이 최종 사용자를 위해 제어 신호가 'On'으로 설정된 경우, 입구 조건, 제어 신호 그리고 히터의 출력을 제공하고자 한다면, 아마도 모델의 'Output'은 T_{out}이 될 것이고, 'Inputs'은 $\dot{m}$, T_{in}, $\dot{Q}$가 될 것이다.

이 예제의 목적을 위해 'Inputs'는 $\dot{m}$, T_{set}, T_{in}, 중요한 'Outputs'은 순간 난방열량 Q와 출구 온도 T_{out}이 될 것이다. 히터를 특징짓는 'Parameters'는 T_{set}, C_{pf}, C_{ap}가 될 것이며, 이 히터는 유체 흐름에 의해 운반될 수 있는 에너지량은 한정된 용량만을 허용한다. 질량 유량 $\dot{m}$은 다른 컴포넌트에서 이용 가능한 정보이므로 'Output'으로 설정될 수 있음에 유의해야 한다.

이제부터 새로운 컴포넌트 서브루틴에 관하여 자세히 살펴보고자 한다.

3-2   The First Line

모든 Type은 다음의 동일한 행으로 시작한다.

```
SUBROUTINE TYPEn(TIME,XIN,OUT,T,DTDT,PAR,INFO,ICNTRL,*)
```

여기서, Typen에서 'n'은 1과 999 사이의 숫자이다. 하나 이상의 컴포넌트에 동일한 번호가 할당되는 문제를 피하기 위해 다음의 규칙이 채택되었다.

- Type 1~200 : 표준 TRNSYS 컴포넌트의 라이브러리에 할당됨.
- Type 201~300 : 사용자 작성 컴포넌트에 할당됨.
- Type 301~500 : Transsolar로부터 상업적으로 이용 가능한 컴포넌트를 추가하는 데 할당됨.
- Type 501~800 : TESS(Thermal Energy System Specialists)로부터 상업적으로 이용 가능한 컴포넌트를 추가하는 데 할당됨.
- Type 801~900 : CSTB/ADEME로부터 상업적으로 이용 가능한 컴포넌트를 추가하는 데 할당됨.
- Type 901~Type 999 : Aiguasol로부터 상업적으로 이용 가능한 컴포넌트를 추가하는 데 할당됨.

이 예제의 경우, Type 번호 201을 임의로 선택하였다. 그럼 첫 번째 행은 다음과 같이 된다.

```
SUBROUTINE TYPE201(TIME,XIN,OUT,T,DTDT,PAR,INFO,ICNTRL,*)
```

이 서브루틴에서 각각의 매개변수는 다음을 나타낸다.

〈표 3-1〉

TIME	(double precision) the simulation time
XIN	the double precision array containing the component INPUTS
OUT	the double precision array which the component fills with its appropriate OUTPUTS
T	the double precision array containing the dependent variables for which the derivatives are evaluated in the particular model
DTDT	the double precision array containing the derivatives of T which are evaluated by the model
PAR	the double precision array containing the PARAMETERS that characterize the component
INFO	the integer array described in Section 8-4-3
ICNTRL	the integer array described in Section 8-4-7
*	the alternate return described in Section 8-4-6

3-3 DLL Export

TRNSYS 16 버전의 경우, Types을 다른 표준 Types과 함께 표준 TRNDll.dll이나 외부 DLL에 나타나도록 하기 위한 많은 노력을 하였다. TRNSYS 16 kernel은 각 시뮬레이션의 시작과 동시에 모든 외부 DLLs가 사용될 경우, 위치하게 될 특정 사용자 라이브러리 디렉토리의 항목을 검사한다. 그리고 확장자 [*.dll]을 갖는 모든 파일을 로드(load)하고, 이들 내부에 어떤 Exported Type subroutines이 포함되어 있는지를 찾기 위해 검사한다. 만약 이것이 발견되면 시뮬레이션이 지속되는 동안 이것을 기억장치에 불러들인다. 이것이 사용자에게 주는 이점은 시뮬레이션에서 사용하기를 원하는 새로운 컴포넌트를 받아들일 때 더 이상 사용자는 TRNDll.dll 파일을 재컴파일할 필요가 없다는 것이다. 대신에 사용자는 단지 해당 Type을 포함하는 DLL을 적당한 디렉토리에 위치시킬 필요는 있다. Type 프로그래머처럼 사용자가 자신의 Type을 컴파일하고 외부 DLL로써 링크하기 위해 지켜야 하는 몇 가지 단계가 있다. 이것에 관한 보다 상세한 내용은 3-16절과 4-10절을 참고하기 바란다.

그러나 code 관점에서, 사용자는 사용자 컴포넌트의 subroutine 선언한 다음 행과 USE문 행 앞의 파일 상단 우측과 단지 한 행을 추가할 필요가 있으며, 이 행의 형식은 다음과 같다.

```
!DEC$ATTRIBUTES DLLEXPORT :: TYPEn
```

여기서 'n'은 Type 번호이다. 본 예제의 경우 Type201이므로 다음과 같다.

```
...
!DEC$ATTRIBUTES DLLEXPORT :: TYPE201
...
```

이 형식이 맨 좌측 열에서 시작하는 것은 매우 중요하다. 바꿔 말하면 첫 번째 '!'의 좌측에 어떠한 공백도 놓을 수 없다는 것이다. '!'는 Fortran 코드에 의해 주석문으로 인식되지만, 이것은 이 서브루틴의 접근을 위해 다른 DLLs에 의해 불려야 한다는 하나의 표식(indication)으로써 Fortran 컴파일러에 의해 인지된다.

3-4   USE Statements

TRNSYS 이전 버전은 Fortran COMMON 블록에 크게 의존하는 반면에, TRNSYS 16의 Types는 소스 코드를 포함한 다양한 Data Modules를 통한 global constants로 접근된다. Data module은 일련의 다양한 선언(declaration)을 포함한 파일 이상의 어떠한 것도 아니다. 즉, 변수는 프로그램 내의 다양한 서브루틴에 의해 접근될 수 있으며, 한 곳에서 모든 것을 선언하는 편리한 방법이다. 만약 Data Module 내에 포함된 변수가 주어진 컴포넌트에 의해 요구되면, 'USE'문을 추가함으로써 접근이 가능하고 DLL Export 지시를 통해 직접적으로 이용할 수 있다. 이 USE문의 형식은 다음과 같다.

```
USE NameOfDataModule
```

이것은 사용자 Type의 모듈 내에 포함된 변수 모두를 선언하는 효과를 갖는다. 만약 사용자가 모듈 내에 포함된 특정 변수만을 사용하기를 원한다면 다음 형식을 사용할 수 있다.

```
USE NameOfDataModule, ONLY: nameOfVariable1,nameOfVariable2
```

이것은 'ONLY' 다음에 나열되는 변수만을 선언할 것이다. 사용자가 원하는 변수만을 접근하도록 하는 것의 이점은 USE문을 통해 전체 변수에 대한 접근이 불필요한 경우,

부분적으로 이들 변수만을 재사용할 수 있다는 점이다. 주어진 Type 또는 Type의 서브 루틴으로부터 접근 가능한 Data Modules의 전체 목록은 4-1절과 4-2절에 나열되어 있다. 사용자 Type으로부터 접근할 필요가 있는 가장 일반적인 Data Modules는 다음과 같다.

> TrnsysFunctions, TrnsysConstants, TrnsysData

TrnsysFunctions은 일련의 함수를 포함하며, 시뮬레이션 시작 시간 또는 시간 간격과 같은 일반적으로 유용한 데이터를 반환하거나, 사용자 Type에 의해 접근되는 외부 파일의 사용을 위한 global list에서의 새로운 Unit 번호를 포함한 일반적인 함수를 실행한다.

TrnsysConstants 모듈은 시뮬레이션을 통해 변하지 않는 값을 포함한다. Trnsys-Data 모듈은 주어진 시뮬레이션에서 허용된 Equations의 개수 또는 허용된 Units의 개수와 같은 일정한 크기를 갖는 일련의 데이터 구조(data structure)를 진행시킨다.

본 예제의 목적에 맞춰 liquid heater는 단지 TRNSYS's Access Functions 몇 개만이 필요하므로, 다음 행만을 추가하면 된다.

```
      ...
! USE STATEMENTS
      USE TrnsysFunctions
      ...
```

앞에서 언급된 것처럼, TrnsysFunctions 모듈로부터 접근하기를 원하는 함수의 목록만이 허용될 수 있다. 그러나 이 컴포넌트에 사용자 자신만의 함수를 작성하고자 할 경우, local function의 이름과 global function의 이름이 충돌할 것이므로, 최소한의 변경이 필요하다.

3-5 Variable Declarations

서브루틴 인수 지정을 완료하고 컴포넌트를 불러오고 주어진 컴포넌트가 global TRN-SYS variables에 접근하면, 사용자는 Type에 사용할 의도가 있는 local variables 모두를 선언해야 한다. local variables은 두 개의 범주로 구분될 수 있다. 모든 Type에 의해 요구되는 local variables와 주어진 Type에서만 요구되는 local variables가 그것이다. 모든 Type에서 요구되는 local variables는 Type의 매개변수를 포함하는 배열(array)과

Type의 입력, 출력 그리고 시뮬레이션 시간 등을 포함하는 배열을 포함한다. 이 변수 선언 블록은 기존 Type으로부터 간단히 복사될 수 있으며, 사용자의 새로운 Type에 붙여넣기 될 수 있다. 사용자는 단지 다음의 한 가지만 수정하면 된다. ; 매개변수, 입력값, 출력값, 도함수와 사용자 Type에 요구되는 storage spots의 개수를 일치시키기 위한 NP, NI, NO, ND 그리고 NS의 값을 변경하는 것이다. 모든 Type에서 요구하는 local variables의 형식은 다음과 같다.

```
      ...
      IMPLICIT NONE !FORCE DECLARATION OF ALL VARIABLES

!     TRNSYS DECLARATIONS
      DOUBLE PRECISION XIN,OUT,TIME,PAR,T,DTDT,TIME0, DELT,STORED
      INTEGER*4 INFO(15),NP,NI,NOUT,ND,IUNIT,ITYPE,ICNTRL
      CHARACTER*3 OCHECK,YCHECK

!     SET THE MAXIMUM NUMBER OF PARAMETERS(NP),INPUTS(NI),OUTPUTS(NO),
!     DERIVATIVES(ND), AND STORAGE SPOTS(NS) THAT MAY BE SUPPLIED FOR THIS TYPE
      PARAMETER (NP=a,NI=b,NO=c,ND=d,NS=e)

!     REQUIRED TRNSYS DIMENSIONS
      DIMENSION XIN(NI),OUT(NO),PAR(NP),YCHECK(NI),OCHECK(NO),STORED(NS)
      ...
```

본 예제의 liquid heater 컴포넌트의 경우, NP는 4, NI는 5, NO는 5, ND는 0 그리고 NS는 0으로 설정되어야 할 것이다.

모든 선언된 컴포넌트에 적용되는 local variables의 경우, 사용자의 liquid heater에만 속하는 변수를 선언해야 한다. 실용적인 관점에서 새로운 컴포넌트를 개발하는 과정에서 요구되는 모든 변수를 예상하여 간단히 입력하는 방법은 없다. 다음 목록은 작성되는 Type과 요구되는 local variables로써 거의 항상 생성되는 것이다.

```
      ...
!     LOCAL VARIABLE DECLARATIONS
      INTEGER IGAM
      DOUBLE PRECISION TIN, & !temperature of fluid at heater inlet [C]
      TOUT, &    !temperature of fluid at heater outlet [C]
      TBAR, &    !average temperature of fluid in heater [C]
      TAMB, &    !ambient temperature of heater surroundings [C]
      TSET, &    !heater setpoint temperature [C]
      TON, &     !set temporarily to TOUT before check on TOUT>TSET [C]
      QMAX, &    !heater capacity [kJ/hr]
      QAUX, &    !required heating rate [kJ/hr]
      QLOSS, &   !rate of thermal losses to surroundings [kJ/hr]
      FLOW, &    !fluid flow rate through heater [kg/hr]
      CP, &      !fluid specific heat [kJ/kg.K]
      HTREFF, &  !heater efficiency [-]
      UA, &      !overall loss coeff. for heater during operation [kJ/hr.K]
      QFLUID     !rate of energy delivered to fluid [kJ/hr]
      ...
```

3-6 Data Statements

어떤 Type의 경우 Data문을 사용하여 코드의 실행 부분의 Type 외부에서 사용되는 몇 가지 상수(constants)를 설정하는 것은 매우 유익하다. Data문에서 상수를 지정함으로써 가능한 이러한 방법의 장점은 시뮬레이션이 시작할 때 이것이 불리고, 그러한 값을 설정 또는 재설정할 때 소요되는 시뮬레이션 시간을 절약하는 것이다.

Type 프로그래머는 Data문에서 'PI'라 불리는 변수를 3.1415926의 값으로 설정하거나, Data문에서 'degrees'와 'radians' 값을 변화하는 변수를 설정할 수 있다. Data문에서 설정되는 값을 갖는 어떤 변수는 위의 3-5절에서 설명한 local variable 선언이 되어야 한다.

Type의 실행 부분의 시작 전에 Data문에서 선언되는 상수의 또 다른 일반적인 설정은 Type의 Input과 Output 변수의 단위를 설정하는 3개의 문자 코드가 있다. 이들 세 문자 코드에 대한 추가적인 정보는 4-4-12절을 참고하면 된다.

3-5절에서 모든 Types에 의해 요구되는 local variables의 정의 가운데 liquid heater에 필요한 Input과 Output 단위 코드를 포함하는 2개의 CHARACTER*3 배열을 이미 선언하였고 크기를 지정하였다. 그리고 〈표 3-2〉는 입출력과 그 단위를 정리한 것이다.

〈표 3-2〉 Inputs, Outputs, and their Units

Input Number	Input Description	Units	Output Number	Output Description	Units
1	Liquid inlet temperature	C	1	Liquid outlet temperature	C
2	Liquid inlet mass flow rate	kg/hr	2	Liquid outlet flow rate	kJ/hr
3	Control signal	0..1	3	Required heating rate	kJ/hr
4	Temperature set point	C	4	Energy lost to ambient	kJ/hr
5	Ambient temperature	C	5	Energy to liquid stream	kJ/hr

다음의 Data문이 Type에 추가될 수 있으며, 그 내용은 다음과 같다.

첫 번째 입력값은 온도로 [℃], 두 번째 입력값은 질량 유량으로 [kg/h], 세 번째 입력값은 제어 신호로 (0 또는 1) 등을 갖는 것을 의미한다.

```
      ...
!        DATA STATEMENTS
      DATA YCHECK/'TE1','MF1','CF1','TE1','TE1'/
      DATA OCHECK/'TE1','MF1','PW1','PW1','PW1'/
      ...
```

3-7 Global Constants와 Variables

여기부터는 Type의 실행 부분이다. 코드의 각 행은 위에서부터 순차적으로 실행될 것이다. 그러므로 실행 부분의 시작에 모든 단일 시간 간격과 모든 단일 반복 계산이 실행되는 행을 위치시켜야 한다. 거의 모든 Types의 경우, 일정한 규칙을 가지고 이것을 행할 필요가 있는데 유일한 것은 시뮬레이션에서 어떤 목적으로 이 Type이 무엇을 할 것인지를 조절하는 데 사용되는 몇 가지 global variables의 값을 검색하는 것이다. TIME과 같은 변수 그리고 INFO, PAR 그리고 XIN과 같은 배열은 이미 설명되었다. 반면에 시뮬레이션의 계산 시간 간격, 시작 시간, 종료 시간 등은 기본적으로 지나치는 것이 아닌 검색되는 것이다.

이것은 AccessFunctions이 가장 중요하게 사용되는 Type에서의 핵심이다. 이 하나가 포함된 거의 모든 Types은 시뮬레이션의 시작 시간과 계산 시간 간격을 알 필요가 있다.

이들 두 변수는 3-12절의 Type functionality를 조절하기 위해 사용된다. 다시 이들 두 변수에 대한 local variable 이름은 이미 모든 Type에 의해 요구되는, local variables의 블록에서 선언되었다.

Simulation time step의 local variable name은 'DELT'이고, simulation start time은 'TIME0'이다. Type201에 추가되어야 하는 형식은 다음과 같다.

```
!-------------------------------------------------------------------------
!     GET GLOBAL TRNSYS SIMULATION VARIABLES
      TIME0   = getSimulationStartTime()
      DELT    = getSimulationTimeStep()
```

3-8 Version Signing

버전 신호는 Type의 입력 또는 출력의 어떠한 조작을 실행할 의도가 없는 Type을 만들 때의 일련의 특별한 호출 가운데 하나이다. 일단 시뮬레이션의 매우 앞부분에 Type은 TRNSYS의 주어진 버전에 대하여 작성된 것과 같이 시작될 필요가 있다.

TRNSYS의 발전 과정을 통해 새로운 요구사항은 주기적으로 컴포넌트를 코딩할 때 권장된 방법이 추가되어 왔다. 이들 요구사항은 Fortran 컴파일러의 발전을 통한 코딩 기법의 권장되는 변화를 반영하거나, 추가되는 새로운 기능 향상을 반영한다. TRNSYS 16 이전 버전에서는 TRNSYS의 새로운 버전에서 기존의 Type을 사용할 수 있게 되기 전에 필요한 간단한 수정은 Type 프로그래머의 몫이었다. TRNSYS 버전 16에 이르러 Types에서의 이전 것과의 호환성에 대한 노력이 있었다. 그것은 TRNSYS 16 kernel이 TRNSYS 16 코딩 요구사항에 따라 작성되는 Types을 다룰 수 있고, 서로 다른 코딩 요구사항을 갖고 있는 TRNSYS 15로 작성되는 Types을 다룰 수 있도록 하는 방법으로 고안되었다는 점이다. 그러나 kernel이 Type을 취급하는 방법을 알기 위해 각 Type은 TRNSYS 16 규칙으로 작성되거나 TRNSYS 15 규칙으로 작성되는 그 자체로 시작되어야 한다. 이들 규칙에 대한 차이점에 관한 추가적인 정보는 제 2 장을 참고하면 된다.

예제인 liquid heater의 경우, 현재 사용자는 TRNSYS 16 스타일의 컴포넌트로 작성하고 있으므로 사용자의 Type에 TRNSYS 16 코딩 요구사항을 따르기 위해 'version sign' 행을 추가해야 한다. 그러므로 이 코드 행은 다음과 같이 추가되어야 한다.

```
...
!----------------------------------------------------------------------
!    SET THE VERSION INFORMATION FOR TRNSYS
   IF(INFO(7).EQ.-2) THEN
      INFO(12)=16
      RETURN 1
   ENDIF
...
```

TRNSYS 시뮬레이션의 초기에 TRNSYS kernel은 INFO 배열이 '-2'로 설정된 7번째 지점을 갖는 입력 파일에 나타나는 각 Type을 호출한다. 그러므로 모든 Type은 이 상황을 명확하게 관찰하는 한 행을 가지고 있어야 한다. INFO(7) = -2라고 인식할 때 Type이 해야 하는 유일한 일은 만약 Type이 TRNSYS 16 코딩 규칙으로 작성되었다면 12번째 입력 위치를 16의 값으로 설정하고, 만약 Type이 TRNSYS 15 코딩 규칙으로 작성되었다면 12번째 입력 위치를 15의 값으로 설정하는 것이다. 만약 Type이 정확히 INFO(7) = -2로 호출하지 못하면[즉, INFO(12)가 15 또는 16으로 설정되지 않으면], TRNSYS kernel은 시뮬레이션을 수행하지 않을 것이며, 시뮬레이션 list와 log 파일에 이것을 명시하고 오류 메시지를 생성할 것이다.

3-9 Last Call Manipulations

Type에 대한 두 번째 특별한 경우의 호출은 각 시뮬레이션의 END에서 발생한다. 시뮬레이션이 정확하게 끝나거나 오류로 인해 종료되면, 각 Type은 시뮬레이션이 닫혀지기 전에 TRNSYS kernel에 의해 재호출된다. 이 호출은 Types이 필요할 경우, 어떠한 'last call' 조작을 수행할 수 있도록 허락한다. 이들은 시뮬레이션 수행과정에서 Type에 의해 열려진 외부 데이터 파일을 닫거나 시뮬레이션 수행과정에서 수집되는 요약된 정보를 계산하는 것을 포함할 수 있다. 현재 사용자가 작성하고 있는 Type은 이러한 last call 조작이 불필요하므로, 직접적으로 TRNSYS kernel을 조정하여 단지 되돌아가도록 하는 것을 권장하면 되므로, Type201에 추가되는 형식은 다음과 같다.

```
...
!---------------------------------------------------------------------
!     PERFORM LAST CALL MANIPULATIONS
      IF (INFO(8).EQ.-1) THEN
        RETURN 1
      ENDIF
...
```

사용자가 시뮬레이션의 끝에 사용자 컴포넌트에 실질적으로 무엇을 하기를 원할 수 있다. 예를 들어 list 파일의 메시지를 출력하거나 시뮬레이션이 수행되는 동안에 사용되는 logical units를 닫을 수 있다. 표준 컴포넌트 Type 22(Iterative Feedback Controller)는 사용자가 예제로써 사용할 수 있는 시뮬레이션 조작을 수행한다.

또한, INFO(8) = -1 호출은 만약 시뮬레이션이 치명적인 오류로 멈춰버릴 때 발생한다. 이 경우, 오류를 생성하는 컴포넌트는 TRNSYS를 조정하여 송환된다. 한편, 컴포넌트의 'end of simulation' 운용을 수행하기 위해 마지막에 모든 컴포넌트가 호출된다. 사용자는 제일 마지막 호출이 오류로 인한 것인지, getNumberOfErrors( ) 호출에 의한 정상적인 시뮬레이션 과정의 일부로써 발생하는지를 검사할 수 있다. 몇 가지 end of simulation operation은 불필요하거나, 만약 시뮬레이션이 치명적인 오류로 끝나면 TRNSYS의 기능을 정지시킬 수 있다. 즉, Type 22는 다음과 같이 INFO(8) = 1로 조작한다.

```
if (info(8) == -1) then
    ! Exit immediately if this call is the result of a fatal error
    if (getNumberOfErrors() > 0) then
        return 1
    ! Otherwise, print the nb of "stuck" timesteps
    else
        ... printing manipulations
        ...
    endif
    return 1    ! Exit
endif
```

주의 :

- 만약 시뮬레이션이 오류 없이 종료되면 INFO(8) = −1 호출은 사용자가 시뮬레이션의 끝에 'yes' 또는 'continue' 버튼을 클릭함으로써, 시뮬레이션을 멈출 수 있도록 허용한 다음에 발생한다.
- 위의 코드의 행은 정상적인 명령어(normal instructions) 앞에 위치될 수 있으므로, 컴포넌트의 송환은 이들 명령어가 실행되기 전에 발생한다.

3-10 Post Convergence Manipulations

매 시간 간격의 끝에 시뮬레이션에서 각 Type은 INFO( ) 배열을 1의 값으로 설정하는 13번째 위치에서 재호출된다. 모든 다른 호출이 발생하는 동안(during the iterations of a given Type during a given time step) 이 값은 0으로 설정된다. 본 예제인 liquid heater의 경우, 어떠한 후(後) 수렴 조작들(Post Convergence Manipulations)도 필요하지 않다. 그러므로 사용자는 이 시점에서 컴포넌트에 다음의 형식을 입력할 수 있다.

```
 ...
!----------------------------------------------------------------------------
!      PERFORM POST CONVERGENCE MANIPULATIONS
      IF(INFO(13).GT.0) THEN
        RETURN 1
      ENDIF
 ...
```

본 예제에서 설명하는 것보다 복잡한 컴포넌트의 경우, Post Convergence 호출은 수행되기 위해 많은 다른 조작들을 허용한다. 이들은 storage variables을 업데이트하고 counters를 재설정할 것이다.

1. Resetting counters

주어진 시간 간격 동안에 발생된 특별한 사건들의 발생 횟수를 세는 것은 종종 이점이 있다. 일례로 제어기가 있으며 이것은 주어진 시간 간격 동안 제어 신호의 서로 다른 값을 계산한 횟수를 센다. 서로 다른 결정의 특정 횟수 이상이면, 제어기는 고정(stick)되며, 계산된 출력 상태가 더 이상 변경되지 않는다. 모든 컴포넌트가 수렴된 후 시간 간격의 끝에 반복 횟수를 '0'으로 재설정할 필요가 있다. 이것은 INFO(13)이 '1'로 설정될 때 Post Convergence Manipulations의 하나로 행해질 수 있다.

2. Updating storage variables

Types에 의해 수행되는 가장 일반적인 Post Convergence Manipulations 중 하나는 storage 변수들을 업데이트하는 것(updating storage variables)이다. 배경 정보에 관하여 storage 변수들을 업데이트할 경우, 4-4-16절을 참고하기 바란다. 하나의 시간 간격의 끝에서 updating storage variables의 가장 일반적인 응용은 Type의 하나의 변수에 두 개의 값을 저장하는 것이다. 차후의 시간 간격에서의 모든 계산들은 해당 시간 간격의 시작에서 변수의 초기값에 기초하고, 변수의 최종값은 모든 반복 계산에서 재평가된다.

이 시간 간격의 끝에서 모든 컴포넌트들이 수렴되는 경우 수렴된 최종값으로 초기값을 대체할 필요가 있다. 채택된 형식은 다음과 유사할 것이다.

```
...
!-------------------------------------------------------------------------
!     PERFORM POST CONVERGENCE MANIPULATIONS
      IF(INFO(13).GT.0) THEN
        CALL getStorageVars(Stored,2,INFO)

        OldInitialValue = Stored(1)
        NewFinalValue = Stored(2)   !NewFinalValue was calculated by the
                                    !component at each iteration in the time
                                    !step and was stored in the Stored(2) spot.
        Stored(1) = NewFinalValue
        CALL setStorageVars(Stored,2,INFO)
        RETURN 1
      ENDIF
...
```

3-11 Initialization Call Manipulations

각 시뮬레이션의 시작에서 모든 Types은 자신들의 버전을 신호한 후, 각 Type은 초기화 되어야 하므로, INFO(   ) array의 7번째 지점을 '-1'로 설정한 후 호출된다. 각 Type은 시뮬레이션의 이 위치에서 취하게 되는 일련의 특별한 조치들이 있다. TRNSYS 버전 16의 경우, 초기화 단계에서 Type에 의해 취하게 되는 조치들은 이전에 무엇을 했는지로부터 변경된다. 초기화 호출과 관련되어 명심할 가장 중요한 점은 하나의 Type은 parameter list를 읽지도 않아야 하며, 출력값에 대한 어떠한 계산도 수행하지 말아야

한다는 것이다. 이것은 INFO(6)를 이용한 output array에서 요구되는 충분한 공간을
확보한 후에 다음의 운용을 수행해야 한다. 사용자들은 3-5절에서 Fortran parameter
로써 예상되는 outputs의 개수를 설정하였기 때문에, 다음의 한 행을 추가하는 것 외에
특별히 할 일이 없다.

```
INFO(6) = NO
```

어떻게 Type이 INFO(9)을 이용하여 호출되어야 하는지를 설정한다. 대부분의 Types
은 이 Type의 입력값이 변경되든지, 어떤지 매 반복과정에서 호출되어야 하는 것을 가
리키는 'INFO(9) = 1'로 설정할 것이다.

Integrators 또는 printers와 같은 Types은 다른 INFO(9) 설정을 사용한다. 이러한
유형의 Type을 프로그래밍하는 사용자는 보다 상세한 정보를 위해 4-3-5절을 참고해
야 한다.

INFO(10) 이용에 요구되는 single precision storage spots의 개수를 설정한다. 모든
컴포넌트들은 single precision storage structure가 아닌 double precision storage
structure를 이용할 것을 강력히 추천하고 있다. 그러므로 십중팔구 사용자는 간단히
'INFO(10) = 0'으로 설정해야 한다.

setStorageSize subroutine을 호출하는 데 요구되는 double precision storage spots
의 개수를 설정한다. setStorageSize 호출에 관한 내용은 4-4-16절을 참고하기 바란다.
이 시점에서 storage variable의 초기값은 설정되지 않는다는 것을 명심해야 하며, 사용
자는 단지 나중에 사용될 공간을 확보해 두어야 한다.

TRNSYS 사용자는 입력 파일에 정확한 Parameters, Inputs 그리고 Derivatives의
개수를 제공하기 위해 TYPECK을 호출한다. 다시, 사용자는 이미 3-5절에서 Fortran
Parameter문을 이용하여 Parameters, Inputs 그리고 Derivatives의 예상되는 개수를
설정하였기 때문에 다음의 내용을 이 지점에 적당한 형식을 갖는 행 하나를 복사하기만
하면 된다. TYPECK 호출의 첫 번째 인수 '1'은 TYPECK이 이 특별한 경우에 조치를 취
하는 것을 가리키는 지시자이다. TYPECK 인수와 이들의 의미에 대한 추가적인 내용은
4-4-19절을 참고하기 바란다.

```
CALL TYPECK(1,INFO,NI,NP,ND)
```

이 Type의 Inputs와 연결되는 Outputs의 해당 단위들(units)이 정확한지를 확인하기
위해 RCHECK routine을 호출한다. 3-6절에서 사용자는 작성한 Type201의 Outputs
과 Inputs의 각각에 대한 단위들을 위해 3개의 문자 코드(letter code)를 나열하였다.

RCHECK을 호출함으로써 사용자는 TRNSYS가 다른 Types 상호간의 사용자 연결들을 검토하도록 하였으며, 일례로 이것은 출력의 단위(W)와 온도의 단위(K)가 부주의하게 연결되지 않도록 하기 위함이다. 다시 이 시간 간격에서는 어떠한 반복 과정도 수행되지 않으므로 어떠한 계산도 수행되지 않는다.

Type201과 관련해서 위의 단계에서 요구되는 형식은 다음과 같다.

다음 코드는 매우 일반적이며 입력 파일에 허용되는 Parameters, Inputs 또는 Derivatives의 유동적인 개수를 갖지 않는 어떠한 Type에도 복사될 수 있음을 주목하기 바란다.

```
...
!-------------------------------------------------------------------
!        PERFORM INITIALIZATION MANIPULATIONS
         IF (INFO(7).EQ.-1) THEN
            !retrieve unit and type number for this component from the INFO array
            IUNIT=INFO(1)
            ITYPE=INFO(2)
            !reserve space in the global OUT array
            INFO(6) = NO
            ! this TYPE should be called at each iteration whether or not its
            ! inputs change
            INFO(9) = 1
            ! reserve space in the single precision storage structure
            INFO(10) = 0
            ! call the Type check subroutine to compare what this Type requires to
            ! what has been supplied in the input file.
            CALL TYPECK(1,INFO,NI,NP,ND)
            ! call the input-output check subroutine to set the correct input and
            !output variable units.
            CALL RCHECK(INFO,YCHECK,OCHECK)
            ! return to the calling program.
            RETURN 1
         ENDIF
...
```

3-12 TIME = TIME0 Manipulations

일단 초기화 단계가 완료되면, 제어는 TRNSYS kernel로 되돌아간다. 각 Type이 호출된 다음 시간은 이 시뮬레이션 시간(simulation time)이 시뮬레이션 시작 시간(simulation start time)과 같을 때이다.

TRNSYS 15까지의 개발 과정 동안 시뮬레이션 시작 시간에 컴포넌트에 대한 어떠한 호출도 없었다. 3-11절에서 설명된 것과 같이 초기화를 위해 INFO(7) = -1이 호출된 후에, Types은 첫 번째 시간 간격의 끝(TIME = InitialTime + TimeStep)에 호출되었다.

TRNSYS 16 버전의 경우, 지금까지와는 다른 중요한 구별이 있었으며, 이것은 초기화된 후에 한 번 모든 Types이 호출되었으나, 시뮬레이션에서 time이 진행되기 이전이라는 것이다. 초기 시간 호출의 바로 이러한 점은 다음의 조치들을 수행하기 위함이다.

첫 번째로 local parameter list를 읽고, 각 parameter를 local variable로 설정한다. 3-2절에 설명된 것과 같이 각 Type에서 TRNSYS kernel에 의해 통과되는 data structures의 하나가 그 Type의 parameter 값을 포함한 1차원 배열이다. parameter 값은 하나의 Type 내의 두 위치에서만 읽혀질 수 있다. 이 첫 번째가 time이 진행되기 이전에 TIME = TIME0 호출 동안이다. 다른 하나는 3-13절에서 소개되는 "multiple unit manipulations" 동안이다. 시뮬레이션의 이들 두 단계에서 parameters를 단지 읽는 것은 상당한 계산 시간을 절약한다. 왜냐하면, 이 방법에서는 시간의 변화없이 parameters이 읽혀져야만 할 때 읽혀지기 때문이다. 각 parameter 값은 3-5절에서 소개된 Type의 local variables 사이의 double precision variable로써 선언되는 local variable name과 동일하게 설정된다. local variable name으로 parameter value을 설정하기 위한 생성된 코드는 다음과 같다.

```
LocalVariable = PAR(n)
```

Type201은 4개의 parameter를 포함하며, 이들은 최대 난방 용량, 작동 유체의 비열, 난방기의 총합 열손실 계수 그리고 난방기 효율이다. 이 절의 끝에 있는 코드를 참고하면, 이들 4개의 parameter [PAR(1)부터 PAR(4)] 각각은 local variable name인 QMAX, CP, UA 그리고 HTREFF로 설정된다.

'TIME = TIME0 Manipulations' section 동안 수행되는 두 번째 단계는 각 parameter(매개변수)의 값이 유효한지를 검토하는 것이다. '−' 값이 될 수 없거나, '0~1' 값이 되어야 하는 매개변수는 TYPECK subroutine의 호출에 사용될 오류로써 표시될 수 있다.

예를 들어, 난방기에 대한 작동 유체 비열의 경우, 이것은 사용자가 비열에 '−' 값을 입력할 수 있도록 하는 어떠한 물리적 의미도 갖지 않는다. 두 번째 매개변수가 비열이고 SpecHeat라 불리는 local variable로 설정되었다고 가정하면, 사용자는 이 문제를 검출하고 보고하기 위한 다음의 코드를 사용할 수 있다.

```
...
SpecHeat = PAR(2)
IF (SpecHeat.LT.0.0) CALL TYPECK(-4,INFO,0,2,0)
...
```

TYPECK 호출에서의 인수 '−4'는 TYPECK에게 부적절한 매개변수값이 표시되므로, 일반적인 오류 메시지를 사용하여 사용자에게 이 오류를 보고하기 원한다는 것을 가리킨다.

TYPECK 호출에서의 인수 '2'는 TYPECK에게 두 번째 매개변수에 문제가 있다는 것을 가리킨다.

일단 TYPECK이 표시된 매개변수를 보고하고, 시뮬레이션 log와 list 파일에 오류 메시지를 출력하면, 이것은 호출된 Type에 제어를 반환하지만 불행하게도 오류 메시지가 작성된 Type에 명령하여 인수를 반환하지는 않는다. 이것은 불량 매개변수와 함께 TYPECK이 호출된 Type에 대하여 좋은 방법으로 이 호출이 끝나기 전에 불량 매개변수가 다른 문제의 원인이 될 수 있는 경우, 'TIME = TIME0 Manipulations'의 완료함 없이 TRNSYS kernel에 제어를 즉시 반환한다. 그러므로 한 번에 모든 변수가 검토되는 것을 강력히 권장하고 있으며, 프로그래머는 TYPECK가 시뮬레이션 list와 log 파일에 오류 메시지를 작성했는지를 결정하기 위한 ErrorFound(   ) Access Function을 사용한다. ErrorFound(   ) Access Function에 관한 자세한 내용은 4-2-6절을 참고하기 바란다. 이 방법에서 제어를 반환하기 위한 형식은 다음과 같다.

```
...
IF (ErrorFound()) RETURN 1
...
```

다음으로 Type에 사용되는 어떤 storage variables의 초기값을 설정할 필요가 있다. 이것은 local variable value를 double precision storage structure로부터 정보를 전달하기 위해 사용된 배열의 각 위치에 할당함으로써 간단히 달성한 후, setStorageVars subroutine을 호출한다. 두 개의 초기 storage value를 설정하기 위해 사용된 형식은 다음과 유사하다.

```
...
storageArray(1) = LocalVar1
storageArray(2) = LocalVar2
CALL setStorageVars(storageArray,2,INFO)
...
```

Type201은 아무런 storage variable spot을 요구하지 않기 때문에 위의 단계를 포함시킬 필요는 없다.

'TIME = TIME0 Manipulations' 과정에서 수행될 최종 단계는 output의 초기값들을 설정하는 것이다. 사용자가 여기에 초기값을 설정하고, 사용자 Type은 바로 이 시점에서 어떠한 계산들도 수행되지 않아야 하는 것이 필수이다. 만약 이것이 행해지면 시뮬레이션의 이 시점에서 되어야 하는 것보다 하나의 시간 간격 앞에서 얻어지게 될 것이다.

계산을 수행할 때의 이 제한 때문에, 종종 output 초기값을 어떤 값으로 선택해야 하는지 알기가 어렵다. 양호한 기본값은 '0'으로 output이 아직 계산되지 않았음을 사용자에게 일반적으로 알리기 때문이다. 유체 유동을 갖는 장치들의 경우, 유체의 출구온도와 유량은 종종 입구온도와 유량으로 설정될 수 있다. Type201의 경우, 처음 두 output은 이 방법에 의해 input의 초기값들로 설정될 수 있다. 그 외 output은 쉽게 계산될 수 없으므로 간단히 '0'으로 설정된다.

다음은 Type201에 대한 'TIME = TIME0 Manipulations'에 대한 전체 형식을 나타낸다.

```
...
!------------------------------------------------------------
!       PERFORM INITIAL TIMESTEP MANIPULATIONS
        IF(TIME.LT.(TIME0+DELT/2.)) THEN
            !set the UNIT and TYPE numbers
            IUNIT = INFO(1)
            ITYPE = INFO(2)
            !read parameter values
            QMAX   = PAR(1)
            CP     = PAR(2)
            UA     = PAR(3)
            HTREFF = PAR(4)
            !check the parameters for problems and RETURN if any are found
            IF(QMAX.LT.0.) CALL TYPECK(-4,INFO,0,1,0)
            IF(CP.LT.0.)   CALL TYPECK(-4,INFO,0,2,0)
            IF(UA.LT.0.)   CALL TYPECK(-4,INFO,0,3,0)
            IF((HTREFF.GT.1.).OR.(HTREFF.LT.0.)) CALL TYPECK(-4,INFO,0,4,0)
            IF (ErrorFound()) RETURN 1
            !perform any required calculations, set the outputs to appropriate
            ! initial values.
            OUT(1) = XIN(1) !outlet temperature = inlet temperature [C]
            OUT(2) = XIN(2) !mass flowrate out = mass flowrate in [kg/hr]
            OUT(3) = 0.       !required heating rate [kJ/hr]
            OUT(4) = 0.       !rate of losses to environment [kJ/hr]
            OUT(5) = 0.       !rate of energy delivered to stream [kJ/hr]
            RETURN 1          !the first timestep is for initialization - exit.
        ENDIF
...
```

3-13 Multiple Unit Manipulations

사용자가 실질적으로 액체 난방기의 성능을 시뮬레이션하기 이전에 하나 이상의 특별한 조작이 요구된다.

이 Multiple Unit Manipulations에 있어 사용자 시뮬레이션의 컴포넌트에 하나 이상의 요구가 있다면, 사용자는 사용자 컴포넌트 매개변수를 다시 읽어야 한다.

사용자는 이전 섹션의 몇 가지를 통보할 수 있으며, 각 섹션에서 형식의 처음 몇 행은 다음과 같다.

```
!set the UNIT and TYPE numbers
IUNIT = INFO(1)
ITYPE = INFO(2)
```

What this does is take the first two spots of the INFO( ) array each and every time the Type is called and save the current Type number and the current Unit number to local variables ITYPE and IUNIT respectively.

만약 시뮬레이션에서 주어진 Type에 단지 하나의 요구사항만이 있다면, IUNIT의 값은 항상 INFO(1)의 값과 같게 될 것이다. 거꾸로 만약 하나 이상의 요구사항이 있다면, 사용자는 이 Type의 새로운 요구사항으로 시뮬레이션을 시작할 때마다 IUNIT의 값은 INFO(1)의 값과 일치하지 않을 것이다. 사용자는 이 조작 단계에서 바로 이 특징을 이용한다. 만약 Unit 번호가 변경되면, 사용자가 이 매개변수 항목들을 다시 읽을 필요가 있음을 알기 때문에 모든 local 변수들이 Type의 매개변수 항목의 현재의 요구사항으로 설정되어야 함을 확신하게 된다. 이 형식은 다음과 같다.

```
...
!------------------------------------------------------------------------
!     RE-READ THE PARAMETERS IF ANOTHER UNIT OF THIS TYPE HAS BEEN CALLED SINCE
!     THE LAST TIME THEY WERE READ IN
      IF(INFO(1).NE.IUNIT) THEN
        !reset the unit number
        IUNIT  = INFO(1)
        ITYPE  = INFO(2)
        !read the parameter values
        QMAX   = PAR(1)
        CP     = PAR(2)
        UA     = PAR(3)
        HTREFF = PAR(4)
      ENDIF
...
```

매개변수가 유효한지 재검토할 필요가 없으며, 이것은 'TIME = TIME0 Manipulations' 동안에 이미 행해졌기 때문이다.

3-14 Every Time Step Manipulations

드디어 사용자는 새로운 컴포넌트 작성의 핵심에 이르렀다. 이 마지막 섹션은 컴포넌트의 성능이 시뮬레이션되는 곳이다. 모든 컴포넌트는 다르기 때문에 이 섹션에서 무슨 조치를 취하기 위한 규칙은 보다 유연성이 있다. 이 'Every Time Step Manipulations' 섹션은 다음과 같은 순서로 진행되는 기본적인 네 개의 범주로 구분될 수 있다.

1. Retrieve Stored Values

매 반복 과정에서 호출은 계산에 요구되는 저장된 변수를 검색하기 위해 getStorage-Vars(   ) subroutine을 호출해야 한다. 이 호출은 다음과 유사하게 될 것이다.

```
...
CALL getStorageVars(storageArray,NS,INFO)
LocalVar1 = storageArray(1)
LocalVar2 = storageArray(2)
...
```

2. Retrieve Input Values

입력값을 검색하는 것은 매개변수값을 검색하는 것과 매우 유사한 패턴을 따른다. 이 inputs은 XIN(   )라 불리는 1차원 배열과 double precision으로 각 Type에 할당되었다. 전형적으로 이 배열의 값은 편의를 위해 국소 변수명으로 읽혀지고, 매개변수에서와 같은 방법으로 이들이 유효한지 검토될 수 있다.

사용자의 Type201은 5개의 inputs을 갖는다. 그러나 이들 중 2개는 값에 제한이 있다. 즉, 질량 유량은 (-) 값이 될 수 없으며, 난방기의 제어 신호는 (0)보다 작거나 (1)보다 큰 값이 될 수 없다. XIN(   ) 배열로부터 이들을 읽고, 이 inputs를 국소변수들로 설정하고, 이들을 검토하는 이 섹션은 다음과 유사한 형식을 갖는다.

```
...
!-----------------------------------------------------------------------------------
!      RETRIEVE THE CURRENT INPUT VALUES FROM THE XIN ARRAY
       TIN  = XIN(1)
       FLOW = XIN(2)
       IGAM = JFIX(XIN(3)+0.1)
       TSET = XIN(4)
       TAMB = XIN(5)
!      CHECK THE INPUTS FOR VALIDITY AND RETURN IF PROBLEMS ARE FOUND
       IF (FLOW.LT.0.)                    CALL TYPECK(-3,INFO,2,0,0)
       IF ((IGAM.GT.1.).OR.( IGAM.LT.0.)) CALL TYPECK(-3,INFO,3,0,0)
       IF (ErrorFound() ) RETURN 1
...
```

  TYPECK 인수들 가운데 '-3'은 불량한 입력값에 표시를 하는 것을 가리킨다. 그리고 '2'와 '3'은 각 경우에 문제가 있는 input 번호를 가리킨다.

3. Perform Calculations

  일단 모든 입력값들이 검색되면 난방기 성능 계산과 제어 논리(control logic)가 수행될 수 있다. 다음 코드의 각 행은 이러한 목적을 보여주기 위해 주석문이 추가되어 있다.

```
!         PERFORM CALCULATIONS
          IF (FLOW .GT. 0.) GO TO 10 !if the inlet flow is greater than 0, skip to
                                     !line 10

!         NO FLOW CONDITION
          OUT(1) = TIN          !set the outlet temperature to the inlet temperature
          OUT(2) = 0.           !set the outlet flow rate to 0.
          OUT(3) = 0.           !set auxiliary energy use to 0.
          OUT(4) = 0.           !set heater losses to 0.
          OUT(5) = 0.           !set the energy imparted to the liquid to 0.
          RETURN 1              !return control to the kernel

!         FLOW CONDITION
!         CHECK INLET TEMPERATURE AND CONTROL FUNCTION
10        IF ((TIN.LT.TSET).AND.(IGAM.EQ.1)) GO TO 20 !if the inlet temperature is
                                              !below the set point temperature
                                              !otherwise, the heater and the
                                              !control signal is set to ON,
                                              !skip to line 20. is OFF.

!         HEATER "OFF" CONDITION
          TOUT   = TIN          !set the outlet temperature to the inlet temperature
          QAUX   = 0.           !set the auxiliary energy use to 0.
          QLOSS  = 0.           !set the heater losses to 0.
          QFLUID = 0.           !set the energy imparted to the liquid to 0.
          GO TO 50              !skip to the output setting section.

!         HEATER "ON" CONDITION
!         calculate the outlet temperature assuming that the heter is on and
!         running at capacity
20        TON    =(QMAX*HTREFF+FLOW*CP*TIN+UA*TAMB-UA*TIN/2.d0)/(FLOW*CP+UA/2.d0)
          !the outlet temperature is the lesser of TON and TSET - the heater is
          !able to modulate its energy output to reach the setpoint temperature.
          TOUT = MIN(TSET,TON)
          !calculate the average heater temperature - losses are based on the
          !average
          TBAR = (TIN+TOUT)/2.d0
          !calculate the auxiliary energy required, accounting for heater
          !efficiency.
          QAUX = (FLOW*CP*(TOUT-TIN)+UA*(TBAR-TAMB))/HTREFF
          !calcualte the energy lost from the heater, including heater inefficiency
          QLOSS = UA*(TBAR-TAMB) + (1.d0-HTREFF)*QAUX
          !calculate the energy imparted to the liquid.
          QFLUID = FLOW*CP*(TOUT-TIN)
```

4. Set Storage Values

매 반복 과정에서 이 Type을 벗어나기 이전에 모든 고유한 저장변수들을 업데이트하는 것은 좋은 방법이다. 명백히 하나 또는 그 이상의 저장변수가 주어진 시간 간격에서 수렴에 도달할 때까지 모든 반복 계산에 사용되는 초기값이면, 이것은 INFO(13) = 1을 호출할 때까지 이 값을 업데이트하는 것은 적절하지 않다.

5. Set Outputs

매우 유사한 방법으로 사용자는 TRNSYS kernel로 제공된 매개변수와 입력 배열을 가져가고 이들을 국소변수명으로 설정하였다. 여기서, 사용자는 적당한 TRNSYS 출력 배열에 계산된 국소변수를 설정해야 한다. Type201에 대하여 행할 형식은 다음과 같다.

```
...
!       SET OUTPUTS
50      OUT(1) = TOUT
        OUT(2) = FLOW
        OUT(3) = QAUX
        OUT(4) = QLOSS
        OUT(5) = QFLUID
...
```

6. Return Control

최종적으로 필요한 것이 Type은 계산이 완료된 후, TRNSYS kernel에 제어를 반환하는 것이다.

Return문 다음의 '1'은 'Alternate Return'으로써 관련된다. 본질적으로 하나의 FORTRAN subroutine의 호출이 하나의 상황 설정하에서 설정될 수 있으므로 제어는 이 호출 행 다음 행으로 되돌아오게 된다. 또 다른 상황의 경우, 이 호출 경로의 어떤 다른 지점에 제어를 반환하기 위해 'Alternate Return'된다. 이에 관한 자세한 내용은 4-6절을 참고하기 바란다.

```
...
RETURN 1
END SUBROUTINE Type201
...
```

3-15 Complete Code

완전한 참고 자료로써 Type201의 전체 형식이 다음에 재현되었다.

```fortran
      SUBROUTINE TYPE201(TIME,)
      !-----------------------------------------------------------------------------

      !DEC$ATTRIBUTES DLLEXPORT :: TYPE201

      ! USE STATEMENTS
            USE TrnsysFunctions

            IMPLICIT NONE !FORCE DECLARATION OF ALL VARIABLES

      !     TRNSYS DECLARATIONS
            DOUBLE PRECISION XIN,OUT,TIME,PAR,T,DTDT,TIME0,TFINAL,DELT,STORED
            INTEGER*4 INFO(15),NP,NI,NOUT,ND,IUNIT,ITYPE,ICNTRL
            CHARACTER*3 OCHECK,YCHECK

      !     SET THE MAXIMUM NUMBER OF PARAMETERS(NP),INPUTS(NI),OUTPUTS(NO),
      !     DERIVATIVES(ND), AND STORAGE SPOTS(NS) THAT MAY BE SUPPLIED FOR THIS TYPE
            PARAMETER (NP=a,NI=b,NO=c,ND=d,NS=e)

      !     REQUIRED TRNSYS DIMENSIONS
            DIMENSION XIN(NI),OUT(NO),PAR(NP),YCHECK(NI),OCHECK(NO),STORED(NS)

      !     LOCAL VARIABLE DECLARATIONS
            INTEGER IGAM
            DOUBLE PRECISION TIN, & !temperature of fluid at heater inlet [C]
            TOUT, &    !temperature of fluid at heater outlet [C]
            TBAR, &    !average temperature of fluid in heater [C]
            TAMB, &    !ambient temperature of heater surroundings [C]
            TSET, &    !heater setpoint temperature [C]
            TON, &     !set temporarily to TOUT before check on TOUT>TSET [C]
            QMAX, &    !heater capacity [kJ/hr]
            QAUX, &    !required heating rate [kJ/hr]
            QLOSS, &   !rate of thermal losses to surroundings [kJ/hr]
            FLOW, &    !fluid flow rate through heater [kg/hr]
            CP, &      !fluid specific heat [kJ/kg.K]
            HTREFF, &  !heater efficiency [-]
            UA, &      !overall loss coeff. for heater during operation [kJ/hr.K]
            QFLUID     !rate of energy delivered to fluid [kJ/hr]

      !     DATA STATEMENTS
            DATA YCHECK/'TE1','MF1','CF1','TE1','TE1'/
            DATA OCHECK/'TE1','MF1','PW1','PW1','PW1'/

      !-----------------------------------------------------------------------------
      !     GET GLOBAL TRNSYS SIMULATION VARIABLES
            TIME0   = getSimulationStartTime()
            DELT    = getSimulationTimeStep()

      !-----------------------------------------------------------------------------
      !     SET THE VERSION INFORMATION FOR TRNSYS
            IF(INFO(7).EQ.-2) THEN
              INFO(12)=16
              RETURN 1
            ENDIF

      !-----------------------------------------------------------------------------
```

```fortran
!         PERFORM LAST CALL MANIPULATIONS
          IF (INFO(8).EQ.-1) THEN
            RETURN 1
          ENDIF

!-----------------------------------------------------------------------------
!         PERFORM POST CONVERGENCE MANIPULATIONS
          IF(INFO(13).GT.0) THEN
            RETURN 1
          ENDIF

!-----------------------------------------------------------------------------
!      PERFORM INITIALIZATION MANIPULATIONS
          IF (INFO(7).EQ.-1) THEN
            !retrieve unit and type number for this component from the INFO array
            IUNIT=INFO(1)
            ITYPE=INFO(2)
            !reserve space in the global OUT array
            INFO(6) = NO
            ! this TYPE should be called at each iteration whether or not its
            ! inputs change
            INFO(9) = 1
            ! reserve space in the single precision storage structure
            INFO(10) = 0
            ! call the Type check subroutine to compare what this Type requires to
            ! what has been supplied in the input file.
            CALL TYPECK(1,INFO,NI,NP,ND)
            ! call the input-output check subroutine to set the correct input and
            !output variable units.
            CALL RCHECK(INFO,YCHECK,OCHECK)
            ! return to the calling program.
            RETURN 1
          ENDIF

!-----------------------------------------------------------------------------
!      RE-READ THE PARAMETERS IF ANOTHER UNIT OF THIS TYPE HAS BEEN CALLED SINCE
!      THE LAST TIME THEY WERE READ IN
          IF(INFO(1).NE.IUNIT) THEN
            !reset the unit number
            IUNIT  = INFO(1)
            ITYPE  = INFO(2)
            !read the parameter values
            QMAX   = PAR(1)
            CP     = PAR(2)
            UA     = PAR(3)
            HTREFF = PAR(4)
          ENDIF

!-----------------------------------------------------------------------------
!      RETRIEVE THE CURRENT INPUT VALUES FROM THE XIN ARRAY
          TIN  = XIN(1)
          FLOW = XIN(2)
          IGAM = JFIX(XIN(3)+0.1)
          TSET = XIN(4)
          TAMB = XIN(5)
!      CHECK THE INPUTS FOR VALIDITY AND RETURN IF PROBLEMS ARE FOUND
          IF (FLOW.LT.0.)                      CALL TYPECK(-3,INFO,2,0,0)
          IF ((IGAM.GT.1.).OR.( IGAM.LT.0.))   CALL TYPECK(-3,INFO,3,0,0)
          IF (ErrorFound() ) RETURN 1

!      PERFORM CALCULATIONS
          IF (FLOW .GT. 0.) GO TO 10
```

```fortran
!        NO FLOW CONDITION
         OUT(1) = TIN            !set the outlet temperature to the inlet temperature
         OUT(2) = 0.             !set the outlet flow rate to 0.
         OUT(3) = 0.             !set auxiliary energy use to 0.
         OUT(4) = 0.             !set heater losses to 0.
         OUT(5) = 0.             !set the energy imparted to the liquid to 0.
         RETURN 1                !return control to the kernel

!        FLOW CONDITION
!        CHECK INLET TEMPERATURE AND CONTROL FUNCTION
10       IF ((TIN.LT.TSET).AND.(IGAM.EQ.1)) GO TO 20

!        HEATER "OFF" CONDITION
         TOUT  = TIN             !set the outlet temperature to the inlet temperature
         QAUX  = 0.              !set the auxiliary energy use to 0.
         QLOSS = 0.              !set the heater losses to 0.
         QFLUID = 0.             !set the energy imparted to the liquid to 0.
         GO TO 50                !skip to the output setting section.

!        HEATER "ON" CONDITION
20       TON  =(QMAX*HTREFF+FLOW*CP*TIN+UA*TAMB-UA*TIN/2.d0)/(FLOW*CP+UA/2.d0)
         TOUT = MIN(TSET,TON)
         TBAR = (TIN+TOUT)/2.d0
         QAUX = (FLOW*CP*(TOUT-TIN)+UA*(TBAR-TAMB))/HTREFF
         QLOSS = UA*(TBAR-TAMB) + (1.d0-HTREFF)*QAUX
         QFLUID = FLOW*CP*(TOUT-TIN)

!        SET OUTPUTS
50       OUT(1) = TOUT
         OUT(2) = FLOW
         OUT(3) = QAUX
         OUT(4) = QLOSS
         OUT(5) = QFLUID

         RETURN 1
         END SUBROUTINE Type201
```

3-16   Including your new Component in an External DLL

　이 단계는 UserLib 폴더 내에 DLL을 생성할 새로운 프로젝트를 구성하고, 생성하는 방법을 설명하는 4-10절에서 다뤄진다.

　만약 사용자가 TRNSYS studio로부터 시작하여 'Export as Fortran' 명령을 이용하여 사용자의 Type의 골격을 생성하였다면, studio는 자동적으로 사용자를 위해 정확한 설정을 갖는 프로젝트를 생성할 것이다.

4. 참고 사항

4-1 　전반 상수 (Global constants)

1. TRNSYS simulations의 상수 설정 한도

〈표 4-1〉 TRNSYS 제공 상수들의 기본값

Constant	Default	Comment
nMaxUnits	1000	Maximum number of Units
nMaxEquations	500	Maximum number of Equations
nMaxDerivatives	100	Maximum number of Derivatives
nMaxOutputs	3000	Maximum number of Outputs
nMaxParameters	2000	Maximum number of Parameters
nMaxStorageSpots	10000	Number of Storage places in the S array
nMaxFiles	300	Maximum number of files that can be opened by TRNSYS
nMaxDescriptions	750	Maximum number of descriptions in an input file
nMaxVariableUnits	750	Maximum number of input variable types in an input file
nMaxLabels	100	Maximum number of labels in an input file
nMaxFormats	100	Maximum number of format statements in an input file
nMaxChecks	20	Maximum number of check statements in an input file
nMaxCheckCodes	30	Maximum number of outputs per CHECK statement
nMaxUnitConversions	250	Max. number of unit conversions allowed in units.lab file
nMaxUnitTypes	250	Maximum number of unit types allowed in units.lab file

nMaxCardValues	250	Max. nb. of values allowed in one TRNSYS input file card E.g. a component with 500 parameters would required nMaxCardValues to be greater or equal to 500
minTimeStep	0.1/3600	Minimum Simulation Time Step [in hours](0.1 second)
nMaxTimeSteps	109	Maximum number of time steps in a simulation(1 billion)
nMaxPlottedTimeSteps	525601	Max. nb. of time steps plotted by the online plotter Note : This constant is set in TRNExe. Do not edit
nMaxErrorMessages	1000	Maximum number of standard error messages in TrnsysErrors Note : If you increase this constant, additional messages will not be initialized. Add lines in TrnsysErros.f90

2. 문자 길이에 대한 상수

〈표 4-2〉 TRNSYS 문자 길이 지정 상수

Constant	Default	Comment
maxPathLength	300	Maximum length of variables containing path- and filenames Note : DFWIN defines MAX_PATH as 260 but Windows XP can actually use much longer pathnames. ATTENTION : TRNExe must be adapted if this constant is modified. Users should not change maxPathLength
maxFileWidth	1000	Maximum file width, i.e. maximum length of any line in a text file that must be read from/written to by TRNSYS maxFileWidth should be ≥ maxPathLength. This constant is also used for strings, e.g. error messages
maxDescripLength	25	Maximum length of a variable description, e.g. descriptions for printers and plotters
maxVarUnitLength	20	Maximum length of units associated with variables
maxEqnNameLength	20	Maximum length of variable names is equations
maxLabelLength	300	Maximum length of labels. Some labels are file- and pathnames so a suggested value is maxLabelLength = maxPathLength
maxMessageLength	800	Maximum length of notices, warnings and error messages Error messages and any text printed on the same line must fit within the maximum file width(maxFileWidth). It is recommended to set maxMessageLength to maxFileWidth-200

4-2 Access functions

본 절에서는 'TrnsysFunction' 모듈에서 선언된 모든 함수들을 나열한다. 데이터 저장(data storage)을 취급하는 데 사용되는 서브루틴이 언급되었으나, 상세한 설명은 4-4-16절에서 다루도록 한다.

access functions[getMaxDescripLength(   ), etc.]의 첫 번째 그룹은 global constants에 접근하는 것이다. 이들 constants은 TrnsysConstants 모듈에서 선언되므로, Fortran으로 작성된 Types는 'use'문 : use TrnsysConstants를 통해 보다 쉽게 접근할 수 있다.

이들 access functions들은 non-Fortran Types에 대하여 제공된다.

1. 함수 getMaxDescripLength(   )

[maxDescripLength is also available through `use TrnsysConstants`]

이 함수는 변수 설명(즉, 프린터와 플로터에 대한 입력값의 설명)에 대한 최대 허용 길이를 지정하는 정수 함수(integer function)이다. 이 값은 TrnsysConstants file에서 설정될 수 있다. 만약 이 값이 수정되면, 이 변경에 대한 효력을 발생하기 위해 trnlib.dll이 재컴파일되어야 한다.

```
INTEGER DescripLen
...
DescripLen = getMaxDescripLength ()
```

2. 함수 getmaxFileWidth(   )

[maxFileWidth is also available through `use TrnsysConstants`]

이 함수는 TRNSYS에 의해 읽혀져야 하는 어떤 텍스트 파일에 포함된 행들의 최대 허용 폭을 지정하는 정수 함수이다. 이것은 입력 파일과 DynamicData utility routine에 의해 읽혀지는 외부 데이터 파일들을 포함한다.

최대 허용 행 길이(maximum allowable line length)의 값은 TrnsysConstants file에서 설정될 수 있다. 만약 이 값이 수정되면, 이 변경에 대한 효력을 발생하기 위해 trnlib.dll이 재컴파일되어야 한다.

```
INTEGER FileWidth
...
FileWidth = getmaxFileWidth()
```

3. 함수 getMaxLabelLength(   )

```
[ maxLabelLength is also available through "use TrnsysConstants" ]
```

이 함수는 파일명과 파일 경로를 포함하는 변수의 최대 허용 길이를 지정하는 정수 함수이다. 최대 허용 라벨 길이의 값은 TrnsysConstants file에서 설정될 수 있다. 만약 이 값이 수정되면 이 변경에 대한 효력을 발생하기 위해 trnlib.dll이 재컴파일되어야 한다.

```
INTEGER LabLen
...
LabLen = getMaxLabelLength()
```

4. 함수 getMaxPathLength(   )

```
[ maxPathLength is also available through "use TrnsysConstants" ]
```

이 함수는 경로명의 최대 허용 길이를 지정하는 정수 함수이다. 최대 허용 경로 길이의 값은 TrnsysConstants file에서 설정될 수 있다. 만약 이 값이 수정되면, 이 변경에 대한 효력을 발생하기 위해 trnlib.dll이 재컴파일되어야 한다.

```
INTEGER PathLen
...
PathLen = getMaxPathLength()
```

5. 함수 getnMaxStorageSpots(   )

```
[nMaxStorageSpots is also available through "use TrnsysConstants" ]
```

이 함수는 주어진 시뮬레이션에서 요구될 수 있는 storage spots의 최대 개수를 지정하는 정수 함수이다. 이 함수는 setStorageSize subroutine에 의해 사용되므로, 사용자의 Type에 대한 storage spots의 요구되는 개수가 storage spots의 최대 허용 개수를 초과할 것인지를 Type 프로그래머가 검사할 필요는 없다. 그리고 이 값은 Trnsys-Constants file에서 설정될 수 있다. 만약 이 값이 수정되면 이 변경에 대한 효력을 발생하기 위해 trnlib.dll이 재컴파일되어야 한다.

```
INTEGER StorSpots
...
StorSpots = getnMaxStorageSpots()
```

6. 함수 CheckStability(   )

```
This function is only used with Solver 1(Powell's method). You can find more information
on TRNSYS Solvers in Volume 07, TRNEdit(check the section on the Solver Statement).
```

이 함수는 최종 시간 간격에서 수렴되면 '1', 수렴되지 않으면 '0'으로 답하는 정수 함수이다. CheckStability 함수는 만약 안정해(stable solutio)를 발견하지 못하면, 어떠한 조치를 취하기 위해 시간 간격을 뒤로 돌려 한 번 이상의 제어 전략(control strategy)을 시도하는 Solver 1에서 사용된다. TRNSYS 데이터 판독 컴포넌트들(data reading components)은 데이터 읽기를 지속하는 것이 아니라, 백업(back up)해야 함을 알 필요가 있다.

```
if (CheckStability() < 1) then
    backspace(LU_DATA)
endif
```

7. 함수 ErrorFound(   )

이 함수는 TRNSYS 오류가 발견되면, 'TRUE'의 값으로 답하는 논리 함수(logical function)이다. 이 함수는 오류를 찾아 알리는 TYPECK, PSYCHROMETRICS 또는 STEAM과 같은 TRNSYS Utility subroutines의 하나 또는 그 이상을 호출하는 TYPEs에서 매우 유용하다. 예를 들면, 사용자 작성 Type이 입력값 가운데 하나가 부적절한 값을 갖는 것을 표시하기 위해 TYPECK을 호출하도록 명령할 수 있다.

TYPECK은 오류를 출력하는 TRNSYS utility subroutine인 MESSAGES를 호출하며, 오류가 발생한 것을 기록하며, TYPECK에 신호를 보낸다. TYPECK은 Type에 대한 신호를 교대로 보내며, ErrorFound function에 접근함으로써 Type의 나머지 계산을 피할 수 있다. 다음의 예제는 만약 입력변수 FLOW_CHW, FLOW_CW 또는 FLOW_HW의 불합리한 값이 발견되면 계산을 멈추는 것을 보여준다.

```fortran
IF(FLOW_CHW.LT.0.) CALL TYPECK(-3,INFO,2,0,0)
IF(FLOW_CW.LT.0.) CALL TYPECK(-3,INFO,4,0,0)
IF(FLOW_HW.LT.0.) CALL TYPECK(-3,INFO,6,0,0)
IF( ErrorFound() ) RETURN 1
```

8. 함수 getConvergenceTolerance(   )

이 함수는 시뮬레이션의 수렴 오차의 사용자 정의 값을 답하는 이중 정밀도 함수(double precision function)이다.

```fortran
DOUBLE PRECISION ErrTol
...
ErrTol = getConvergenceTolerance()
```

9. 함수 getDeckFileName(   )

이 함수는 실행될 때 경로는 포함하지 않는 입력 파일명을 답하는 문자 함수(character function)이다.

이 함수는 특정 입력 파일과 관련된 결과가 저장되는 프린터와 다른 출력 장치들에서 유용하다. 응답하는 문자의 길이는 maxPathLength이다.

```fortran
USE TrnsysConstants, ONLY: maxPathLength

CHARACTER (len=maxPathLength) DeckName
...
DeckName = getDeckFileName()
```

10. 함수 getFormat(i,j)

이 함수는 Unit i와 관련된 j번째 Format문을 응답하는 문자 함수이다. 응답하는 문자의 길이는 maxFileWidth이다. 예를 들면, 특정 유형(mode)에서 Type 9는 단일 Format문을 갖는다. 읽어 들일 데이터 파일 행의 형식에 접근하기 위해 Type 9는 다음 코드를 포함한다.

```
use TrnsysConstants, only: maxFileWidth
...
character (len=maxFileWidth) :: myFormat
...
myFormat = getFormat(INFO(1),1)
...
! Print or read using myFormat
write(luPrint,myFormat) ... variables to be printed
```

11. 함수 getLabel(i,j)

이 함수는 Unit i의 j번째 라벨을 응답하는 문자 함수이다. 응답하는 문자의 길이는 maxLabelLength이다. 예를 들면, Type 66이 2개의 라벨을 갖는다. 첫 번째는 EES 실행 위치이며, 두 번째는 해석되는 EES 파일의 위치와 파일명이 그것이다. 이들 라벨에 접근하기 위해 Type 66은 다음의 코드를 포함한다.

```
USE TrnsysConstants, ONLY: maxLabelLength

INTEGER ThisInstance
CHARACTER (len=maxLabelLength) EESLocation,EESFile(10)
...
EESLocation = getLabel(INFO(1),1)
EESFile(ThisInstance) = getLabel(INFO(1),2)
```

12. 함수 getListingFileLogicalUnit(　)

이 함수는 TRNSYS list file의 logical unit으로 응답하는 정수 함수이다.

```
INTEGER LUW
...
LUW = getListingFileLogicalUnit()
```

13. 함수 getMinimumTimestep(　)

이 함수는 최소 허용 가능한 TRNSYS 시간 간격으로 응답하는 이중 정밀도 함수이다. 허용 최소 TRNSYS 시간 간격은 TrnsysConstants file에서 설정될 수 있다. 만약 이 값이 수정되면, 이 변경에 대한 효력을 발생하기 위해 *trnlib.dll*이 재컴파일되어야 한다.

```
DOUBLE PRECISION minStep
...
minStep = getMinimumTimestep()
```

14. 함수 getNextAvailableLogicalUnit(   )

이 함수는 이용 가능한 logical unit 개수를 응답하는 정수 함수로 할당된 logical unit 개수의 전체적인 목록에서의 logical unit 개수를 기록한다.

getNextAvailableLogicalUnit 함수는 temporary files, scratch files 또는 매개변수 목록 가운데 logical unit 개수를 필요로 하지 않는 컴포넌트에 의해 접근되는 데이터 파일에 대한 이용 가능한 logical unit의 개수를 찾는 데 사용될 수 있다.

```
LU = getNextAvailableLogicalUnit()
! Write some data to a temporary file
open(UNIT=LU,FILE='TmpFileForMyType.tmp',status='new')
write(LU,*) ... Data to be written ...
close(LU,status='keep')
```

15. 함수 getnMaxIterations(   )

이 함수는 시뮬레이션이 계속 진행되기 이전에 하나의 시간 간격에서의 최대 허용 반복 횟수를 응답하는 정수 함수이며, 경고 메시지를 나타낸다. 최대 허용 반복 횟수는 Studio의 Control Cards나 Limit문에서 설정될 수 있다.

```
INTEGER maxIter
...
maxIter = getnMaxIterations()
```

16. 함수 getnMaxWarnings(   )

이 함수는 시뮬레이션이 오류에 의해 멈추기 전에 시뮬레이션 list와 log 파일에 기록되는, 최대 허용 경고 메시지의 개수를 응답하는 정수 함수이다.
최대 허용 경고 메시지의 개수는 Limit문이나 Studio의 Control Cards에서 설정될 수 있다.

```
INTEGER maxWarns
...
maxWarns = getnMaxWarnings()
```

17. 함수 getnTimeSteps(   )

이 함수는 시뮬레이션이 수행될 때의 시간 간격의 전체 개수를 응답하는 정수 함수이다.

```
INTEGER nSteps
...
nSteps = getnTimeSteps()
```

18. 함수 getNumberOfErrors(   )

이 함수는 시뮬레이션에서 발생되는 오류의 전체 개수를 응답하는 정수 함수이다.

```
INTEGER NumErrs
...
NumErrs = getNumberOfErrors()
```

19. 함수 getNumericalSolver(   )

이 함수는 TRNSYS에 의해 사용되는 Solver를 응답하는 정수 함수이다. TRNSYS Solvers에 관한 보다 많은 정보는 TRNEdit 설명서를 참고하면 된다.

이산화되는 제어 신호의 조작은 Solver 0과 Solver 1이 서로 다르다.

```
integer TRNSolver
...
if (TRNSolver == 0) then
    ... Do things required for successive substitution
else
    ... Do things required for Powell's solver
endif
```

20. 함수 getSimulationStartTime(   )

이 함수는 시뮬레이션이 시작되는 연도의 시간을 응답하는 이중 정밀도 함수이다.

```
DOUBLE PRECISION TIME0
...
TIME0 = getSimulationStartTime()
```

21. 함수 getSimulationStartTimeV15(   )

이 함수는 시뮬레이션이 시작되는 연도의 시간을 응답하는 이중 정밀도 함수이다. 응답된 값은 버전 15 deck 파일의 본래 시작 시간이다. 시작 시간은 새로운 시작 시간 지정을 적용시키기 위해 TRNSYS 16에 의해 변경되었다.

```
DOUBLE PRECISION TIME0V15
...
TIME0V15 = getSimulationStartTimeV15()
```

22. 함수 getSimulationStopTime(   )

이 함수는 시뮬레이션의 종료하도록 설정되는 연도의 시간을 응답하는 이중 정밀도 함수이다.

```
DOUBLE PRECISION TFINAL
...
TFINAL = getSimulationStopTime()
```

23. 함수 getSimulationTimeStep(   )

이 함수는 시뮬레이션 시간 간격을 응답하는 이중 정밀도 함수이다.

```
DOUBLE PRECISION DELT
...
DELT = getSimulationTimeStep()
```

24. 함수 getTrnsysExeDir(   )

이 함수는 TRNSYS 실행 파일(TrnExe.exe)이 위치한 경로(기본값 "C:\Program Files

\Trnsys16\Exe")를 응답하는 문자 함수이다. 응답된 문자의 길이는 maxPathLength
이다.

```
USE TrnsysConstants, ONLY: maxPathLength

CHARACTER (len= maxPathLength) ExeLoc
...
ExeLoc = getTrnsysExeDir()
```

25. 함수 getTrnsysInputFileDir(   )

이 함수는 실행 중인 입력 파일에 포함되는 경로를 응답하는 문자 함수이다. 이 함수
는 특정 입력 파일에 저장되는 결과와 관련된 프린터나 다른 출력 장치에 유용하다. 응
답되는 문자의 길이는 maxPathLength이다.

```
USE TrnsysConstants, ONLY: maxPathLength

CHARACTER (len=maxPathLength) DeckLoc
...
DeckLoc = getTrnsysInputFileDir()
```

26. 함수 getTrnsysRootDir(   )

이 함수는 root TRNSYS directory(기본값 "C:\Program Files\Trnsys16 ")의 경로
를 응답하는 문자 함수이다.
응답되는 문자의 길이는 maxPathLength이다.

```
USE TrnsysConstants, ONLY: maxPathLength

CHARACTER (len=maxPathLength) RootDir
...
RootDir = getTrnsysRootDir()
```

27. 함수 getTrnsysUserLibDir(   )

이 함수는 불러들일 수 있는 사용자 'dlls'의 전부가 위치하는 디렉토리와 경로(기본값
"C:\Program Files\Trnsys16\UserLib")를 응답하는 문자 함수이다. 응답하는 문자의
길이는 maxPathLength이다.

```
USE TrnsysConstants, ONLY: maxPathLength

CHARACTER (len=maxPathLength) UsrLibDir
...
UsrLibDir = getTrnsysUserLibDir()
```

28. 함수 getVariableDescription(i,j)

이 함수는 Unit i의 j번째 변수에 대한 변수 서술자(descriptor)를 응답하는 문자 함수
이다. 변수 서술자는 프린터와 다른 출력 장치에서의 변수의 이름을 부여하는 문자이다.
응답하는 문자의 길이는 maxDescripLength이다.

```
character (len=maxDescripLength) :: columnHeader
...
do j = 1, nVariables
    columnHeader = getVariableDescription(INFO(1),j)
    ... write column header to a file, etc...
enddo
```

29. 함수 getVariableUnit(i,j)

이 함수는 Unit i의 j번째 변수에 대한 변수에 대한 변수 단위 문자를 응답하는 문자
함수이다. 변수 서술자는 프린터와 다른 출력 장치에서의 변수의 이름을 부여하는 문자
이다. 응답하는 문자의 길이는 maxVarUnitLength이다.

```
character (len=maxVarUnitLength) :: varUnitString
...
do j = 1, nVariables
    varUnitString = getVariableDescription(INFO(1),j)
    ... write units to a file, etc...
enddo
```

30. 함수 getVersionNumber(   )

이 함수는 TRNSYS 버전 번호를 응답하는 정수 함수이다. 이 함수는 컴포넌트 버전
사이의 호환성을 허용할 때 매우 유용하다. 즉, TRNSYS 15 버전으로 작성되는 입력 파
일에 14개의 매개변수를 필요로 하는 Type이 있으나, TRNSYS 16 버전으로 작성되는
입력 파일에서는 15개의 매개변수를 필요로 한다고 하자. Type 프로그래머는 get-

VersionNumber 함수를 접근할 수 있으며, 실행되는 입력 파일이 TRNSYS 버전 15인지 16인지를 알 수 있다. 그리고 대응하는 매개변수 목록을 읽을 수 있다.

```
INTEGER VERSNUM
...
VERSNUM = getVersionNumber()
```

31. 함수 LogicalUnitIsOpen(LU)

이 함수는 만약 Logical Unit이 TRNSYS에서 열리고, deck 파일에서 할당된다면 'true'를 응답하는 논리 함수이다.

```
logical :: luOk
integer :: lu
...
lu = nint(par(1))
luOk = LogicalUnitIsOpen(lu)
if (luOk) then
    ... it's OK to print to / read from the file
else
    ... Probably an error in parameters
endif
```

4-3 INFO(   ) 배열 : 일반적인 호출 순서

INFO(   ) array(배열)은 15개 값의 정수 배열이다. 이것은 현재 Unit에 대한 TRN-SYS kernel 정보와 컴포넌트 서브루틴을 전달한다. 주어진 Unit에 대한 INFO(   ) 배열의 항목은 〈표 4-3〉과 같다.

〈표 4-3〉 INFO(   ) 배열의 역할

INFO(n)	Role
1	Unit number
2	Type number
3	Number of Inputs in the input file(.dck) for this Unit

4	Number of Parameters in the input file(.dck) for this Unit
5	Number of Derivatives in the input file(.dck) for this Unit
6	Number of outputs(set by the Type)
7	Number of iterative calls to this Unit in the current time step. Special values ; -1, -2
8	Total number of calls to this Unit. Special values : -1
9	Indicate whether or not the Type depends on the passage of time and tells TRNSYS where the Type should go in the calling sequence
10	Used in storage management for TRNSYS 15 Types(not used by TRNSYS 16 Types)
11	Indicates number of discrete control variables
12	TRNSYS version for which the Type was written(15 or 16)
13	Indicates when all Units have converged in the current time step
14	Reserved for future use
15	Reserved for future use

1. INFO(1 : 5)

INFO(   )에서 첫 5개의 장소는 입력 파일(*.dck)의 정보로부터 TRNSYS에 의해 설정된다.

이들은 현재의 Unit/Type과 다른 Unit/Type을 구분하는 데 사용되며, TYPECK 경로의 가능한 구성 오류(configuration error)들을 감지하는 데 사용되기도 한다.

이것은 입력 파일의 매개변수 개수가 받아들일 수 있는지 등을 검사하는 것이 가능하다.

2. INFO(6)

INFO(6)는 Type에 의해 사용되는 출력의 개수를 지시한다. 최소 20개의 출력값이 시뮬레이션에서 각 Unit에 저장되지만, INFO(6)는 항상 효과적인 오류 검사를 보장하고 정확한 Trace를 제공하기 위해 설정되어야 한다.

3. INFO(7)

INFO(7)는 현재의 시간 간격에서 얼마나 많은 Unit이 호출되는지를 가리킨다. 이 정보는 각 시간 간격에서 사용자 작성 제어기 경로에서의 안정성을 높이고 불필요한 계산을 삭제하는 데 매우 유용하다. 또한, INFO(7)는 special values (−1과 −2)를 통해 정보를 전달한다. 가능한 INFO(7)의 값은 〈표 4-4〉에 정리되어 있다.

〈표 4-4〉 INFO(7) 값의 기능

INFO(7)	Role
−2	Special call at the very beginning of the simulation to allow for Type version signing. Type should only set the value of INFO(13) during this call
−1	Initial call in simulation for this Unit. The Type should only perform initialization operations here : array sizing, memory allocation, file opening, parameter checking, etc. The Type should also set the value of INFO(6), INFO(9) and INFO(10)(if used)
0	First call in the current time step for this Unit
1	First iterative call(second call) in the current time step for the Unit
2	Second iterative call(third call) in the current time step for the Unit
+n	n^{th} iterative call[$(n+1)^{th}$ call] in the current time step for the Unit

4. INFO(8)

INFO(8)은 시뮬레이션에서 Units이 얼마나 많이 호출되는지를 나타낸다. 또한, INFO(8)은 special values(−1)을 통해 정보를 전달하며, INFO(8)의 가능한 값은 〈표 4-5〉에 정리되어 있다.

〈표 4-5〉 INFO(8) 값의 기능

INFO(8)	Role
1	Very first call in the simulation(version signing call)
2	Initialization call[INFO(7) = −1]

3	Initial condition at at Time = Start time(no iteration for this time step)
4	First call of the first time step(Time = Start time + Time step)
5	Second call of the first time step(Time = Start time + Time step)
6	Third call of the first time step, or first call of next time step
...	etc
−1	Very last call of the simulation. This call occurs after the "OK" or "Continue? Yes" button has been pressed in TRNExe. Types should close files and perform other post-simulation tasks during this call

5. INFO(9)와 Types 호출 순서

INFO(9)는 만약 Type이 시간에 의존하고 이것이 TRNSYS에서 순차적으로 호출되는지를 가리킨다. 그리고 다른 옵션[normal (iterative) component, integrator, printer 등]이 이용 가능하다.

INFO(9)는 TRNSYS kernel에 의해 모든 Types에 대하여 '1'로 초기화된다. 각 Type은 INFO(7) = −1일 때 초기 설정 호출 시 해당값으로 변경될 수 있다. INFO(9)의 가능한 값은 〈표 4-6〉에 정리되어 있다.

〈표 4-6〉 INFO(9) 값과 그 기능

INFO(9)	Role
0	The Type's outputs only depend upon its input values and not explicitly upon time. Note that failure to properly identify such a component (keeping the default value of [INFO(9) = 1] will only results in some unnecessary calls to the component
1 (default)	The Type's outputs depend upon the passage of time and the Type must therefore be called at least once every time step even if the values of inputs do not change
3	The Type should be called after all other components have converged and before the integrators and printers. User-written statistic subroutines that send their output to integrators is a situation where this may be appropriate
4	Standard integrators

5	Standard printers
2	The Type should be called after all other components have converged and after the integrators and printers. User-written output subroutines and non-iterative controllers are situations for which this would be appropriate

컴포넌트가 호출되는 순서는 INFO(9) 값에서의 논리적 진행 과정(logical progression)과 일치하지 않음을 기억해야 한다. 그리고 이러한 호출 순서는 다음과 같다.

- 하나의 시간 간격에서의 반복 ; INFO(9) = 1인 Units[그리고 이들의 입력값이 변경되면 INFO(9) = 0인 Units]은 반복적으로 호출된다.
- 수렴에 도달 ; 모든 INFO(9) = 1과 0은 INFO(13) = 1과 함께 재호출되므로, 후 수렴 조작(post-convergence manipulation)을 수행할 수 있다.
- INFO(9) = 3인 컴포넌트는 한 번만 호출된다.
- INFO(9) = 4인 컴포넌트(standard integrators)는 한 번만 호출된다.
- INFO(9) = 5인 컴포넌트는(standard printers) 한 번만 호출된다.
- INFO(9) = 2인 컴포넌트(user-written components to be called after integrators and printers)는 한 번만 호출된다.

  단지 이 호출 순서는 정상적인 시간 간격에서만 적용된다. 모든 컴포넌트들은 다음의 호출 과정 동안 이들 Unit 번호에 따른 순서에 의해 한 번 호출된다.

- Version signing call[INFO(7) = -2]
- Initialization call[INFO(7) = -1]
- Initial time step[INFO(7) = 0, TIME = Start time]. No iterations are performed. Types should just output initial conditions and the very
- Very last call[INFO(8) = -1]

6. INFO(10)

INFO(10)은 TRNSYS 15에서 storage management에 사용되었다. 이것은 TYPECK에 필요한 저장 장소(storage spots)의 개수를 보내는 데 사용되었으며, global storage array에서의 첫 번째 저장된 위치의 지시를 받는다. 저장을 다루는 이러한 방법은 TRNSYS 16에서는 쓸모없는 것이 되었으며, 더 이상 사용되지 않는다. 그러나 legacy mode에서 실행되는 TRNSYS 15 Types을 위해 여전히 존재한다. 이들 Types에 의해 접근되는 storage array는 단일 정확도이며, 새로운 접근 함수(SetStorageSize, SetStorageVars, GetStorageVars)를 통해 조작된 storage array와는 상이하다는 것을 명심해야 한다.

TRNSYS 16의 변수 저장 취급에 관한 표준 방법은 4-4-16절에서 설명된다.

7. INFO(11)

INFO(11)은 Type의 별개의 제어 변수들(discrete control variable)의 개수를 설정한다. 이것은 만약 Solver 1이 해당 Type에 반드시 사용되어져야 한다면 '0'이 아닌 값으로 설정되어야 한다. 시뮬레이션에서 사용되는 Solver는 모든 Types에 의해 적절하게 조작된다는 점을 명심해야 한다.

참고로 Solver 1에 대한 보다 상세한 정보는 제 3 권 TRNEdit Part 1에 정리되어 있다.

8. INFO(12)

INFO(12)는 Type이 작성된 TRNSYS 버전을 가리킨다. 이것은 시뮬레이션이 수행되는 동안 매우 초기에 호출되도록 설정되어야 한다.

9. INFO(13)

INFO(13)은 현재의 시뮬레이션 시간 간격에서 모든 Units가 수렴되는 것을 가리키는 플래그(flag ; 표시 문자)이다. 이것은 반복 호출 시에는 '0', 후 수렴 호출 시에는 '1'이다. Type의 INFO(9)이 2 또는 그 이상의 값으로 설정된 special units는 단지 매 시간 간격마다 한 번만 호출되며 INFO(13) = 1이다.

10. 반복적인 Type에 대한 전형적인 호출 순서

〈표 4-7〉은 전형적인 시뮬레이션에서 반복적인 Type에 대한 Time과 INFO( ) array 값을 보여주고 있으며, 다음 내용에 주의해야 한다.

- INFO(1 : 5) are set by TRNSYS before calling the Type from information in the input(.dck) file and should not be modified by the Type. For that reason they are omitted in the table.
- It is assumed that convergence is reached after 2 iterations(after the 3rd call in a time steps) for all time steps.
- Start, Stop and Step are respectively the simulation start time, stop time

and time step. nO is the number of outputs set by the Type.

- S is the value set by the Type for INFO(9).

- Values that change are in bold and especially meaningful values have a dark.

- It is assumed that the total number of iterative calls to the Type in the simulation(which is reported in the "Iterative call breakdown" in the listing and log files) is nCalls.

- The Type is assumed to follow TRNSYS 16 Standard(i.e. it is not signed as a "15" Type and it does not use the old storage array).

<표 4-7> 반복적인 Type에 대한 전형적인 INFO 호출 순서

Call description	Time	INFO element							
		6	7	8	9	10	11	12	13
Version signing call	Start	0	−2	1	1	−10	0	0	0
Initialization call	Start	0	−1	2	1	−10	0	16	0
Start(initial conditions)	Start	nO	0	3	S	0	0	16	0
1st step, 1st call	Start+Step	nO	0	4	S	0	0	16	0
1st step, 2nd call(1st iter.)	Start+Step	nO	1	5	S	0	0	16	0
1st step, 3rd call(2nd iter.)	Start+Step	nO	2	6	S	0	0	16	0
1st step, post−convergence	Start+Step	nO	3	7	S	0	0	16	1
2nd step, 1st call	Start+2*Step	nO	0	8	S	0	0	16	0
2nd step, 2nd call(1st iter.)	Start+2*Step	nO	1	9	S	0	0	16	0
2nd step, 3rd call(2nd iter.)	Start+2*Step	nO	2	10	S	0	0	16	0
2nd step, post−convergence	Start+2*Step	nO	3	11	S	0	0	16	1
etc.	...	...	...	...	S	0	0	16	...
Last step, 1st call	Stop	nO	0	nCalls−3	S	0	0	16	0
Last step, 2nd call(1st iter.)	Stop	nO	1	nCalls−2	S	0	0	16	0
Last step, 3rd call(2nd iter.)	Stop	nO	2	nCalls−1	S	0	0	16	0
Last step, post−converg.	Stop	nO	3	nCalls	S	0	0	16	1
Very last call(after "OK")	Stop	nO	0	−1	S	0	0	16	1

4-4 Utility 서브루틴

1. 외부 프로그램의 호출

외부 프로그램을 호출하기 위해 'CALLPROGRAM'이라 명명된 utility subroutine이 TRNSYS 15부터 TRNSYS에 추가되었다. CALLPROGRAM은 외부 프로그램을 시작하기 위해 몇 가지 Win32 Application Programming Interface(API) 명령을 사용한다. API 명령어는 직접적으로 윈도우 운영 체계를 조절한다. 호출문(call statement)에서 지정된 모드에 의존하여, CALLPROGRAM은 작업을 진행하기 이전에 이 작업을 종료하기 위해 두 번째 프로그램을 기다리거나, 단지 두 번째 프로그램을 시작하여 다른 TRNSYS 계산을 진행할 것이다. CALLPROGRAM의 호출은 다음의 형식과 같다.

```
...
CALL CALLPROGRAM(CMDLINE,bwait,prochand, thrdhand)
...
```

여기서,

<표 4-8>

CMDLINE	Is the command line text string containing the path and name for the executable program.
bwait	Is a logical variable that determines whether TRNSYS will wait for the second program to finish running or not. -if bwait = .TRUE., then TRNSYS does not proceed until the second program is finished and closed. -if bwait = .FALSE., then TRNSYS proceeds once the second program is done initializing but still running.
prochand	Is the Windows process handle for the new program. This is a value returned by the CALLPROGRAM routine.
thrdhand	Is the Windows thread handle for the new program. This is a value returned by the CALLPROGRAM routine.

CALLPROGRAM이 또 다른 프로그램을 시작하기 위해 사용되고 실행을 중지하게 되면 이 프로그램은 TRNSYS를 떠나기 전에 시뮬레이션의 끝부분에서 멈춰질 필요가 있다. 이것은 다음 명령을 이용함으로써 행해질 수 있다.

```
...
res = TerminateProcess(PROCHAND,1)
IF (res.EQ.0) THEN
  WRITE(CHCKWHY,*) GETLASTERROR()
ENDIF
...
```

한편, CALLPROGRAM의 사용에 대한 예제는 Type 66의 소스 코드를 참고하면 된다.

2. DFIT(FIT)

● **General Description**

서브루틴 FIT과 DFIT은 사용자 정의 상호 관계의 계수들을 결정하기 위해 linear least-squares regression을 사용한다. FIT는 single precision arguments를 필요로 하지만, DFIT은 double precision arguments을 사용한다. kernel routine과 표준 컴포넌트의 대부분은 전체적으로 double precision variables를 사용하기 때문에 사용자 작성 경로는 DFIT를 채택하기를 권장하고 있다. DFIT의 호출은 다음의 형식과 같다.

```
INTEGER :: NROW,NCOL,NCOEF,NDATA,IFLAG
DOUBLE PRECISION :: X,Y,PHI
...
CALL FIT(NROW,NCOL,NCOEF,NDATA,X,Y,PHI,IFLAG,*N)
```

여기서,

〈표 4-9〉

NROW	(integer) Row dimension of X in routine calling DFIT.
NCOL	(integer) Column dimension of X in routine calling DFIT.
NCOEF	(integer) Number of coefficients in model.
NDATA	(integer) Number of data points for the regression.
X	Double precision two dimensional array containing the values of the independent variable to the model. X(I, J) is the value of the independent variable associated with the ith coefficient of the model and the jth data point.
Y	(double precision) Vector containing values of the dependent variable corresponding to independent variable data points.
PHI	(double precision) Vector containing the coefficients determined from the regression.

IFLAG	Integer flag returned indicating the error condition(0 − no error, 1 − dimension error, 2 − coefficients cannot be determined).
*N	The corresponding line number to jump to if the subprogram is present (see Setion 3-3-5)

Least-squares regression은 함수 J의 최소화를 위해 사용된다.

$$J = \sum_{j=1}^{N_{data}} (Y_j - Y_{model.j})^2 \tag{4-1}$$

$$Y_{model.j} = \sum_{i=1}^{N_{coef}} \phi_i X_{i.j} \tag{4-2}$$

여기서,

Y_j : jth data point for dependent variable.

$Y_{model,j}$: dependent variable of the user's model for the jth data point.

ϕ_i : ith coefficient to be determined with FIT.

$X_{i,j}$: user defined functions of the independent variable or variables.

Type53 Chiller component에 사용된 방정식을 고려해보자. 무차원 전력 소비는 다음의 bi-quadratic 방정식을 이용한 거동 데이터와 관련이 있다.

$$G = a_0 + a_1 E + a_2 E^2 + a_3 F + a_4 F^2 + a_5 EF \tag{4-3}$$

이것은 방정식 (4-2)와 같은 형식이다.

$$\phi_1\text{-}\phi_5 = a_0\text{-}a_5$$

$$X_{1,j} = 1.0$$

$$X_{2,j} = E$$

$$X_{3,j} = E^2$$

$$X_{4,j} = F$$

$$X_{5,j} = F^2$$

$$X_{6,j} = EF$$

만약 다음 데이터가 E, F, G에 존재한다면,

```
E      F      G
3.0    0.2    10.0
5.0    0.4    12.5
7.0    0.6    13.1
```

그리고 DFIT는 다음 값을 호출할 것이다.

〈표 4-10〉

NROW	6 or more(minimum is the # of coefficients, i's)
NCOL	3 or more(minimum is the # of coefficients, j's)
NCOEF	6(number of coefficients, i's)
NDATA	3(number of coefficients, j's)

$$X = \begin{bmatrix} 1.0 & 1.0 & 1.0 \\ E_1 & E_2 & E_3 \\ E_1^2 & E_2^2 & E_3^2 \\ F_1 & F_2 & F_3 \\ F_1^2 & F_2^2 & F_3^2 \\ EF_1 & EF_2 & EF_3 \end{bmatrix} = \begin{bmatrix} 1.0 & 1.0 & 1.0 \\ 3.0 & 5.0 & 7.0 \\ 9.0 & 25.0 & 49.0 \\ 0.0 & 0.4 & 0.6 \\ 0.04 & 0.16 & 0.36 \\ 0.6 & 2.0 & 4.2 \end{bmatrix} \tag{4-4}$$

$$Y = \begin{bmatrix} 10.0 \\ 12.5 \\ 13.1 \end{bmatrix} \tag{4-5}$$

DFIT 서브루틴은 위의 입력 데이터와 PHI와 IFLAG에 대한 응답값을 함께 호출할 것이다. PHI는 a_0에서 a_5의 값을 포함한 벡터가 된다.

3. DIFFERENTIAL_EQN(DIFFEQ)

double precision utility routine Differential_Eqn과 이것의 single precision companion DIFFEQ는 1차 선형 미분방정식의 해석 해(analytical solution)를 제공하며 다음과 같이 표현될 수 있다.

$$\frac{dT}{dt} = aT + b \tag{4-6}$$

'double precision'의 명칭은 utility routine Differential_Eqn의 결과와 인수가

REAL 또는 INTEGER variable와는 반대인 DOUBLE PRECISION variable로써 Type 에 호출되도록 선언되어야 하는 것을 의미한다. TRNSYS 15 이하 버전에서는 이 utility 의 single precision 버전만이 이용 가능하였다. 이 DIFFEQ라 불리는 single precision 버전은 completeness와 backward compatibility를 위해 유지되었으나, 사용자는 가능 한한 Differential_Eqn라 불리는 double precision 버전을 채택할 것을 강력히 권장하 고 있다.

Powell' method TRNSYS solver(Solver 1)을 이용할 의도가 있는 사용자들은 REVISIT 장에서 설명된 선택적인 DTDT array 대신에 여기서 설명한 Differential_Eqn subroutine 을 사용해야 한다. Differential_Eqn을 호출하기 위한 형식은 다음과 같다.

```
CALL DIFFERENTIAL_EQN(TIME, AA, BB, TI, TF, TBAR)
```

여기서,

<표 4-11>

TIME	(double precision) Current value of time
AA	(double precision) Is the a coefficient of the differential equation
BB	(double precision) Is the b coefficient of the differential equation
TI	(double precision) Is the value of the dependent variable(T) at the beginning time step
TF	(double precision) Is the value of the dependent variable(T) at the end of the time step
TBAR	(double precision) Is the average value of the dependent variable over the time step.

Differential_Eqn routine은 link checking을 요구하지 않기 때문에 kernel routine으로 간주된다. 이들 routines은 TRNSYS를 성공적으로 실행하기 위해 존재해야만 한다.

Differential_Eqn은 매개변수와 현재 입력값 설정에 기초하여 매 호출마다 미분방정 식을 해석한다. 만약 입력값이 수렴되지 않으면 Solver 0이 사용될 것이다. 미분방정식 의 해석 해에 관한 추가적인 주의사항은 다음과 같다.

(1) Differential_Eqn은 인수 AA, BB와 TI를 요구하며, TF와 TBAR로 응답한다. 시 뮬레이션의 시작 시점(TIME = TIME0)에서 Differential_Eqn을 호출할 경우 초 기 조건 TI는 TF와 TBAR로 응답된다.

(2) 각 시간 간격의 의존변수의 최종값은 다음 시간 간격에서의 초기 조건으로써 저장
될 필요가 있다. 이것은 앞에서 설명한 getStorageVars와 setStorageVars rou-
tine에 대한 호출을 사용함으로써 행해질 수 있다.

(3) 입력값은 종종 미분방정식의 의존변수의 함수가 될 것이다. 예를 들면, storage
component의 입력값이 될 집열기의 출구온도는 storage temperature의 함수가
될 것이다. 각 시간 간격에 걸쳐 평균 입력값들의 정확한 평가를 위해 TBAR는
다른 컴포넌트의 입력값으로 필요한 경우 출력값으로 설정되어야 한다. Type 24
등에 의해 제공되는 rectangular integration과 이 형식의 일치를 위해 의존변
수 T의 함수로써 표현되고 Rates가 되는 어떤 출력값들은 TBAR에서 평가되어
야 한다.

모델 형식의 예제로써 사용자가 주변 조건에 따른 실의 한 절점의 온도 변화를 알고자
한다고 가정하자. 이 상황의 순간적인 에너지 평형은 다음과 같이 주어진다.

$$C\frac{dT_R}{dt} = -(UA)_L(T_R - T_a) \tag{4-7}$$

이것을 방정식 (4-6)의 형식으로 정리하면,

$$a = \frac{-(UA)_L}{C} \quad \text{and} \quad b = \frac{(UA)_L T_a}{C} \tag{4-8}$$

다음의 형식은 최종 그리고 평균온도에 대한 미분방정식을 해석하기 위해 초기 조건
을 설정한 것으로, 각 시간 간격에 대한 해당 실의 평균 에너지 손실률(average energy
loss rate)을 결정한다.

```
DOUBLE PRECISION :: STORED(2),TI,AA,BB,UAL,TA,C,QLOSS,TF,TBAR
INTEGER :: NS,INFO(15)
...
!this section is executed at the end of each timestep. In this case it is
!used to update the storage structures for the following time step.
IF(INFO(7).EQ.13) THEN
  CALL getStorageVars(NS,STORED,INFO)
  STORED(1) = STORED(2)
  CALL setStorageVars(NS,STORED,INFO)
ENDIF
...
CALL getStorageVars(NS,STORED,INFO)
TI = STORED(1)
AA = -UAL/C
BB = UAL*TA/C
CALL DIFFERENTIAL_EQN(TIME,AA,BB,TI,TF,TBAR)
STORED(2) = TF
QLOSS = UAL*(TBAR - TA)
CALL setStorageVars(NS,STORED,INFO)
...
```

이 특정 예제의 경우, 이 컴포넌트는 컴포넌트의 입력값이 대수적 오차 한계 내에 수렴된 다음 어떤 시간 간격에서도 kernel에 의해 호출되지 않는다. 즉, 미분방정식 수렴 검토가 필요 없으므로 해는 항상 현재의 일련의 입력값들과 일치하게 될 것이다. 시뮬레이션 입력 파일에서 이 컴포넌트에 대한 Derivatives 제어문은 사용되지 않는다. 시뮬레이션이 시작할 때 의존변수의 초기값은 Parameter로써 서브루틴에 제공되기 때문이다. 이러한 관점에서 이 예제는 Type 12, 21 그리고 23과 유사하다.

4. DynamicData(DYNDATA and DATA)

DynamicData utility routine은 TRNSYS 입력 파일의 FORTRAN logical unit 번호로써 할당되는 외부 텍스트 기반 파일들로부터 사용자 제공 데이터를 읽는 데 이용된다. DynamicData routine은 시뮬레이션 과정동안 최대 4개의 차원 내에서 파일에서 발견되는 데이터를 보간할 수 있다. 각 데이터 모음의 경우, 최대 5개의 의존 함수는 최대 4개의 독립변수들에 의해 지정될 수 있다. DynamicData routine의 각 호출에 대하여 호출한 Type은 각 독립변수의 값을 보낸다. DynamicData는 다차원 보간을 수행하고 호출한 Type에 의해 요구되고, 데이터 파일에서 제공한 의존변수의 수만큼 보간한 값들로 응답한다. DynamicData는 외부 파일에서 주어진 데이터의 범위를 초과하는 추정은 할 수 없다. 만약 호출한 Type이 데이터 파일에서 주어진 범위 이상 또는 이하로 벗어난 독립변수의 값을 보내면, DynamicData는 이 범위의 최대 또는 최소값에 대응하는 의존변수들의 값으로 응답할 것이다.

DynamicData는 double precision routine이며, 이것은 외부 파일에서 발견되는 독립변수와 의존변수들이 FORTRAN double precision variables로써 취급되는 것임을 의미한다.

유사한 방법으로 호출한 Type의 X, Y 배열은 double precision으로 선언되어야 한다. TRNSYS 15 이하의 버전에서 DynamicData는 DATA 또는 DYNDATA로써 알려졌으며, 이들은 single precision routine이었다. DATA와 DYNDATA는 backwards compatibility을 위해 계속 사용되고 있으나, 모든 노력이 double precision DynamicData routine을 사용하기 위해 맞춰졌다.

DynamicData를 사용하는 표준 컴포넌트들의 예제는 Type 1 Solar Collector와 Type 44 Conditioning Equipment model이 있다. DynamicData를 호출하는 형식은 다음과 같다.

```
INTEGER :: LU,NIND,NX(:),NY(:),INFO(15)
DOUBLE PRECISION :: X(:),Y(:)
...
CALL DynamicData (LU, NIND, NX, NY, X, Y, INFO,*N)
```

여기서,

〈표 4-12〉 DynamicData 변수 설명

LU	(integer) Is the FORTRAN logical unit number through which the performance data is accessed.
NIND	(integer) Is the number of independent variables($1 \leq$ NIND ≤ 4).
NX	Is an integer array dimensioned to NIND containing the number of values of each independent variable to be read from LU, NX(1), NX(2), NX(3), and NX(4) are the number of values of X_1, X_2, X_3 and X_4, respectively.
NY	(integer) Is the number of dependent(Y) values associated with each set of independent(X) values($1 \leq$ NY ≤ 5).
X	Is a double precison array dimensioned to NIND containing the values of the independent variables for which interpolated Y values are desired.
Y	Is a double precision array of dimension NY containing interpolated values of the dependent variables.
INFO	Is the calling TYPE's INFO array.
N	(integer) Is the corresponding line number to jump to if the subprogram is present.

데이터는 시뮬레이션의 시작 단계에서 logical unit LU로부터 읽힌다. 그런 다음 DynamicData는 주어진 X값에 대한 Y값을 선형으로 보간한다. 만약 DynamicData가 제공된 데이터의 범위 밖의 X를 호출하였다면, 가장 근접한 지정된 값이 사용된다. DynamicData는 사용자가 제공하는 데이터 범위 밖을 보간하지 못한다.

Logical unit에서 제공된 데이터는 자유 형식으로 읽힌다. 만약 NIND가 4이고 NX(4)가 1보다 크다면, 네 번째 독립변수 X4의 NX(4) 값이 가장 먼저 읽힌다. 이와 유사하게 만약 NIND $\geq$ 3이고 NX(3) > 1이면, 세 번째 독립변수 NX(3) 값의 모음, X3이 읽힌다. 다음으로 NIND $\geq$ 2이고 NX(2) > 1이면, 두 번째 독립변수 NX(2) 값 모음, X2가 읽힌다. 끝으로 첫 번째 독립변수 NX(1)의 값, X1이 읽힌다. 독립변수의 값은 오름 차순이 되어야 하지만, 일정한 간격을 가질 필요는 없다. Y 값은 X1, X2, X3, X4의 가장 작은 값에 대응한 값으로 읽히기 시작한다.

Y의 NY값의 NX(1) 모음[NX(1) sets of NY values of Y]은 각 X2의 값에 대하여 읽힌다. Y의 NX(1) * NY 값의 NX(2) 모음은 각 X3의 값에 대하여 읽힌다. 모든 경우 4개의 독립변수가 사용되었다면, Y의 NX(4) * NX(3) * NX(2) * NX(1) * NY 값이 지정되어야 한다.

예 제

사용자가 증발기와 콘덴서의 입구 측 온도에 의존하는 성능을 갖는 물-물 히트 펌프에 대한 모델을 개발하고자 할 경우, DynamicData는 용량과 COP를 평가하는 데 사용될 것이다. ⟨표 4-13⟩은 실험 데이터를 보여준다.

⟨표 4-13⟩ 물-물 히트 펌프의 실험 데이터

$T_{cond} = 20℃$			$T_{cond} = 50℃$		
$T_{evap}(℃)$	Capacity (kJ/hr)	COP	$T_{evap}(℃)$	Capacity (kJ/hr)	COP
10	35000	2.47	10	21000	1.73
20	41000	2.80	20	25000	1.96
30	49500	2.99	30	29000	2.09

데이터는 Logical unit 10으로부터 읽힐 것이다. T_e의 3가지 값과 T_c의 2가지 값이 제공될 것이다. Type routine 호출 내의 DynamicData의 호출은 다음의 형식과 같다.

```
USE TrnsysFunctions
...
INGEGER :: NX(2),INFO(15),DUM
DOUBLE PRECIsion :: X(2),Y(2),CAP,COP,T_EVAP,T_COND
...
NX(1) = 3     !declares that there are 3 nx 1 values in the file.
NX(2) = 2     !declares that there are 2 nx 2 values in the file.
X(1)    = T_Evap   !sets x(1) to the local variable t_evap
X(2)    = T_Cond   !sets x(2) to the local variable t_cond

CALL DynamicData (10, 2, NX, 2, X, Y, INFO,*101)
CALL LINKCK('TYPE74', 'DynamicData',3,DUM)
101  IF (ErrorFound()) RETURN 1

CAP    = Y(1) !sets the call result y(1) to local variable CAP.
COP    = Y(2) ! sets the call result y(1) to local variable COP.
...
```

Logical unit 10을 통해 접근되는 데이터 파일의 형식은 ⟨표 4-14⟩와 같다.

〈표 4-14〉 데이터 파일 형식 예

20.0 50.0	! T_{cond} values
10.0 20.0 30.0	! T_{evap} values
35000. 2.47	!Capacity and COP for $T_{cond} = 20\,℃$, and $T_{evap} = 10\,℃$
41000. 2.80	!Capacity and COP for $T_{cond} = 20\,℃$, and $T_{evap} = 20\,℃$
49500. 2.99	!Capacity and COP for $T_{cond} = 20\,℃$, and $T_{evap} = 30\,℃$
21000. 1.73	!Capacity and COP for $T_{cond} = 50\,℃$, and $T_{evap} = 10\,℃$
25000. 1.96	!Capacity and COP for $T_{cond} = 50\,℃$, and $T_{evap} = 20\,℃$
29000. 2.09	!Capacity and COP for $T_{cond} = 50\,℃$, and $T_{evap} = 30\,℃$

5. ENCLOSURE(ENCL)

(1) General Description

Utility routine ENCLOSURE(그리고 이것의 single precision companion ENCL)는 rectangular parallelpiped의 모든 표면들 사이의 형태 계수를 계산한다. 최대 9개의 창문 또는 출입문이 6개의 벽 표면 중 어디에나 위치 가능하다.

ENCLOSURE는 double precision routine으로 이들 인수는 호출 Type에서 double precision variables로 선언되어야 함을 의미한다. ENCLOSURE에 의해 응답되는 값 또한 double precision이다. TRNSYS 15 이하의 버전에서는 EN-CLOSURE는 single precision routine인 ENCL로써 간단히 알려졌다. ENCL은 backwards compatibility를 계속 유지하였으며 모든 노력이 double precision ENCLOSURE routine을 사용하기 위해 맞춰졌다.

이 routine은 Type 19 Zone model에서 사용되며 ENCLOSURE 호출은 다음의 형식을 갖는다.

```
DOUBLE PRECISION :: SPAR(10),WPAR(10),FV
INTEGER :: INFO(15)
...
CALL ENCLOSURE (SPAR, WPAR, FV, INFO,*N)
```

여기서,

〈표 4-15〉 ENCLOSURE 변수 설명

SPAR	A double precision array of 10 values containing the 10 zone geometry parameters described in the Type 19 documentation(parameters 2–11 of geometry Mode 1).
WPAR	A double precision array dimensioned to 54, containing the complete list of window or door geometry parameters described in the Type 19 section for geometry Mode 1.
FV	A double precision array containing the view factors for all surfaces as calculated by the subroutine.
INFO	The calling Type's INFO array.
*N	Is the corresponding line number to jump to if the subprogram is present.

subroutine ENCLOSURE는 표면들 상호간의 형태 계수의 도표를 출력한다. 표면 번호는 SPAR 배열에서 지정된 것과 같다.

(2) Mathematical Description

subroutine ENCL은 연속적인 사각 표면들 상호간의 형태 계수를 얻기 위해 subroutine VIEW 함수를 이용한다. 또한, 계산 횟수를 줄이기 위해 'Reciprocity'가 사용된다. 창문 또는 출입문을 포함한 표면들 상호간의 형태 계수를 결정하기 위해, 몇 가지 형태 계수 계산을 위한 대수학을 수행할 필요가 있다.

표면 'i'에 위치한 창문 'm'과 표면 'j'에 위치한 창문 'n'의 일반적인 경우가 [그림 4-1]과 같다.

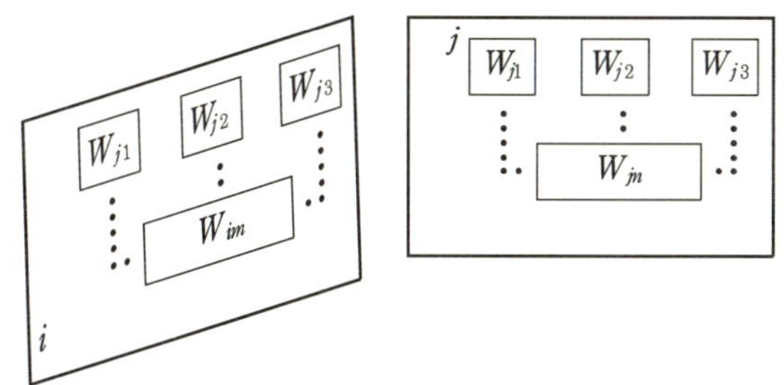

[그림 4-1] 표면 i, j에 포함된 창문 m과 n의 개념도

일반적으로 표면 'i'와 'j' 사이의 형태 계수는 다음과 같다.

$$F_{i-j} = F_i - (j + W_{ji} + \cdots + W_{jn}) - \sum_{k=1}^{n} F_i - (W_{jk}) \tag{4-9}$$

여기서,

$$F_{i-(j+W_{j1}+\cdots+W_{jn})} = \frac{(A_j + A_{W_{j1}} + \cdots + A_{W_{jn}})F_{(j+W_{j1}+\cdots+W_{jn})-i}}{A_i} \tag{4-10}$$

$$F_{(j+W_{j1}+\cdots+W_{jn})-i} = F_{(j+W_{j1}+\cdots+W_{jn})-(i+W_{i1}+\cdots+W_{im})} - \sum_{k=1}^{m} F_{(j+W_{j1}+\cdots+W_{jn})-W_{ik}} \tag{4-11}$$

$$F_{i-W_{jk}} = \frac{A_{W_{jk}}F_{(W_{jk})-i}}{A_i} \tag{4-12}$$

$$F_{W_{jk}-i} = F_{W_{jk}-(i+W_{i1}+\cdots+W_{im})} - \sum_{j=1}^{m} F_{W_{jk}-W_{i1}} \tag{4-13}$$

변수 W_{i1}에서 W_{im}은 벽체 'i'와 관련된 창문의 표면 번호이다. 마찬가지로 변수 W_{i1}에서 W_{jn}은 벽체 'j'와 관련된 창문의 표면 번호이다. 그리고 $(i + W_{i1} + \cdots + W_{im})$과 $(j + W_{j1} + \cdots + W_{jn})$ 각각은 개별 표면의 집합인 표면을 나타낸다. 변수 A는 하첨자에 사용된 벽체 표면에 대한 면적을 나타낸다.

6. FLUID_PROPS(FLUIDS)

(1) General Description

Fluid_Props라 불리는 double precision utility routine과 이것의 single precision companion인 FLUIDS는 상호 관계에 기초하여 다양한 냉매의 열역학적 물성값을 계산하는 데 사용된다.

Fluid_Props routine의 인수는 DOUBLE PRECISION variables로써 호출된 Type에서 선언되어야 한다. FLUIDS routine의 인수들은 REAL(실수)로써 호출된 Type에서 선언되어야 한다. TRNSYS 15 이하의 버전의 경우, 단지 single precision version만이 이용 가능하였다.

대부분의 kernel과 표준 Type 변수들은 TRNSYS 16 버전의 경우, DOUBLE PRECISION으로 생성되었으며, 이 루틴(Fluid_Props)의 double precision version으로 사용하기 위한 많은 노력이 수행되었다. 주어진 2개의 상태 물성값에서 Fluid_Props routine은 냉매의 완전한 상태로 응답할 것이다. FLUIDS를 호출하는 형식은 다음과 같다.

```
INTEGER :: NREF,ITYPE,IFLAG
DOUBLE PRECISION :: PROP(9)
CHARACTER(len=2) :: UNITS
...
CALL FLUIDS (UNITS,PROP,NREF,ITYPE,IFLAGR,*N)
```

여기서,

〈표 4-16〉 FLUIDS 변수 설명

UNITS	(character) Two character variable denoting unit system to be employed by the fluids routine ; 'SI' for metric units and 'EN' for english units
PROP	Double precision array holding the two known thermodynamic properties of the refrigerant in question upon entry and the complete state of the refrigerant upon return from the Fluid_Props routine. This array must be dimensioned to 9 in the routine that calls Fluid_Props. Each location in this array is described below :
PROP(1)	Temperature of refrigerant($°F$, $°C$)
PROP(2)	Pressure of refrigerant(psi, MPa)
PROP(3)	Enthalpy of refrigerant(Btu/lbm, kJ/kg)
PROP(4)	Entropy of refrigerant(Btu/lbm·R, kJ/kg·$°K$)
PROP(5)	Quality($0 < x < 1$)
PROP(6)	Specific volume(ft^3/lbm, m^3/kg)
PROP(7)	Internal energy(Btu/lbm, kJ/kg)
PROP(8)	Dynamic viscosity(lbm/ft·hr, Ns/m^2)
PROP(9)	Thermal conductivity(Btu/hr·ft·R, kJ/m·hr·$°K$)
NREF	An integer variable denoting the refrigerant to be analyzed. Available refrigerants are listed along with the required NREF code number : R-11 (11) R-12 (12) R-13 (13) R-14 (14) R-22 (22) R-114 (114) R-134A (134) R-500 (500) R-502 (502) AMMONIA (717)

ITYPE	Integer variable denoting which two properties are supplied as known properties. ITYPE = 10* PROP indicator 1 + PROP indicator 2(12 to 98)
IFLAGR	An integer variable returning the error messages from the FLUIDS call : 0 – no error found, calculations completed 1 – error found, calculations could not be completed
*N	The corresponding line number to jump to if the subprogram is present.

    Fluid_Props routine의 사용을 설명하기 위한 예제는 다음과 같다. 이 예제에는 2개의 입력값이 읽히고 PROP 배열에 위치한다. Fluid_Props routine이 호출된다. 만약 Fluid_Props routine이 어떤 이유로 발견되지 않으면, LINKCK이라 불리는 error handling routine이 호출된다. 만약 Fluid_Props가 응답하면 이 예제는 ErrorFound( )라 불리는 Access Function을 호출함으로써 Fluid_Props는 어떠한 오류도 없음을 확신하기 위한 검토를 한다. 만약 오류가 발견되면 호출 프로그램에 신호를 보냄으로써 Fluid_Props라 불리는 이 Type의 실행은 즉시 멈춘다. 그러나 오류가 발견되지 않으면 PROP 배열이 채워지게 된다. 두 번째와 세 번째 배열 위치는 local variables로 설정되고, 정상적으로 Type 실행이 계속된다.

```
USE TrnsysFunctions
...
CHARACTER(len=2) :: UNITS
DOUBLE PRECISION :: PROP(9),XIN(2),TEMP,QUALITY,PRESSURE,ENTHALPY
INTEGER :: NREF
...
UNITS = 'SI'   !SI units are desired.
NREF = 12      !Refrigerant R12
...
TEMP = XIN(1)
QUALITY = XIN(2)
...
PROP(1) = TEMP
PROP(5) = QUALITY
CALL FLUID_PROPS(UNITS,PROP,12,15,IFLAG,*100)
CALL LINKCK('TYPE58','FLUID_PROPS',1,58)
100  IF (ErrorFound()) RETURN 1
...
PRESSURE=PROP(2)
ENTHALPY=PROP(3)
```

(2) Mathematical Description

    Program(F-chart software, 1994)에 의해 얻어지며, 이 프로그램은 많은 다양한 소스로부터 채택된 열역학적 상호 관계를 수치적으로 해석한다. 관심있는 사용자들은 이러한 상호 관계에 관한 보다 상세한 정보를 참고 문헌 등을 통해 얻을 수 있다.

Ammonia와 R134a에 대한 엔탈피는 -40℃에서 엔탈피가 0인 기준 상태(reference state)에 기초하면, 그 외 다른 모든 냉매의 엔탈피는 0℃에서 엔탈피가 0인 기준 상태에 기초한다.

이 서브루틴은 0보다 작거나 또는 1보다 큰 물성값과 하나의 상태에서 일치될 수 없는 두 물성값의 입력값과 같은 많은 부절적한 입력값들에 대하여 검토한다. 그리고 이들과 다른 부적절한 입력값들이 발생하는 경우 ① 프린터에서 경고를 출력하고 입력값의 하나를 수정한 후 계산을 진행하거나, ② 프린터에서 오류를 출력하고 시뮬레이션을 멈추게 된다.

subcooled properties은 냉매에 대하여 이용할 수 없다. 만약 subcooled state가 지정되면 포화용액(saturated liquid) 결과들이 대신에 제공될 것이다.

7. LINKCK

LINKCK subroutine은 링크되지 않은 서브루틴을 검출하고 오류 메시지를 출력하기 위해 사용되는 utility subroutine이다. TRNSYS 15 이하의 버전에서는 LINKCK routine은 매우 중요하였으며, 이는 단계별 TRNSYS를 저장하는 기억 장치로써 주어진 시뮬레이션에서 중요한 kernel을 유일하게 포함하기 위해 종종 컴파일되었기 때문이다. 그러나 컴퓨터 기술의 진보로 인하여 이것은 그 중요성이 점차 감소하게 되었다. LINKCK은 부주의하게 링크되지 않은 루틴에 대한 보호장치로써 남아있으며 링크되지 않은 루틴들은 컴파일과 링크 작업 과정에서 검토될 것이다. LINKCK을 호출하는 형식은 다음과 같다.

```
CHARACTER(len=12) :: ENAME1,ENAME2
INTEGER :: ILINK,LNKTYP
...
CALL LINKCK(ENAME1,ENAME2,ILINK,LNKTYP,*N)
```

여기서,

〈표 4-17〉 LINKCK 변수 설명

ENAME1	A 12-character variable identifying the subroutine from which the call orginated.
ENAME2	A 12-character variable identifying the subroutine that was called
ILINK	An integer indicating the steps to be taken by the LINKCK program = 1 an unlinked subroutine has been found, generate an error message and stop the program

	= 2 an unlinked subroutine has been found, generate a warning but keep running = 3 an unlinked Type subroutine has been found, generate an error message and stop the program = 4 warn the user that a subroutine requires use of an external function which can not be link checked
LNKTYP	Integer variable corresponding to the Type subroutine which was not found in the TRNSYS executable

LINKCK subroutine은 링크되지 않은 서브루틴과 관련된 TRNSYS 오류 및 경고 메시지를 표준화하기 위한 수단으로써 사용자에게 제공된다. 사용자는 링크되지 않은 서브루틴이 검출되거나 외부 함수가 요구될 때 단지 LINKCK을 호출하면 된다.

다음 예제는 LINKCK subroutine의 사용을 분명하게 하기 위한 것이다.

```
        SUBROUTINE TYPE75(TIME,XIN,OUT,T,DTDT,PAR,INFO,ICNTRL,*)
        ...
        CHARACTER(len=12) ENAME1,ENAME2
        DOUBLE PRECISION :: SPAR(10),WPAR(10),FV
        INTEGER :: ILINK,LNKTYP,INFO(15)
        ...
        !CALL THE ENCLOSURE SUBROUTINE AND INFORM LINKCK IF NOT PRESENT
        CALL ENCLOSURE(SPAR,WPAR,FV,INFO,*101)
        !STOP THE PROGRAM IF ENCL IS NOT PRESENT
        ILINK = 1
        IDUM = 75
        ENAME1 = 'TYPE75      '
        ENAME2 = 'ENCLOSURE   '
        CALL LINKCK(ENAME1,ENAME2,ILINK,IDUM)

        !ENCL IS PRESENT - CONTINUE ON
101     CONTINUE
        ...
```

8. MATRIX_INVERT(INVERT와 DINVRT)

서브루틴 Matrix_Invert는 최대 50×50 행렬을 역행렬화하는데 이용될 수 있는 double precision(2차 정밀도) routine이다. TRNSYS 15 이하 버전에서는 다음 두 서브루틴이 사용되었다. : INVERT(single precision version)와 DINVRT(double precision). 그러나 TRNSYS 16 버전에서는 이 2차 정밀도 루틴의 이름이 바뀌었으며 모든 표준 및 사용자 작성 Types에 사용할 것을 권장하고 있다. INVERT와 DINVRT는 'backwards compatibility'를 위해 유지된다. Matrix_Invert의 호출은 다음 형식을 갖는다.

```
INTEGER :: NRC,N,IFLAG
DOUBLE PRECISION :: A
...
CALL MATRIX_INVERT (NRC, N, A, IFLAG,*N)
```

여기서,

<표 4-18> MATRIX_INVERT 변수 설명

NRC	(integer) Is the column and row dimensions of the two-dimensional A array as defined in the program that calls Matrix_Invert.
N	(integer) The number of equations and unknowns associated with the problem.
A	A double precision two-dimensional array[A(NRC, NRC)]. Upon calling Matrix_Invert A should contain the matrix to be inverted. Matrix_Invert also returns the inverted matrix in the A array.
IFLAG	An integer flag that is set to 0 if the inversion proceeds correctly, 1 if the number equations and unknowns, N, exceeds 50 and 2 if the matrix is singular.
*N	The corresponding line number to jump to if the subprogram is present.

역행렬은 A배열로 응답된다. 행렬을 역행렬로 바꾸는 데 사용된 방법은 최대 피봇을 갖는 'Gauss-Jordan 소거법(reduction)'이다.

9. Messages

Messages utility routine은 Type 프로그래머가 최종 사용자에게 오류 메시지를 보고하는 편리한 방법을 제공한다. Type이 특별한 조건을 포착하면 이것은 Messages utility subroutine에 이 조건의 심각성에 대한 정보와 텍스트 문자를 보낼 수 있다. Messages은 시뮬레이션 list와 log 파일에 이것을 보고하고 만약 필요하다면 시뮬레이션을 멈출 것이다.

(1) Interface

```
subroutine Messages(errorCode,message,severity,unitNo,typeNo)
    integer :: errorCode
    character (len=*) :: message, severity
    integer :: unitNo, typeNo
```

> **주의** : 비록 메시지의 길이가 명확히 선언되지 않았다고 하더라도, 이것은 결코 max-MessageLength global constant를 초과할 수 없다.

(2) Usage

(3) ErrorCode

ErrorCode는 표준 TRNSYS 에러 메시지 번호(error message number)이다. 기존 메시지에 대한 Messages.f90의 initializeErrorMessages( ) subroutine 주목하기 바란다.

만약 사용자가 맞춤형 에러 메시지를 생성하고자 한다면 간단히 ErrorCode를 (−1)의 값으로 설정하고, 두 번째 인수에 출력될 정보를 포함한 메시지를 나타내면 된다.

(4) Message

만약 사용자가 맞춤형 에러 메시지를 생성하고 있다면, 이 문자변수는 Messages subroutine에 의해 표준 형식으로 출력될 것이다. 이것은 maxMessageLength보다 짧은 텍스트 한 행으로 구성되어야 한다. 아래 예는 실시간 정보를 메시지에 추가하기 위한 작성 예를 설명한다.

만약 사용자가 표준 에러 메시지를 사용하고 있다면, 'Reported Information'이란 머리글 아래에 표준 에러 메시지를 추가하여 텍스트가 출력될 것이다. 이것은 에러에 대한 추가적인 정보를 제공하기 위한 방법이다.

(5) Severity

Severity( )는 메시지의 엄중함을 가리키는 문자이다. 메시지는 4레벨의 엄중함을 이해한다.

- Notice : 사용자가 알면 좋은 간단한 정보이다.
- Warning : 이 메시지 서브루틴을 얼마나 많은 'Warning' 메시지가 생성된지의 경로를 추적한다. 만약 LIMITS문에서 설정된 Warnings의 최대 허용 개수를 초과하면, 이 메시지 서브루틴은 자동적으로 'Fatal' 에러를 생성한다.
- Fatal : 치명적인 에러를 가리킨다. 즉, 시뮬레이션을 멈춰야 하는 에러이다.
- Stop : 이 에러는 'return'문의 구속을 해제함 없이 즉시 TRNSYS를 멈출 것이다.

이 에러 유형은 마지막 수단으로써 사용되어야만 한다. 즉, 에러가 memory access violations 또는 다른 예외를 가져올 때에만 응답해야 한다. Exception을 생성함으로써 DLL로부터 벗어남은 일반적으로 졸속한 프로그램으로 간주되며, 사

용자는 단지 이 기법을 적절히 에러를 조작하는 데 소요되는 비용이 매우 높을 때
에만 사용해야 한다.

<표 4-19>

Note : Severity is a Fortran literal string and can be enclosed in single or double
quotes. Messages will understand some case variants of the codes here above. e.g.
notice, Notice and NOTICE are accepted(other variants are not).

(6) Example

다음 예 par(1) >10이 받아들일 수 없는 경우에 하나의 Type에 의해 서로 다른
레벨의 엄중함을 갖는 메시지를 호출하는 것을 설명한다.

```fortran
subroutine type200(time,xin,out,t,dtdt,par,info,iCntrl,*)
...
use TrnsysConstants
...
character (len=maxMessageLength) :: myMessage
integer info(15)
...
if ( par(1) < 10.0 ) then
    write(myMessage,'("Par(1) = ",g," , which is OK")') par(1)
    call Messages(-1,trim(myMessage),'Notice',info(1),info(2))
else if ( par(1) <= 10.1) then
    call Messages(-1,'Par(1) has been rounded to 10','Warning',info(1),info(2))
else
    call Messages(-1,'Par(1) is outside the acceptable range.',   &
                  'Fatal',info(1),info(2))
    return 1
endif
...
```

‘Fatal’의 엄중함을 갖는 메시지 호출에 따르는 ‘RETURN 1’의 사용은 주의해야
한다. 메시지의 엄중함이 낮으면(notice, message 또는 warning), 시뮬레이션은
어떠한 Return문도 없이 계속 수행될 수 있다. 그러나 ‘Fatal’ 메시지의 경우, 시뮬
레이션은 즉시 멈춰져야 하며 이 Type은 ‘RETURN 1’문의 사용을 통해 TRNSYS
kernel을 통제하도록 응답해야 한다.

10. ParRead

이것은 몇 가지 표준 Types 의해 내부적으로 사용되는 비문서화된 서브루틴이다. 추
가적인 정보에 대한 ParRead.f90의 소스 형식을 참고하기 바란다.

11. PSYCHROMETRICS(PSYCH)

이 utility routine은 이상 기체와 ASHRAE에 기초한 습공기의 다양한 물성값을 계산하는 데 이용될 수 있다. PSYCHROMETRICS라 불리는 이중 정밀도 버전과 PSYCH라 불리는 이전 버전이 이용 가능하다. 모든 사용자 작성 루틴에 이중 정밀도 버전을 채택하고 PSYCHROMETRICS routine의 모든 비정수 인수(all non integer arguments)는 호출 Type에서 이중 정밀도 변수(DOUBLE PRECISION variables)로써 선언할 것을 권장하고 있다. PSYCHROMETRICS의 호출 형식은 다음과 같다.

```
DOUBLE PRECISION :: TIME,PSYDAT
INTEGER :: INFO(15),IUNITS,MODE,WBMODE,EMODE,STATUS
...
CALL PSYCHROMETRICS(TIME,INFO,IUNITS,MODE,WBMODE,PSYDAT,EMODE,STATUS)
```

여기서,

〈표 4-20〉 PSYCHROMETRICS 변수 설명

TIME	(double precision) This is standard TIME used in TRNSYS. It is used in the PSYCGHROMETRICS subroutine only to identify time at which warnings or error occur.
INFO	This is the standard integer INFO array used in TRNSYS(see Section 8-4-3). It is used in the PSYCGHROMETRICS subroutine to identify the unit and type number of the component which calls the subroutine, which will be printed during a simulation if warnings or errors occur.
IUNITS	An integer variable equal to 1 or 2 identifying the units desired for the properties. IUJITS = 1 results in properties in SI units. IUNITS = 2 results in properties in English units.
MODE	An integer variable from 1 through 6. Three properties are needed to specify the moist air state. The MODE identifies which two properties besides pressure are need to be input, leaving the other properties to be calculated. The modes are as follows : 1 : input dry bulb and wet bulb temperatures[PSYDAT(2) and PSYDAT(3)] 2 : input dry bulb temperature and relative humidity[PSYDAT(2) and PSYDAT(4)] 3 : input dry bulb and dew point temperatures[PSYDAT(2) and PSYDAT(5)] 4 : input dry bulb temperature and humidity ratio[PSYDAT(2) and PSYDAT(6)]

	5 : input dry bulb temperature and enthalpy[PSYDAT(2) and PSYDAT(7)] 6 : input humidity ratio and enthalpy[PSYDAT(6) and PSYDAT(7)]. If saturation conditions occur, enthalpy is reset to saturation enthalpy at the given value of humidity ratio. 7 : input humidity ratio and enthalpy[PSYDAT(6) and PSYDAT(7)]. If saturation conditions occur, humidity ratio is reset to saturation humidity ratio at the given value of enthalpy. 8 : input relative humidity and enthalpy[PSYDAT(6) and PSYDAT(4)].
WBMODE	An integer variable equal to 0 or 1. If WBMODE = 0, the wet bulb temperature will not be calculated in MODEs 2 through 6. If WBMODE = 1, the wet bulb temperature is calculated. At PATM = 1.0 and temperatures common to HVAC applications, a correlation (1) is used to find the wet bulb temperature given enthalpy. For other pressures and temperatures, a Newton's iterative method is used with the equations given by ASHRAE(2) to calculate the wet bulb temperature. If the wet bulb temperature is not needed, WBMODE should be set to 0 to decrease the computational effort. If WBMODE = 0, the wet bulb temperature is set to the dry bulb temperature. PSYDAT an array containing the properties of the moist air. This array must be dimensioned to 9 in the routine that calls PSYCHROMETRICS. Each location in this array is described below :
PSYDAT(1)	(double precision) The total system pressure in atmospheres. The subroutine prints a warning if PATM is over 5 atmospheres, which is considered here to be an upper limit for using ideal gas relations for air and water mixtures.
PSYDAT(2)	(double precision) Dry bulb temperature(℃).
PSYDAT(3)	(double precision) Wet bulb temperature(℃).
PSYDAT(4)	(double precision) Relative humidity(fraction).
PSYDAT(5)	(double precision) Dew point temperature(℃).
PSYDAT(6)	(double precision) Humidity ratio(kg water/kg dry air).
PSYDAT(7)	(double precision) Enthalpy(kJ/kg dry air).
PSYDAT(8)	(double precision) Density of the air water mixture(kg/m^3)
PSYDAT(9)	(double precision) Density of the air portion of the mixture (kg dry air/m^3)

EMODE	an integer variable equal to 0, 1 or 2 specifying how warnings are handled. If EMODE = 0, no warnings will be printed. If EMODE = 1, only one warning for each condition will be printed throughout the simulation. If EMODE = 2, warnings will be printed every time step. (EMODE = 2 is useful for program and simulation development, but it can produce an excessive amount of output).
STATUS	an integer variable equal to 0 through 13 identifying the warning condition that occurred within subroutine PSYCH. 0 indicates no warnings. For a complete listing of warnings 1 through 13 the subroutine source code should be reviewed.
N	the corresponding line number to jump to if the subprogram is present.

Mathematical Description

습공기 물성값을 결정하는 대부분의 경우, 포화 수증기압[water vapor saturation pressure(PWS)]이 요구된다. PWS를 이용한 상관 관계(ASHRAE, 2001)는 100~200℃의 온도 범위에서는 매우 정확하다. 만약 습공기 상태가 이 온도 범위를 벗어나면 경고(warning)가 출력된다.

노점온도를 이용한 상관 관계(ASHRAE, 2001)는 −60~70℃의 온도 범위에서는 매우 정확하다. 만약 습공기 상태가 이 노점온도 범위를 벗어나면, 경고가 출력된다.

엔탈피는 다음의 기준 상태(reference state)를 기준으로 한다. :

공기의 엔탈피는 0℃에서 '0'이다.

물의 엔탈피는 0℃에서 '0'이다.

이 서브루틴은 '0'보다 작거나 '1'보다 큰 상대습도, 건구온도보다 높은 노점온도와 같은 많은 부적절한 입력값들을 검토하며, 주어진 건구온도에서 건조 공기의 포화 절대습도보다 절대습도가 큰 경우와 같이 하나의 상태에서 입력되는 두 물성값이 정확할 수 없는 것 또한 검토한다. 이러한 경우 서브루틴은 경고를 출력하고 입력값의 하나를 수정한 후 계속 수행되거나 또는 오류를 출력하고 시뮬레이션을 멈추게 된다.

12. RCHECK

RCHECK subroutine은 모든 컴포넌트에 대한 입력과 출력의 불일치 검사를 제공하기 위해 TRNSYS 14에 추가되었으며, 특히 IISiBat 또는 TRNSYS Simulation Studio

와 같은 인터페이스 프로그램의 일부로써 입력과 출력 연결 검사의 이점을 갖지는 못한다. RCHECK의 호출 형식은 다음과 같다.

```
INTEGER ::INFO(15)
CHARACTER(len=3) :: YCHECK(:),OCHECK(:)
...
CALL RCHECK(INFO,YCHECK,OCHECK)
```

여기서,

〈표 4-21〉 RCHECK 변수 설명

INFO	This is the standard INFO array used in TRNSYS(see Section 8-4-3). It is used in the PSYCH subroutine to identify the unit and type number of the component which calls the subroutine, which will be printed during a simulation if warnings or errors occur.
YCHECK	A 3-character array containing the expected input types for the component.
OCHECK	A 3-character array containing the output types for the component.

RCHECK 배열은 시뮬레이션에서 각 컴포넌트에 대한 입력-출력 유형은 지나치며 XIN과 OUT 배열과 동일한 구조를 갖는 배열에 이들 변수들을 저장한다. TRNSYS processor가 입력-출력의 불일치를 검사할 때 이 배열이 입력-출력 연결이 연속성이 있는지에 대한 변수 유형을 보증하기 위하여 조사된다.

새로운 컴포넌트를 생성하는 사용자는 다음 2가지 이유로 TRNSYS의 입력-출력 검사 특징을 이용해야 한다. 입력-출력 검토는 TRNSYS 연결들이 정확하게 지정되었는지를 보장하고, 출력 유형과 단위와 같은 출력 정보는 이 출력값과 함께 전달되며, Type 25 프린터와 Type 57 단위 전환 루틴에 의해 처리될 수 있다.

입력-출력 검토의 첫 번째 단계는 입력값과 출력값의 특성을 기술하기 위한 것이다. 추가적인 입력-출력 유형들을 생성하거나 기존의 입력-출력 유형의 단위 변환을 추가하고자 하는 사용자는 원본과 동일한 형식과 스타일을 유지하기 위해 'UNITS.LIB' 파일을 수정해야 한다.

이 파일의 수정을 보다 상세히 하기 위해 Type 57 unit conversion routine을 참고하라. 입력-출력 유형들은 각각 YCHECK와 OCHECK 배열에 저장되어야 한다.

입력-출력 검사를 사용하는 마지막 단계는 적절한 시간에 RCHECK 배열을 호출하는 것이다. RCHECK 루틴은 대부분의 경우 첫 번째 반복 과정에서 호출되어야 하며, 그런 다음 TYPECK 서브루틴을 호출한다.

다음 예제는 RCHECK 서브루틴의 사용법을 명확히 하는 데 도움을 줄 것이다.

```
    SUBROUTINE TYPE75(TIME,XIN,OUT,T,DTDT,PAR,INFO,ICNTRL,*)
    !3 INPUTS AND 4 OUTPUTS FOR THIS TYPE
    !INPUTS: TEMPERATURE IN   (F)
    !        MASS FLOWRATE IN  (LBM/HR)
    !        CONTROL SIGNAL   (0 OR 1)
    !OUTPUTS: TEMPERATURE OUT  (C)
    !         MASS FLOWRATE OUT (KG/HR)
    !         HEAT TRANSFER RATE (KJ/HR)
    !         HEAT TRANSFER RATE (W)
    ...
    CHARACTER(len=3) :: YCHECK(3),OCHECK(4)
    INTEGER :: INFO(15)
    ...
    DATA YCHECK/'TE2','MF3','CF1'/
    DATA OCHECK/'TE1','MF1','PW1','PW2'/
    ...
    IF (INFO(7).EQ.-1) THEN
      ...
      CALL RCHECK(INFO,YCHECK,OCHECK)
      ...
    ENDIF
```

Statistics 또는 integrator routine과 같이 입력변수 유형에 의존하여 출력변수 유형을 갖는 사용자 작성 루틴들의 경우, RCHECK 호출은 첫 번째 시간 간격의 두 번째 반복 계산에서 나타나야 한다. 그런 다음 EQUATER 서브루틴을 호출한다. 이 EQUATER subroutine은 적절한 입력 유형을 제공하고 미지의 입력에 연결되는 출력을 결정할 것이다. EQUATER subroutine의 호출 형식은 다음과 같다.

```
    CHARACTER(len=3) :: TRUTYP,INDES,ODES
    DOUBLE PRECISION :: X1,A1,X2,A2
    INTEGER :: IU,INNO, OUTU,OUTNO,ICK1,ICK2

    CALL EQUATER(IU,INNO,INDES,TRUTYP,OUTU,OUTNO,ODES,X1,A1,X2,A2,ICK1,ICK2)
```

여기서,

〈표 4-22〉 EQUATER 변수 설명

INDES	The desired input variable type − not used in this capacity, set to 'NAV' for not abailable(3−character variable)
TRUTYP	A 3−character array returning the output variable type connected to this input(this is the desired result for this application) (3−character variable)
OUTU	The unit number of the output connected to the unknown input(not used in this capacity)(integer variable)

OUTNO	The output number of the OUTU unit connected to the unknown input(not used in this capacity)(integer variable)
ODES	The desired output variable type for this unknown input − not used in this capacity(3−charater variable)
X1	The multiplication factor for the INDES variable − not used in this capacity (double precision value)
A1	The addition factor for the INDES variable − not used in this capacity (double precision value)
X1	The multiplication factor for the OUTDES variable − not used in this capacity (double precision value)
A2	The addition factor for the OUTDES variable − not used in this capacity (double precision value)
ICK1	Error flag for calculation(1 = error found)(integer variable)
ICK2	Error flag for calculation(1 = error found)(integer variable)

이러한 능력의 입력−출력 검사 알고리즘의 사용을 시도하는 사용자들은 보다 상세한 정보를 위해 Type 55 Periodic Integrator subroutine과 EQUATER subroutine source code를 참고하기 바란다.

13. REWIND

REWIND Utility는 다중 읽기문(multiple read statement)을 통해 마지막에 도달된 데이터 파일을 되감기 위해 고안되었다. 이것은 파일의 시작부터 지정된 숫자의 스텝만큼 건너뛸 수 있다. REWIND를 호출하는 형식은 다음과 같다.

```
INTEGER :: LU,SKIP,IU,IT,IE
...
CALL REWIND(LU,SKIP,IU,IT,IE)
```

여기서,

〈표 4−23〉 REWIND 변수 설명

LU	(integer) The Fortran logical unit number ASSIGNed to the data file that is to be rewound.
SKIP	(integer) The number of lines that should be skipped in the data file once it is rewound.

IU	(integer) The unit number of the Type calling the Rewind routine.
IT	(integer) The unit number of the Type calling the Rewind routine.
IE	(integer) An error code that is returned by the Rewind routine and is set to zero if no errors were encountered while rewinding the data file or skipping lines and which is set to a vale of 1 if errors were encountered.

예 제

다음 예제는 Rewind routine과 Rewind 처리 과정동안 에러가 발생되는지를 검토하기 위한 가능한 방법을 보여준다.

```
INTEGER :: LU,SKIP,IU,IT,IE,INFO(15)
...
LU = JFIX(PAR(1)+0.1)
SKIP = 10
IU = INFO(1)
IT = INFO(2)
CALL REWIND(LU,SKIP,IU,IT,IE)
IF (IE.GT.1) THEN
  RETURN 1
ENDIF
...
```

14. SOLCEL

SOLCEL은 silicon cell I-V 특징을 모델화한다.

Contributor:	Professor Don L. Evans, Arizona State University. Tempe, AZ 85281
	(provided as-is. Check the source code for additional information)

SOLCEL subroutine은 Type 49와 50에 의해 호출되며 이 셀을 모델화하기 위해 일련의 실험값들을 사용한다. Evans 교수에 의해 제공된 Spectrolab Type cells에 대한 데이터는 내장되어 있으며, 사용자가 다른 데이터를 추가하지 않으면 기본값으로 사용된다. 사용자들은 Type 49 또는 50의 mode 5-8를 통해 매개변수를 추가함으로써 사용자 데이터를 제공할 수 있다. 이 추가 매개변수는 셀 특성을 포함한 파일의 Logical unit 번호로써 해석된다. 이 데이터는 Fortran 출력 형식 가운데 '9F10.0' 형식으로 읽히며 다음 순서를 따라야 한다.

(1) First record :

<표 4-24>

ICELL	Cell type indicator, 0 for Spectrolab and Solarix Types, 1 for RCA types (peak power tracking only for RCA) ; (0).
CELLPF	Ratio of cell area to absorber area; if ICELL = 1, the numerical value is ignored, but a number must be present ; (0.8).

(2) Second record :

<표 4-25>

TL	A low temperature reference (℃) ; (43)
TH	A high temperature reference (℃) ; (175)
CL	A low reference concentration ; (6)
CH	A high reference concentration ; (20)
VOCLL	Open circuit voltage of a cell at temperature TL and concentration CL (volts) ; (0.625)
ISCLL	Short circuit current of the cell at temperature TL and concentration CL (amps) ; (0.649)
ISCLH	Short circuit current of the cell at temperature TL and concentration CH (amps) ; (0.625)
ISCHL	Short circuit current of the cell at temperature TH and concentration CL (amps) ; (2.16)
ISCHH	Short circuit current of the cell at temperature TH and concentration CH (amps) ; (2.16)

(3) Third record(Not used if ICELL = 1) :

<표 4-26>

ACELL	Gross cell area(m^2) ; (0.0004)
EG	Cell band gap at 0 Kelvin ; (14000)
AOMIN	Value of Ao. at concentration of 0 ; (1)

DAODC	Slope of the Ao. vs concentration curve ; (0.018)
RSH	Shunt resistance(ohms) ; (10000)
RSMIN	Value of series resistance when it becomes essentially independent of concentration(ohms) ; (0.01)
CONTR	Minimum concentration for which the series resistance can be considered to be equal to RSMIN ; (10)
DRSDC	Slope of the series resistance vs concentration curve below a concentration CONTR ; (−0.005)
NSER	Number of cells to be wired in series in the array(10)

15. STEAM_PROPS(STEAM)

이중 정확도 STEAM_PROPS routine과 이것의 단일 정확도 닮은꼴인 STEAM은 National Bureau of Standards로부터의 상관 관계에 기초하여 증기의 열역학적 물성값을 계산하는 데 사용된다. 두 상태 물성값들이 주어지며 STEAM_PROPS routine은 유체의 완전한 상태로 응답할 것이다. STEAM_PROPS routine의 호출 형식은 다음과 같다.

```
CHARACTER(len=2) :: UNITS
DOUBLE PRECISION :: PROP(7)
INTEGER :: ITYPE,IERR
...
CALL STEAM_PROPS(UNITS,PROP,ITYPE,IERR,*N)
```

여기서,

<표 4-27> STEAM_PROPS 변수 설명

UNIT	Two character variable denoting unit system to be employed by the fluids routine ; 'SI' for metric units and 'EN' for english units
PROP	Double precision array holding the two known thermodynamic properties of steam upon entry and the complete state upon return from the STEAM_PROPS routine. This array must be dimensioned to 7 in the routine that calls STEAM_PROPS. Each location in this array is described below :
PROP(1)	(double precision) Temperature of the steam(°F, ℃)

PROP(2)	(double precision) Pressure of the steam(PSI, MPa)
PROP(3)	(double precision) Enthalpy of the steam(BTU/lbm, kJ/kg)
PROP(4)	(double precision) Entropy of the steam(BTU/lbm·R, kJ/kg·°K)
PROP(5)	(double precision) Quality($0 < x < 1$)
PROP(6)	(double precision) Specific volume(ft^3/lbm, m^3/kg)
PROP(7)	(double precision) Internal energy(BTU/lbm, kJ/kg)
ITYPE	Integer variable denoting which two properties are supplied as known properties. ITYPE = 10* PROP indictor 1 + PROP indictor 2(12 to 76)
IERR	An integer variable returning the error messages from the STEAM_PROPS call : = 0 − no error found, calculations completed > 0 − error found, calculations could not be completed
N	The corresponding line number to jump to if the subprogram is present

STEAM_PROPS routine의 사용법을 나타내는 예제가 다음 고려사항과 함께 다음에 보인다. ; SI 단위 체계를 사용하며 Temperature[PROP(1)]와 Quality[PROP(5)]는 기지의 값이다.

```
        USE TrnsysFunctions
        ...
        CHARACTER(len=2) :: UNITS
        DOUBLE PRECISION :: PROP(7),XIN(2),TEMP,QUALITY,PRESSURE,ENTHALPY
        ...
        UNITS = 'SI'   !SI units are desired.
        ...
        TEMP = XIN(1)
        QUALITY = XIN(2)
        ...
        PROP(1) = TEMP
        PROP(5) = QUALITY
        CALL STEAM_PROPS(UNITS,PROP,INFO(1),INFO(2),IFLAG,*100)
        CALL LINCK('TYPE58','STEAM_PROPS',1,58)
100     IF (ErrorFound()) RETURN 1
        ...
        PRESSURE=PROP(2)
        ENTHALPY=PROP(3)
```

● Mathematical Description

증기의 물성값 해석을 위해 필요한 상관 관계는 EES 프로그램 (8)으로부터 가져온다. 관심있는 사용자는 이들 상호 관계에 대하여 참고 문헌을 통해 더 많은 정보를 얻을 수 있다.

증기의 엔탈피는 0℃에서 0이라는 기준 상태에 기초한다. 이 서브루틴은 부적당한 입력값들에 대한 검토를 하고 하나의 상태에서 2가지 물성값의 입력은 받아들일 수 없다. 이들과 다른 부적당한 입력값들에 대하여 서브루틴은 경고 메시지를 출력하고 입력값 중 하나를 수정한 후 계산을 수행한다. 그러나 에러 메시지가 출력되면 시뮬레이션은 멈춘다.

증기에 대하여 subcooled properties은 이용할 수 없다. 만약 subcooled state가 지정되면 포화 액체에 대한 결과값이 대신에 제공되는 것이다.

16. Storage of Data Between Time Steps

단일 Type 서브루틴은 하나의 시뮬레이션에서 여러 개의 Unit가 사용될 수 있기 때문에 저장된 값들이 하나의 시간 간격에서 다음 시간 간격에 사용될 때 주의를 기울여야 한다. 예를 들어, 만약 탱크 모델이 시뮬레이션을 통해 초기 탱크 온도가 필요하다면, INFO(7) = −1일 때 TZERO 변수를 탱크 온도로 간단히 설정하면 작동하지 않을 것이다. 2개의 탱크가 사용되면 국소변수(local variable) TZERO는 두 번 설정될 것이다. 시뮬레이션 전체에 걸쳐 두 번째 탱크의 초기 온도가 포함되는 것이며, 그 결과 첫 번째 탱크는 정확하게 모델링되지 않을 것이다.

이 문제의 하나의 해법은 OUT 배열을 사용하는 것이다. 왜냐하면, 각 유닛은 최소 20개의 출력값으로 할당되기 때문에 실제 출력값이 아닌 몇 개의 추가적인 값을 저장할 충분한 공간이 있다.

출력값의 개수는 INFO(6)를 사용함으로써 20개 이상으로 증가될 수 있다. 그러나 10보다 큰 저장 용량을 요구할 경우, 일련의 호출에 utility routine을 사용할 것을 권장하고 있다. TRNSYS 16 버전의 경우, 이들 utility routines은 컴포넌트들에 의해 데이터 저장을 위한 권장되는 해법으로써 'array'와 STORE common block을 대신한다.

이 세 개의 utility routines의 첫 번째는 global data structure 내의 요구되는 점(spot)들을 보유한다. 두 번째 루틴은 현 Type에 상응하는 global storage structure로부터의 값들을 검색한다. 세 번째 루틴은 현 Type에 대한 global structure 내의 새로운 값들을 설정한다. 다음 장은 utility routines과 관련된 세 가지 storage를 호출하는 방법에 대한 일반적인 정보를 제공한다.

(1) setStorageSize

㉮ 인터페이스

```
subroutine setStorageSize(n,INFO)
    integer :: n, INFO(15)
```

㉯ 설 명

  setStorageSize subroutine은 INFO(7) = −1일 때 호출되어야 한다. 이것은 사용자 컴포넌트를 위해 보유할 필요가 있는 얼마나 많은 점(spot)이 있는지를 storage data structure에 알릴 것이다.

  이 서브루틴은 2개의 인수(argument)를 갖는다.

- n : 이 컴포넌트에 의해 요구되는 storage spot의 개수(정수)
- INFO : 표준 INFO array로 보내져 어떤 unit과 type number가 요구되는 storage인지를 storage data structures가 알도록 한다.

(2) getStorageVars

㉮ 인터페이스

```
subroutine getStorageVars(storageArray,m,INFO)
    integer :: m, INFO(15)
    double precision :: storageArray(*)
```

㉯ 설 명

  사용자가 이전에 저장된 값을 얻고자 할 경우, 즉 INFO(7) = 0인 경우, get-StorageVars subroutine이 호출된다. 이 서브루틴은 다음의 인수를 수반한다.

- StorageArray : a locally defined double precision array dimensioned to n(see setStorageSize above) that will contain the stored variables that are being retrieved from storage.
- m : 검색될 필요가 있는 변수의 개수(정수). 이 인수는 사용자가 단지 저장된 변수의 하부 모음(subset)을 검색할 수 있도록 한다. 예를 들면, 만약 단지 5번째 저장된 변수만을 원할 경우 m을 '5'로 설정하면 저장된 변수들을 1부터 5번째까지 검색할 것이며, 이들을 storageArray에 1부터 5번째 점에 위치시킬 것이다.
- INFO : 표준 INFO array로 보내서 어떤 unit과 type number가 요구되는 storage인지를 storage data structures가 알도록 한다.

(3) setStorageVars

㉮ 인터페이스

```
subroutine setStorageVars(storageArray,m,INFO)
    integer :: m, INFO(15)
    double precision :: storageArray(*)
```

㉯ 설 명

사용자가 시간 간격의 마지막에 storage를 설정하고자 할 경우, INFO(13) > 0인 경우 setStorageVars subroutine이 호출된다. getStorageVars subroutine과 매우 유사하며 setStorageVars subroutine은 다음의 인수을 수반한다.

- **storageArray** : a locally defined double precision array dimensioned to n(see setStorageSize above) that will contain the stored variables that are being retrieved from storage.
- **m** : 저장될 필요가 있는 변수들의 개수(정수). 이 인수는 사용자가 단지 Type에 사용된 arrays의 하부 모음(subset)을 검색할 수 있도록 한다.
- **INFO** : 표준 INFO array로 보내서 어떤 unit과 type number가 요구되는 storage인지를 storage data structures가 알도록 한다.

(4) Storage 예제

초기 탱크 온도를 저장하기 위해 global storage를 사용한 탱크 모델은 다음 행들을 포함할 것이다.

```
...
C PERFORM FIRST CALL MANIPULATIONS
  IF (INFO(7).EQ.-1) THEN
    ...
    !reserve space in the double precision storage structure
    StorageSize = 1
    CALL setStorageSize(StorageSize,INFO)
    ...
    !return to the calling program
    RETURN 1
  ENDIF

C PERFORM INITIAL TIME STEP MANIPULATIONS
  IF (TIME.LT.(TIME0+DELT/2.)) THEN
    ...
    !set initial values of variables in the double precision storage structure
    Stored(1) = T
    CALL setStorageVars(Stored, StorageSize,INFO)
    ...
    !return to the calling program
    RETURN 1
  ENDIF
...
CALL getStorageVars(Stored,StorageSize,INFO)
TZERO = Stored(1)
...
```

위의 예제는 극히 단순화된 것이다. 이것의 결과는 Type에서 국소변수 TZERO에 나중에 행해진 것으로 이것은 항상 Type이 다시 호출될 때마다 T의 초기값이 재설정되는 것이다. 훨씬 더 일반적인 상황이 계산에서 초기값을 사용하길 원할 때나 시간 간격의 끝에서 발생한다. TRNSYS 버전 15 이하의 경우, 주어진 시간 간격에서 마지막 시간동안 Type이 언제 호출되는지를 알 수 있는 방법이 없었다. 그러나 TRNSYS 16 버전과 함께 모든 Types에 'post convergence' 호출이 추가되어 이 과정을 단순화시켰다. 위의 예제를 다음과 같이 수정하면 TZERO는 초기값으로 설정된다.

TFINAL은 TZERO에 기초해 계산된다. 각 시간 간격의 끝에서 TFINAL의 수렴된 값이 그 다음 시간 간격에서 TZERO의 값으로 설정된다.

```fortran
...
C PERFORM POST CONVERGENCE MANIPULATIONS
  IF (INFO(13).GT. 1) THEN
    CALL getStorageVars(Stored,StorageSize,INFO) !recall the storage values
    Stored(1)=Stored(2)             !update the TZERO spot with the value stored
                                    !in the TFINAL spot.
    CALL setStorageVars(Stored,StorageSize,INFO) !set the new storage values
  ENDIF

C PERFORM FIRST CALL MANIPULATIONS
  IF (INFO(7).EQ.-1) THEN
    ...
    !reserve space in the double precision storage structure
    StorageSize = 2
    CALL setStorageSize(StorageSize,INFO)
    ...
    !return to the calling program
    RETURN 1
  ENDIF

C PERFORM INITIAL TIME STEP MANIPULATIONS
  IF (TIME.LT.(TIME0+DELT/2.)) THEN
    ...
    !set initial values of variables in the double precision storage structure
    Stored(1) = T
    Stored(2) = T
    CALL setStorageVars(Stored, StorageSize,INFO)
    ...
    !return to the calling program
    RETURN 1
  ENDIF
...
!retrieve the stored value of the initial temperature for this time step.
CALL getStorageVars(Stored,StorageSize,INFO)
TZERO = Stored(1)
...
!calculate TFINAL based on the initial temperature.
TFINAL = TZERO + ...
...
!update the second storage spot with the calculated value of TFINAL
Stored(2) = TFINAL
CALL setStorageVars(Stored,StorageSize,INFO)
...
```

17. TABLE_COEFS(TABLE)

double precision subroutine TABLE_COEFS과 이것의 single precision 짝인 TABLE은 ASHRAE Handbook of Fundamentals에 주어진 표준 벽체, 파티션, 바닥, 천장에 대응하는 전달 함수를 보고한다.

double Precision은 TABLE_COEFS routine에 대한 인수들이 실수형 변수(REAL variable) 대신에 DOUBLE PRECISION으로써 호출되는 Type에서 선언되어야 함을 가리킨다. TABLE이라 불리는 single precision 버전은 단지 TRNSYS 15 이하 버전에서만 이용 가능한 것이다. 그러나 이것은 backwards compatibility를 위해 존속되지만 double precision 버전 TABLE_COEFS을 사용하기 위해 노력해야 한다.

TABLE_COEFS 루틴은 Type 19 Zone Model에 의해 사용된다. TABLE_COEFS의 호출은 다음 형식을 갖는다.

```
INTEGER :: ITYPE,NTABLE, IU,NBS,NCS,NDS
DOUBLE PRECISION :: B,C,D
...
CALL TABLE_COEFS(ITYPE,NTABLE,IU,NBS,NCS,NDS,B,C,D,*N)
```

여기서,

〈표 4-28〉 TABLE_COEFS 변수 설명

ITYPE	An integer variable equal to 1, 2 or 3 denoting which type of surface is desired. ITYPE = 1 corresponds to roof coefficients, ITYPE = 2 is for exterior walls and ITYPE = 3 denotes interior partitions, floors and ceilings. The tables containing the surface descriptions can be found in the documentation for TYPE 19 ; both in this manual and in the Component Description manual.
NTABLE	(integer) Number of wall, roof, etc., from the table specified by ITYPE.
NBS	(integer) The number of b coefficients for the desired wall as returned by the subroutine.
NCS	(integer) The number of c coefficients for the desired wall as returned by the subroutine.
NDS	(integer) The number of d coefficients for the desired wall as returned by the subroutine.
B	A double precision array dimensioned to 10 that contains the b coefficients. These are the coefficients for the current and previous sol-air temperatures(i.e. bo to bNBS-1)

C	A double precision array dimensioned to 10 that contains the c coefficients. These are the coefficients for the current and previous room temperatures(i.e. bo to cNCS−1)
D	A double precision array dimensioned to 10 that contains the d coefficients. These are the coefficients for the previous heat fluxes(d1 to dNDS−1)
*N	The corresponding line number to jump to if the subprogram is present.

서브루틴 TABLE_COEFS는 FORTRAN logical unit 8을 통해 접근되는 ASHRAE.COF 파일로부터 전달 함수 계수(transfer function coefficient)를 읽는다. 이 logical unit은 서브루틴 내의 데이터 문(data statement)을 수정함으로써 변경될 수 있다. 이 계수가 특정 벽체에 대하여 읽혀진 다음에는 TABLE_COEFS의 순차적 호출에 사용될 수 있도록 서브루틴 내에 내부적으로 이 계수들이 저장된다.

　주의 : ASHRAE.COF 파일 내의 전달 함수 계수는 ASHRAE handbook에서 실제 찾을 수 있는 값들과는 다르다. Type 19 single_zone model은 독립적으로 내부의 복사 열전달을 취급하기 때문에 이 내부 복사 열저항이 ASHRAE.COF의 전달 함수 계수에는 포함되지 않았다. 그러므로 파일 ASHRAE.COF는 독립적으로 복사 열전달을 계산하는 다른 모델과 Type 19에 사용될 수 있도록 조정되었으며 이 것을 ASHRAE handbook의 값과 일치한다고 가정할 필요는 없다.

18. TAU_ALPHA(TALF)

(1) 개 요

　　double precision function Tau_Alpha와 이것의 single precision 짝인 TALF 는 집열기의 구조와 일사량의 입사각의 함수로써 태양열 집열기의 투과율과 흡수율 의 곱, 즉 $\tau \cdot \alpha$를 계산한다. 하나 또는 그 이상의 유리 또는 플라스틱의 투과율 τ는 흡수율을 1로 지정함으로써 얻어질 수 있다. Tau_Alpha는 double precision routine이며, 이것은 실수형 변수와는 반대인 double precision 변수들로써 호출 되는 Type 내에 첫 번째 인수를 제외한 모든 변수들이 선언되어야 함을 의미한다. Tau_Alpha에 의해 응답되는 값 또한 double precision이다. TRNSYS 15 이하 버 전에서는 Tau_Alpha는 단순히 single precision routine인 TALF로 알려졌다. 그 러나 이것은 backwards compatibility를 위해 존속되지만 double precision 버전 Tau_Alpha routine을 사용하기 위해 노력해야 한다.

함수 TAU_ALPHA를 호출하는 형식은 다음과 같다.

```
DOUBLE PRECISION :: TAUALF,TAU_ALPHA,THETA,XKL,REFRIN,ALPHA,RHOD
INTEGER :: N
TAUALF = TALF(N,THETA,XKL,REFRIN,ALPHA,RHOD)
```

위에서 사용된 함수의 인수는 〈표 4-29〉와 같다.

<표 4-29> TAU_ALPHA 변수 설명

N	(integer) number of covers
THETA	(double precision) angle of incidence(degrees)
XKL	(double precision) product of cover thickness and extinction coefficient
REFRIN	(double precision) index of refraction
ALPHA	(double precision) absorber surface absorptance
RHOD	(double precision) reflectance of the N covers to diffuse radiation

만약 RHOD의 값을 모른다면, TALF는 이것을 계산할 수 있다. 함수의 여섯 번째 인수가 '0'보다 작을 때 확산 일사에 대한 N개의 레이어를 갖는 커버의 반사율이 결정된다.

그럼 TALF 호출에서 여섯 번째 인수로 사용된 변수는 이 값으로 설정되고, 순차적인 TALF 호출에서 RHOD의 값이 제공되게 된다.

FORTRAN으로 인하여 링크되지 않은 서브루틴에 대한 함수는 검토되지 않는다. LINKCK subroutine을 사용하여 이 함수가 TRNSYS 실행을 위해 링크되어야 함을 사용자에게 경고한다.

(2) 수학적 설명

subprogram Tau_Alpha 함수는 일사의 주어진 입사각에 따른 태양열 집열기의 투과율과 흡수율의 곱, 즉 $\tau \cdot \alpha$를 계산한다. 집열기는 N개의 유리 커버를 갖고, 각각의 반사 지수(refractive index) n_g와 소멸 길이(extinction length) kL, 집열면의 흡수율 α로 묘사된다. 이 모델은 평면상의 경면 반사(specular reflectance)에 대한 Fresnel's equation을 사용하여 복잡한 반사 특성을 설명한다. 확산 일사의 투과율은 입사각 60°에서의 일사의 투과율로써 개략 산정한다. 평행 또는 직각을 이루는 평면상의 반사율에 대한 Fresnel's equation은 다음과 같다.

$$\rho_1 = \frac{\sin^2 (\theta_1 - \theta_2)}{\sin^2 (\theta_1 + \theta_2)} \tag{4-14}$$

$$\rho_2 = \frac{\tan^2 (\theta_1 - \theta_2)}{\tan^2 (\theta_1 + \theta_2)} \tag{4-15}$$

각 θ_1, θ_2는 공기 매질에 대한 굴절 지수(index of refraction)를 갖는 Snell's law와 관련된다.

$$\sin\theta_2 = \frac{\sin\theta_1}{n_g} \tag{4-16}$$

유리 커버 내의 복잡한 반사와 흡수를 포함하고, 편광의 각 컴포넌트에 대한 단일 커버의 반사율과 투과율은 다음에 주어진 식들에 의해 유도될 수 있다(1, 2).

$$T_{i,1} = \frac{\tau_a (1 - \rho_i)^2}{1 - \tau_a^2 \rho_i^2} \tag{4-17}$$

$$R_{i,1} = \rho_i \left[1 + \frac{\tau_a^2 (1 - \rho_i)^2}{1 - \tau_a^2 \rho_i^2} \right] \tag{4-18}$$

내부 투과율 $\tau \cdot \alpha$는 투과각(transmission angle)과 소멸 길이(extinction length)의 함수이다.

$$\tau_a = \exp\left(\frac{-kL}{\cos\theta_2} \right) \tag{4-19}$$

동일한 재료와 두께를 갖는 N개의 평행한 커버의 반사율과 투과율은 다음의 귀납적인 공식(recursive formula)들에 의해 결정될 수 있다.

$$T_{i,\,N} = \frac{T_{i,\,1}\,T_{i,\,N-1}}{1 - R_{i,\,1}\,R_{i,\,N-1}} \tag{4-20}$$

$$R_{i,\,N} = R_{i,\,N-1} + \frac{R_{i,\,1}\,T_{i,\,N}}{1 - R_{i,\,1}\,R_{i,\,N-1}} \tag{4-21}$$

그러므로 집열기 유리 커버와 집열판 조합에 따른 투과율과 흡수율의 곱은 다음 식으로 계산될 수 있다.

$$(\tau\alpha) = \frac{(T_{1,\,N} + T_{2,\,N})\alpha}{2(1 - (1-\alpha)R_D)} \tag{4-22}$$

여기서, R_D는 확산 일사에 대한 N개의 커버에 대한 반사율이다. R_D는 입사각 60°일 때의 직달 일사의 반사율로써 계산된다.

19. TYPECK

TYPECK의 목적은 주어진 컴포넌트에 대하여 지정된 Inputs, Parameters 그리고 Derivatives의 개수가 적절한지를 보증하기 위해 TRNSYS 입력 파일에 몇 가지 간단한 검토를 수행하기 위함이며, 또한 만약 오류가 발견될 경우 컴포넌트 입력 파일이 알맞은 오류 메시지를 갖도록 편집한 후 시뮬레이션을 멈추기 위함이다. 이 TYPECK의 호출 형식은 다음과 같다.

```
INTEGER :: IOPT,INFO(15),NI,NP,ND
...
CALL TYPECK(IOPT,INFO,NI,NP,ND)
```

여기서,

<표 4-30> TYPECK 변수 설명

IOPT-	Indicates to TYPECK what kind of check to perform : <0　　The compilation will be terminated immediately after printing an explanatory error message. >0　　The simulation will be terminate after all Units have been issued. 1 or −1　Check the number of user furnished Inputs, Parameters, and Derivatives from the INFO array against the values of NI, NP and ND. An error message will be printed only if TYPECK finds an error. 2 or −2　Type routine has found unspecified error and wants TYPECK to flag it. 3 or −3　Type routine has found a bad Input or number of Inputs and wants TYPECK to flag it. 4 or −4　Type routine has found a bad Parameter or number of Parameters and wants TYPECK to flag it. 5 or −5　Type routine has found a bad Derivative or number of Derivatives and wants TYPECK to flag it. 6　　　Type routine has determined that the maximum number of Units of that Type has been exceeded and wants TYPECK to flag it and stop the simulation.
INFO-	Type's INFO array containing pertinent bookkeeping data on the Unit (see Section 8-4-3)
NI-	Correct number of Inputs
NP-	Correct number of Parameters
ND-	Correct number of Derivatives

20. VIEW_FACTORS(VIEW)

(1) 개 요

double precision 함수 View_Factors는 특정 방위의 두 사각 평면 상호간의 형태 계수를 계산한다. 일반적인 방위의 경우 해석적 관계식들이 사용된다.

이 View_Factors를 호출하는 형식은 다음과 같다.

```
F21 = VIEW(ITYPE,A,B,C,D,E,F,G,H,X3,Y3,Z3,NA1,NA2)
```

정수형 변수 ITYPE은 두 표면 사이의 방위 형태를 지정하며 5가지 경우로 구분하고 있다. 인수 A, B, C, D, E, F, G, H, X3, Y3 그리고 Z3는 모두 double precision이며 선택된 방위에 따른 좌표들이다. 각각의 방위에 대하여 이들 변수들 모두가 사용되는 것은 아니며, 다음 그림들에서와 같이 주어진 방위에 대하여 요구되는 좌표들만이 선택적으로 이용된다. 표면 2에서 표면 1로의 형태 계수는 루틴에 의해 결정된다. 정수형 인수인 NA1과 NA2는 형태 계수 계산을 위해 수치 적분이 사용될 때의 각 표면에 대한 미소 면적들의 개수이다. NA1은 단지 ITYPE이 '3, 4, 5'인 경우에만 사용되며 NA2는 ITYPE이 '5'인 경우에만 사용된다.

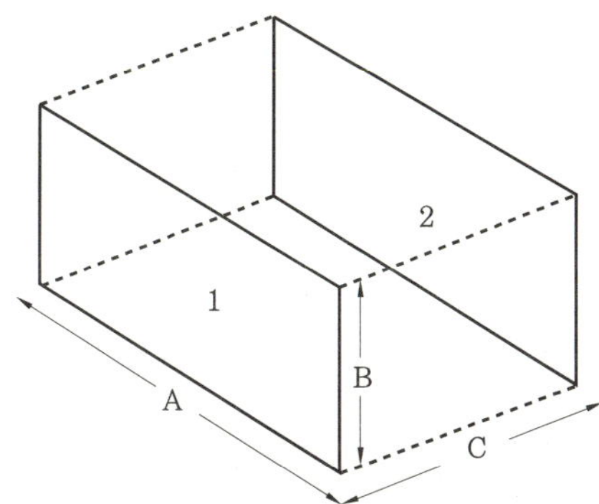

[그림 4-2] ITYPE = 1 ; 동일 형태의 평행한 사각 평면

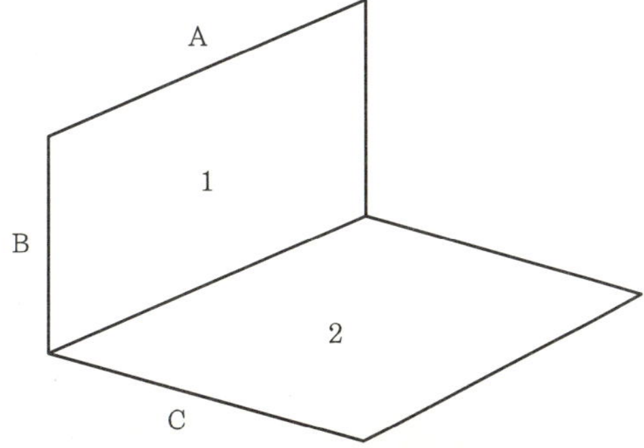

[그림 4-3] ITYPE = 2 ; 수직 형태로 만나는 사각 평면

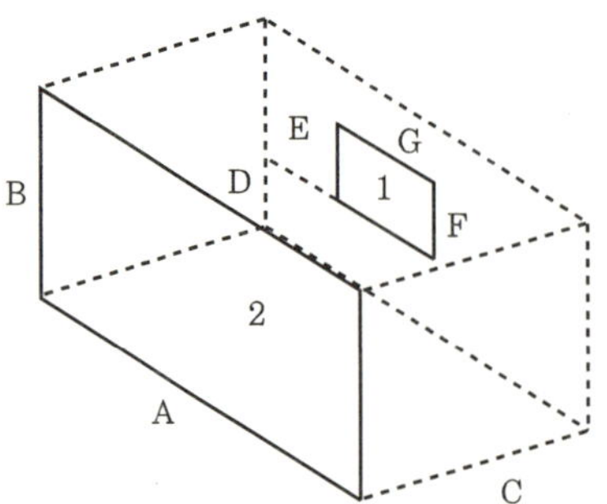

[그림 4-4] ITYPE = 3 ; 평행한 면적이 다른 평행한 두 사각 평면

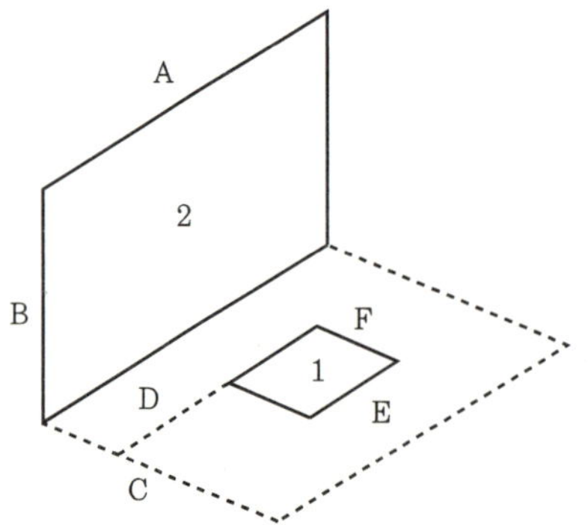

[그림 4-5] ITYPE = 4 ; 수직 형태로 만나지 않는 두 사각 평면

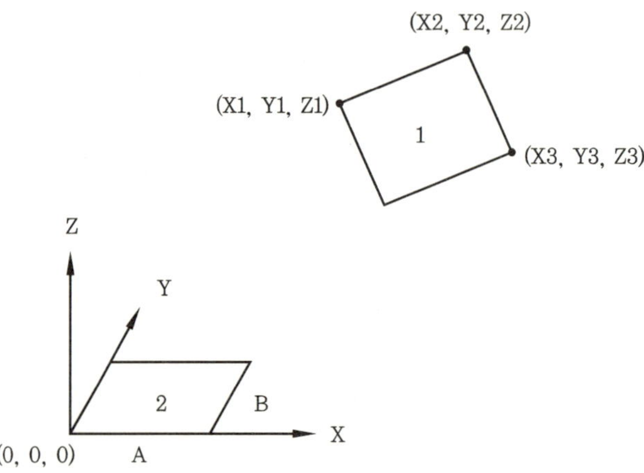

[그림 4-6] ITYPE = 5 ; 특정 방위의 두 사각 평면
(X1 = C, Y1 = D, Z1 = E, X2 = F, Y2 = G, Z2 = H from subroutine call statement)

(2) 수학적 설명

㉮ ITYPE = 1

[그림 4-2]의 표면 2로부터 표면 1로의 형태 계수는 참고 문헌 1로부터 다음 관계식에 이용해 계산된다.

$$F_{21} = \frac{2}{\pi XY}\left\{ \ln\left[\frac{(1+X^2)(1+Y^2)}{1+X^2+Y^2}\right]^{1/2} + \sqrt{1+Y^2}\tan^{-1}\frac{X}{\sqrt{1+Y^2}} \right.$$
$$\left. + Y\sqrt{1+X^2}\tan^{-1}\frac{Y}{\sqrt{1+X^2}} - X\tan^{-1} - Y\tan^{-1}Y \right\} \tag{4-23}$$

여기서, $X = A/C$ 이며, $Y = B/C$ 이다.

㉯ ITYPE = 2

참고 문헌 1로부터 [그림 4-3]의 위치 관계에서의 형태 계수는 다음 관계식에 의해 계산된다.

$$F_{21} = \frac{1}{\pi Y}\left\{ Y\tan^{-1}\frac{1}{Y} + X\tan^{-1}\frac{1}{X} - \sqrt{X^2+Y^2} \right.$$
$$\left. + \frac{1}{4}\ln\left[\frac{(1+Y^2)(1+X^2)}{1+X^2+Y^2}\left(\frac{Y^2(1+X^2+Y^2)}{(1+Y^2)(X^2+Y^2)}\right)^{Y^2}\left(\frac{X^2(1+X^2+Y^2)}{(1+X^2)(X^2+Y^2)}\right)^{X^2}\right] \right\}$$
$$\tag{4-24}$$

여기서, $X = B/A$ 이며, $Y = C/A$ 이다.

㉰ ITYPE = 3

[그림 4-4]의 위치 관계에서의 형태 계수는 다음 관계식을 이용한 수치 적분에 의해 계산된다.

$$F_{21} = \frac{\displaystyle\int_{A_1} F_{d1-2}dA_1}{A_2} \tag{4-25}$$

여기서, F_{d1-2} 는 표면 1에 대한 미소 면적 dA_1 으로부터 표면 2로의 형태 계수이며, A_1 과 A_2 는 각각 표면 1과 2의 면적을 나타낸다.

적분에 사용되는 미소 면적들의 개수 NA1은 VIEW를 호출하여 인수로 지정된다.

형태 계수 F_{d1-2} 은 표면 2의 각 구획의 모서리를 통과하는 요소들의 중심에 직각하도록 표면 2를 4개로 구획함으로써 결정된다.

참고 문헌 1로부터,

$$F_{d1-2} = \sum_{i=1}^{4} \frac{1}{2\pi} \left(\frac{X_i}{\sqrt{1+X_i^2}} \tan^{-1} + \frac{Y_i}{\sqrt{1+X_i^2}} + \frac{Y_i}{\sqrt{1+Y_i^2}} \tan^{-1} \frac{X_i}{\sqrt{1+Y_i^2}} \right)$$

$$(4-26)$$

여기서, $X_i = A_i/C$이며, $Y_i = B_i/C$이다. 그리고 A_i와 B_i는 표면 2의 각 구획의 면적으로 A와 B와 동일한 방향에서 측정된다.

㉣ ITYPE = 4

[그림 4-5]의 위치 관계에서의 형태 계수는 다음 관계식을 이용해 계산된다. 형태 계수 F_{d1-2}은 ITYPE = 3과 같은 원리로 계산되며, 참고 문헌 1로부터,

$$F_{d1-2} = \sum_{i=1}^{2} \frac{1}{2\pi} \left(\tan^{-1} \frac{1}{Y_i} - \frac{Y_i}{\sqrt{X_i^2 + Y_i^2}} \tan^{-1} \frac{1}{\sqrt{X_i^2 + Y_i^2}} \right)$$

$$(4-27)$$

여기서, $X_i = A/B_i$이며, $Y_i = C'/B_i$이다. 그리고 B_i는 B의 방향에서 측정된 각 구획의 면적이다. C'은 표면 2의 가장자리에서 표면 1의 해당 구획의 중앙까지의 거리이다.

㉤ ITYPE = 5

[그림 4-6]과 같이 임의 방위를 갖는 두 사각 평면의 경우 형태 계수는 다음 관계식에 의해 계산된다.

$$F_{21} = \frac{1}{A_2} \int_{A_1} \int_{A_2} \frac{\cos\theta_1 \cos\theta_2}{\pi S^2} dA_2 dA_1$$

$$(4-28)$$

여기서, S는 각 표면의 미소 면적의 중앙 위치에서의 상호 거리이며, θ_1과 θ_2는 미소 면적의 중앙을 잇는 선과 각 표면의 법선 방향이 이루는 각도이고, A_1과 A_2는 표면 1과 2의 면적이다. 그리고 위의 방정식은 수치 적분에 의해 해석된다.

적분 과정에 사용되는 미소 면적들의 개수인 NA1과 NA2는 VIEW 호출의 인수 목록에서 지정된다.

거리 S는

$$S = \sqrt{(X_{d2} - X_{d1})^2 + (Y_{d1} - Y_{d2})^2 + (Z_{d2} - Z_{d1})^2}$$

$$(4-29)$$

여기서, (X_{d1}, Y_{d1}, Z_{d1}), (X_{d2}, Y_{d2}, Z_{d2})는 각각 표면 1과 2에 대한 미소 면적의 좌표들이다. 표면 2의 경우

$$\cos\theta_2 = \frac{Z_{d1} - Z_{d2}}{S}$$

$$(4-30)$$

표면 1의 경우

$$\cos\theta_1 = \frac{\vec{S}\cdot\vec{N}}{|N||S|} \tag{4-31}$$

여기서, $\vec{S}$는 표면 1의 미소 면적의 중앙에서 출발하여 표면 2의 두 번째 미소 면적의 중앙에서 끝나는 벡터이며, $\vec{N}$은 표면 1의 미소 면적의 법선 벡터이다.

일반적으로

$$\vec{S} = s_x\vec{i} + s_y\vec{j} + s_z\vec{k} \tag{4-32}$$

$$\vec{N} = n_x\vec{i} + n_y\vec{j} + n_z\vec{k} \tag{4-33}$$

여기서, $\vec{i}$, $\vec{j}$ 그리고 $\vec{k}$는 각각 x, y 그리고 z 방향의 단위 벡터이다.
위의 두 방정식들을 대입하여 정리하면 다음과 같다.

$$\cos\theta = \frac{S_x n_x + S_y n_y + S_z n_z}{\sqrt{S_x^2 + S_y^2 + S_z^2}\,\sqrt{n_x^2 + n_y^2 + n_z^2}} \tag{4-34}$$

여기서,

$$S_x = X_{d2} - X_{d1} \tag{4-35}$$

$$S_y = Y_{d2} - Y_{d1} \tag{4-36}$$

$$S_z = Z_{d2} - Z_{d1} \tag{4-37}$$

만약 n_z가 1이 되도록 임의로 선택되면,

$$n_x = \frac{K - n_y Y1 - Z1}{X1} \tag{4-38}$$

$$n_y = \frac{K\left(1 - \dfrac{X2}{X1}\right) + \dfrac{X2}{X1}Z1 - Z2}{Y2 - \dfrac{X2}{X1}Y1} \tag{4-39}$$

여기서,

$$K = \frac{\left(\dfrac{X3}{X1}Z1 - Z3\right)\left(Y2 - \dfrac{X2}{X1}Y1\right) - \left(\dfrac{X2}{X1}Z1 - Z2\right)\left(Y3 - \dfrac{X3}{X1}Y1\right)}{\left(1 - \dfrac{X2}{X1}\right)\left(Y3 - \dfrac{X3}{X1}Y1\right) - \left(1 - \dfrac{X3}{X1}\right)\left(Y2 - \dfrac{X2}{X1}Y1\right)} \tag{4-40}$$

좌표 $X1$, $X2$, $X3$, $Y1$, $Y2$, $Y3$, $Z1$, $Z2$, $Z3$은 [그림 4-6]에서 지정된 것과 같다.

4-5 Solving Differential Equations

TRNSYS 11.1 이상의 버전에서는 컴포넌트 모델에서 발생할 수 있는 미분방정식을 해석하기 위한 두 가지 방법이 제공된다. 하나는 4-4-3절에서 소개한 subroutine Differential_Eqn을 이용한 대략적인 해석 해(analytical solution)를 구하는 것이고, 다른 하나는 수치 해석 기법 중 하나를 이용한 수치 해(numerical solution)를 구하는 것이다.

해석적 기법은 미분방정식이 다음과 같은 일반적인 형태로 쓸 수 있는 경우에 권장되는 방법이다.

$$\frac{dT}{dt} = aT + b \tag{4-41}$$

수치 해석 기법은 일반적으로 수치적 안정성과 상대적인 정확도를 위하여 매우 짧은 시간 간격과 보다 계산적인 방법을 요구한다. Powell' method TRNSYS solver(SOLVER 1)을 이용하고자 하는 사용자들은 가능하다면 항상 Differential_Eqn subroutine을 사용해야 한다.

요구될 때 미분방정식의 수치 해석 해는 서브루틴 호출 순서에 따른 DTDT와 T 배열을 통해 얻어질 수 있다. 매우 간단한 예제를 이용하기 위해 다음의 방정식을 가정한다.

$$\dot{Q} = C\frac{dT_1}{dt} \tag{4-42}$$

이 방정식은 수학적 모델의 일부이며 시간 t에 대한 온도 T_1의 도함수로 기지의 열량 $\dot{Q}$와 상수값 C에 대하여 적분되면, 이것은 아래에서 보이는 것과 유사한 방법으로 서브루틴에 나타날 것이다.

```
  .
  .
DTDT(1) = QDOT / C
  .
  .
OUT(2) = T(1)
  .
```

DTDT(1)은 dT_1/dt이며, T(1)은 DTDT(1)을 적분한 결과이다. 이 예제에서 T_1은 일련의 순서화된 출력 모델의 두 번째 출력값으로 지정된다. OUT과 T의 첨자는 같을 필요는 없으나 적분 DTDT(n)의 결과와 T(n)은 항상 같아야 한다.

초기값 행에 뒤따르는 Derivatives 제어문은 DTDT 배열을 사용하는 어떤 모델에 대한 컴포넌트 제어문들 사이에 포함되어야 한다.

Derivatives 명령의 존재는 TRNSYS에게 DTDT 배열에 위치한 도함수를 적분하고 T 배열의 결과로 응답하도록 신호를 보내고 각 시간 간격마다 오차 한계 또는 LIMIT 반복 횟수에 도달할 때까지 이 처리 과정을 반복한다. 의존변수, 즉 $T(n)$의 초기값은 컴포넌트 서브루틴에서 이용 가능하며, 필요 시 시뮬레이션의 첫 번째 호출에서 T 배열을 통해 가능하다(4-3절 참고).

4-6 Use of the Alternate Return(RETURN 1)

TRNSYS는 TRNSYS 입력 파일에서 요구하는 모든 루틴들이 FORTRAN alternate return를 이용하여 TRNSYS 실행 파일에 포함된 것을 확실히 하기 위하여 검사한다. 이전 TRNSYS 버전에서는 링크되지 않은 서브루틴들이 검토되지 않았으며, 종종 이상한 오류를 발생시키기도 하였다. 다른 서브루틴들을 호출하는 TRNSYS 루틴과 모든 사용자 작성 루틴들은 alternate return을 포함해야 한다. 다음 예제는 사용자가 alternate return의 작업을 이해하는 데 도움이 될 것이다.

```
C* CALLING PROGRAM **
      CALL TYPE2(TIME,XIN,OUT,T,DTDT,PAR,INFO,ICNTRL,*101)
100       WRITE(*,*) 'ERROR - TYPE 2 IS NOT LINKED !'
          CALL MYSTOP(1001)
          RETURN 1
101   CONTINUE
      .
      .
C* CALLED SUBROUTINE **
      SUBROUTINE TYPE2(TIME,XIN,OUT,T,DTDT,PAR,INFO,ICNTRL,*)
      .
      RETURN 1
```

호출된 프로그램은 Type 2 서브루틴을 호출할 것이며 Type 2 서브루틴의 RETURN 1 행에 의해 서브루틴 계산이 완료되면 행 101을 응답할 것이다. 만약 RETURN 1이 Type 2 subroutine으로부터 생략되었거나 링크되지 않았다면, 프로그램은 호출된 프로그램의 행 100으로 응답할 것이고 오류 메시지가 표시될 것이다.

모든 사용자 작성 루틴들은 서브루틴 명칭(subroutine designation) 끝에 '*'를 포함해야 하며, RETURN이 요구되는 어느 곳에든지 'RETURN 1'이 위치할 수 있다. 이렇게 하지 못할 경우 unlinked subroutine error message를 발생시키는 원인이 되며 프로그램을 멈추게 된다.

다른 서브 프로그램을 호출하는 모든 사용자 작성 루틴들은 링크되지 않은 서브 프로그램을 검사하기 위한 'alternate return feature'을 포함해야 한다.

'alternate return feature'을 활성화하기 위해서는 ;

(1) 서브 프로그램 명칭의 끝에 '*' 행 번호 조합을 갖는 서브 프로그램을 호출한다.

(2) 위의 단계에서 주어진 행번호를 CONTINUE 행으로 지정한다.

(3) 서브 프로그램 호출과 CONTINUE문 사이에 오류 메시지(error message)를 위치시키며 다음과 같다.

```
CALL MESSAGES(-1,'Error Message Text','fatal',INFO(1),INFO(2))
```

(4) 서브 프로그램에서의 모든 RETURN은 'RETURN 1'문으로 대체되어야 하며, 보다 상세한 정보는 FORTRAN 매뉴얼이나 주어진 예제를 참고하길 바란다.

4-7 Use of the ICNTRL Array

ICNTRL Array는 component subroutines(Type1, Type2 등), TRNSYS equation processor 그리고 controller variables의 상태를 전달한다. TRNSYS 14 버전에서 새로운 control strategy가 방정식 해석을 위한 이전 TRNSYS 제어기의 'ticking'에 의한 문제점을 제거하기 위해 고안되었다. 그리고 컴포넌트 모델들보다는 TRNSYS 실행 프로그램이 직접적으로 이산화 변수들을 조절하였다. 각 시간 간격의 시작 단계에서 모든 이산화 변수들의 값이 알려졌다. TRNSYS 14 이후 버전은 방정식의 수렴된 해가 얻어지거나 반복 횟수 한계에 도달하면 현재 상태에서 강제로 이들 값을 남겨두도록 한다. 이러한 계산 과정 동안 컴포넌트 모델은 이산화 변수의 합리적인 값을 계산하지만 실질적인 설정을 변경하지는 못한다. 수렴된 해가 얻어진 후에는 최대 반복 횟수가 초과되어 TRNSYS는 현재 이산화 변수값들과 합리적인 값들을 비교한다. 만약 이들이 다르지 않고 수렴된 해가 얻어지게 되면 현 단계에서의 계산이 완료된다.

그렇지 않으면 TRNSYS는 이산화 변수의 값을 합리적인 설정으로 변경하고 이 과정을 반복한다. 그리고 이전에 사용된 이산화 변수와 같은 설정으로 계산을 반복하지는 않는다.

사용자 작성 컴포넌트 루틴들에 새로운 control strategy(제어 전략 또는 기법)을 통합시키기 위해 ICNTRL과 INFO array는 정확히 설정되어야 한다. INFO(11)은 컴포넌트 루틴의 이산화 제어 변수의 개수를 지정한다. ICNTRL[2*(i-1)+1]과 ICNTRL(2i)은 컴포넌트 모델의 제어기 'i'에 대한 이전 반복에서의 제어 상태를 포함할 것이며 각각 이 반복이다.

ICNTRL array은 정수 배열로 단지 정수값을 보내고 받는 역할을 한다. 제어 신호를 암시하는 CNTRL 값 1은 이용 가능한 반면에 CNTRL 값 0은 이용 불가능한 제어 신호를 나타낸다고 TRNSYS에서는 가정한다.

예를 들면, 사용자가 이력 현상 효과(hysteresis effect)를 갖는 On/Off controller를 묘사하고자 한다고 하자. 그럼 컴포넌트 형식은 다음과 같다.

```fortran
UDB=PAR(1)      ! UPPER DEAD BAND TEMP. DIFFERENCE
LDB=PAR(1)      ! LOWER DEAD BAND TEMP. DIFFERENCE
.
INFO(11)=1      ! 1 CONTROL VARIABLE)
.
.
TH=XIN(1)       ! UPPER INPUT TEMPERATURE
TL=XIN(2)       ! LOWER INPUT TEMPERATURE
.
.
STATEOLD=ICNTRL(1)   ! CONTROL STATE AT PREVIOUS SOLUTION
STATENEW=STATEOLD

IF(STATEOLD.EQ.1) THEN
        IF((TH-TL).LT.LDB) STATENEW=0
ELSE
        IF(TH-TL).GT.UDB)) STATENEW=1
ENDIF
ICNTRL(2)=STATENEW
.
```

모든 반복 계산 과정에서 ICNTRL(1)의 값은 이전 해에서의 제어기 상태를 포함하는 반면에 ICNTRL(2)는 현재의 반복 계산 과정에서의 바람직한 제어기 상태를 포함한다. TRNSYS 프로세서는 수렴 상태에서 ICNTRL(1)과 ICNTRL(2)이 같은지를 검토할 것이다. 만약 수렴 상태에서 이 값들이 일치하지 않으면 ICNTRL(1)은 수렴 상태에서의 올바른 제어기 상태(desired controller state)로 설정되는 것이다.

주의 : 만약 새로운 컴포넌트에 ICNTRL array을 이용할 경우 이 컴포넌트를 포함하는 어떠한 TRNSYS 입력 파일에도 Solver 1이 사용되어야 한다.

4-8 초기 TRNSYS 버전용 Types의 변환

프로그래밍 표준들이 발전함에 따라 TRNSYS Types 의해 요구되는 많은 매우 규칙들이 발생하게 되었다. 다음의 내용들은 사용자가 TRNSYS 이전 버전에서 작성한 Types을 TRNSYS 현 버전으로 전환하기 위해 필요한 정보들을 설명하고 있다.

1. 버전 13.x에서 버전 14.1로의 컴포넌트 변환

TRNSYS 13.1 이전에 작성된 Types은 TRNSYS 14.1 이상 버전에서 사용하기 위해 수정이 필요하다. 아래에 각 단계별로 편리하게 요약되어 있다.

(1) Type specification from의 변경 :

```
CALL TYPEn(TIME,XIN,OUT,T,DTDT,PAR,INFO)
   to:
CALL TYPEn(TIME,XIN,OUT,T,DTDT,PAR,INFO,ICNTRL,*)
```

(2) 서브루틴 내의 모든 RETURN문을 RETURN 1으로 대체(4-6절 참고)
(3) 제어 알고리즘을 Powell' method control strategy로 변경(선택 사항이며, 4-7절 참고)
(4) XIN과 OUT arrays을 DOUBLE PRECISION variables로 변경(3-2절 참고)
(5) INFO array의 10에서 15의 크기로 변경(4-3절 참고)
(6) YCHECK과 OCHECK arrays에서의 입·출력 변수 유형을 지정하고, 입·출력값 검토를 수행하기 위해 RCHECK subroutine을 호출(4-4-12절 참고)
(7) 다음 루틴을 호출 시 링크 검사 옵션을 포함하도록 수정되어야 한다.
   - DATA, ENCL, TABLE, INVERT, DINVRT, FIT, DFIT 그리고 PSYCH.
   (4-4-7절 참고)

2. 버전 14.1에서 버전 14.2로의 컴포넌트 변환

버전 14.1로 작성된 TRNSYS routines는 윈도우즈에서 TRNSYS 14.2에서 사용되기 위해 수정되어야 한다. 윈도우즈 운용 시스템은 버전 14.1 서브루틴의 2개의 일반적인 특징을 처리하지 못한다. 그러므로 아래에 요약된 순서에 따르면 편리하게 전환시킬 수 있다.

(1) Stop이 1차 Type 서브루틴에 발생되는 경우, STOP문을 포함한 해당 문을 다음과 같이 변경해야 한다.

```
CALL MYSTOP(1001)
RETURN 1
```

또는, 이 Stop이 2차 Type 서브루틴에 발생될 경우에는 다음과 같다.

```
CALL MYSTOP(1001)
RETURN
```

숫자 '1001'은 원할 경우, 또 다른 오류 번호로 변경되는 수 있다.

(2) 윈도우즈는 어떠한 화면 작성(write-to-screen) 문도 허용하지 않는다. 다음과 같이 화면에 출력하는 WRITE 또는 PRINT 문이 그것이다.

```
WRITE (*,*) ' There is an error in this type.'
```

이 경우 텍스트를 목록 파일(listing file)에 작성하는 명령문으로 대체될 필요가 있다.

```
WRITE(LUW,*) 'There is an error in this type'
```

주의 : 대부분의 경우 목록 파일의 작성은 Logical unit에 대한 값을 포함하는 이 'common block'을 포함할 것을 요구한다. 따라서, 다음 행을 포함한다.

```
COMMON /LUNITS/ LUR, LUW, IFORM, LUK
```

3. 버전 14.2에서 버전 15.x로의 컴포넌트 변환

TRNSYS 14.2 버전의 Type의 경우, TRNSYS 15.x 버전에서 사용하기 위해서는 아무런 조작도 할 필요가 없다.

4. 버전 15.x에서 버전 16.x로의 컴포넌트 변환

이 방법에 대한 자세한 설명은 2-1-3절에 포함되어 있다.

4-9 CVF 6.6을 이용한 TRNDll.dll 재설정 방법

다음 절은 TRNDll.dll을 재설정하는 데 사용된 컴파일러 설정에 관한 상세한 정보를 제공한다. 이들 내용은 단지 참고용이다. 기본 workspace를 사용하기 위해 CVF 6.6을 시작하고 [File/Open workspace]로 가서 [TRNSYS16\Compilers\Cvf66\Cvf66.dsw]를 선택한다. 만약 사용자가 배포판에 포함된 프로젝트를 이용한다면 TRNSYS 디버그와 재컴파일을 위한 어떠한 설정도 수정할 필요가 없다. 다음의 사용법은 단지 참고용이다. 이 사용법은 이 workspace가 어떻게 생성되는지를 설명하고 기본 설정에 대한 모든 수정사항들을 제공한다.

또한, 만약 사용자가 Type 56의 open-source 버전을 사용하기 원한다면 다음의 사용법을 이용할 필요가 있으며 4-9-4절을 참고하기 바란다.

지원된 컴파일러(Compiler) 버전 : 6.6b

(**Note** : there has been a 6.6c update but it appears to be unstable and it introduces some "features" that are incompatible with many existing programs. It was pulled back by HP-Compaq, then posted again. We advise against using it.)

1. CVF66 Workspace

CVF의 경우 하나의 프로젝트는 일련의 파일들과 응용 프로그램(*.exe 또는 *.dll)을 생성하는 데 사용되는 설정들이 있다. Workspace는 하나 또는 그 이상의 프로젝트를 위한 그릇이다. 먼저 사용자는 빈 Workspace를 생성해야 한다.

- File/New로 이동한 후, Workspace 탭을 선택한다.
- Blank Workspace를 선택한다.
- Location : [TRNSYS16\Compilers]
- Workspace name : Cvf66

2. TRNDll 프로젝트

TRNSYS kernel과 표준 컴포넌트들은 TRNDll.dll과 링크되고 컴파일된다. 프로젝트 생성을 위해

- File/New로 이동한 후, Project 탭을 선택한다.
- Project type : Fortran dynamic link library를 선택한다.
- Add to current workspace를 선택한다.
- Project name : TRNDll
- 이 폴더명이 [TRNSYS16\Compilers\Cvf66\TRNDll]을 읽어야 한다.
- [OK]를 클릭한다.
- Empty DLL을 선택한다.
- Finish를 클릭하면 된다.

3. 프로젝트 설정

- Projects/Settings으로 이동한다.
- 좌측 창에서 TRNDll 프로젝트를 선택한다.
- Win32 Debug가 보이는 'Settings for' 드롭-다운 목록 상자에서 All configu-rations을 선택한다.

여기서, 사용자는 Debug와 Release 구성에 공통인 설정들을 선택할 것이다.

상단의 일련의 탭으로부터 조절되는 많은 설정들이 있다. 〈표 4-31〉은 이들 탭 각각에 대한 중요한 설정이 정리되어 있다.

각 탭은 드롭-다운 목록에 의해 조절되는 여러 개의 범주를 가질 수 있으며 관련된 많은 설정이 있다.

단지 설정 기본값들로부터 변경되야만 하는 것들만 다음에 언급되었다.

〈표 4-31〉 TRNDII 설정-CVF 6.6, All Configurations

Tab	Drop-down	Parameter	Value
Fortran	General	Predefined Preprocessor Symbols	TRNSYS_MULTI_DLL, TRNSYS_WIN32
	Compatibility	Powerstation 4.0 compatibility options	Check "Libraries" and "Other Run-time Behavior"
	External Procedures	Arguments Passing Convention	C, by Reference
		String Length Argument Passing	After All Args
	Floating Point	Floating point exception handling	0
		Extend precision of Single precision constants	Checked

'Settings for' 드롭-다운 목록 상자로부터 'Win32 Debug'를 선택한다. 사용자는 Debug configuration을 적용하는 설정들을 선택할 것이다.

〈표 4-32〉에 기본값으로부터 변경되어야 하는 설정들만을 언급하고 있다.

〈표 4-32〉 TRNDII Settings-CVF 6.6, Win32 Release

Tab	Drop-down	Parameter	Value
Debug	General	Executable for debug session	··\··\··\Exe\TRNExe.exe
		Program arguments	You can optionally enter the name of the deck file that you wish to debug here, to bypass the file/open dialog in TRNExe.exe
Fortran	General	Generate Source Browse Information	Checked
	Runtime	Geberate traceback information	Checked
		Runtime Error checking	Check all boxes
Link	Input	Ignore Libraries	libcd.lib, msvcrtd.lib
Post-build step		Post-build description	Post-build : Copying Debug TRNDII.dll and TRNDII.lib to the Exe folder
		Post-build command(s)	copy "Debug\TRNDII.dll" "··\··\··\Exe\TRNDII.dll" copy "Debug\TRNDII.lib" "··\··\··\Exe\TRNDII.lib"

'Settings for' 드롭-다운 목록 상자로부터 'Win32 Release'를 선택한다. 사용자는 Release configuration을 적용하는 설정들을 선택할 것이다. 〈표 4-33〉에 기본값으로부터 변경되어야 하는 설정들만을 언급하고 있다.

〈표 4-33〉 TRNDII Settings-CVF 6.6, Win32 Release

Tab	Drop-down	Parameter	Value
Link	Input	Ignore Libraries	libcd.lib, msvcrtd.lib
Post-build step		Post-build description	Post-build : Copying Release TRNDII.dll and TRNDII.lib to the Exe folder
		Post-build command(s)	copy "Release\TRNDII.dll" "··\··\··\Exe\TRNDII.dll" copy "Release\TRNDII.lib" "··\··\··\Exe\TRNDII.lib"

주의 :

- Ignored libraries는 이미 번역된 파일들에 사용된 라이브러리에 의존해 변경되어야 한다. 현재 Type56은 Release mode로 배포되었다. 즉, 표준 라이브러리의 release version을 배경으로 링크되었다. 그 결과 Debug version은 libcd.lib과 msvcrtd.lib은 무시되어야 한다. 만약 Type56의 Debug version이 DLL에 연결되었다면, 기본 라이브러리의 Non-Debug version인 libc.lib와 msvcrt.lib은 무시되어야 한다.

- Post-build step는 요구되는 파일들이 EXE 폴더에 불필요한 컴파일러 파일들을 추가함 없이 EXE 폴더로 복사되며, 이들 파일들의 복사는 Debug or Release 디렉토리에 머무르는 것을 확인한다.

4. 프로젝트 파일들

좌측 창의 'TRNDll files'로 이동한다. 사용자는 사용되지 않을 'Header Files'과 'Resource Files' 폴더를 삭제할 수 있다.

'Source file' 폴더로 이동한다. 여기서, 우-클릭을 한 후 'New folder'를 선택한다. 'Kernel' 폴더를 생성한다. 이 폴더에서 우-클릭한 후 'Add files to folder'를 선택한다.

[\TRNSYS16\SourceCode\Kernel]로 이동한 후 [*.for]과 [*.f90] 파일들을 모두 선택한다. 이 파일들을 프로젝트에 추가하기 위해 [OK]를 클릭한다.

'Source file' 폴더로 재이동 한다. 여기서, 우-클릭을 한 후 'New folder'를 선택한다. 'Types' 폴더를 생성한다. 이 폴더에서 우-클릭한 후 'Add files to folder'를 선택한다. [\TRNSYS16\SourceCode\Types]로 이동한 후 [*.for]과 [*.f90] 파일들을 모두 선택한다. 이 파일을 프로젝트에 추가하기 위해 [OK]를 클릭한다.

(1) **Type 56 멀티 존 빌딩(Multizone Building)**

사용자는 모든 Type56 특징을 포함하지 않은 Open source version을 이용하거나 이미 컴파일된 [*.obj] 파일들을 이용할 수 있다.

㉮ 이미 컴파일된 파일들을 이용하기 위해

- 'TRNDll Files' 루트 폴더로 이동한 후 'Precompiled' 폴더를 생성한다.

- 이 새 폴더를 선택한 후 우-클릭을 하여 'Add files to folder'를 선택한다.

- [TRNSYS16%\SourceCode\Type56\]로 이동한 후 사용자 컴파일러, 즉 Cvf66에 따른 서브 디렉토리를 선택한다. 모든 [*.obj]과 [*.lib] 파일들을 선택한 후 이들을 프로젝트에 추가한다.

㉯ Open source version을 이용하기 위해

- 'TRNDll Files', 'Source Files' 그리고 'Types'로 이동한다. 우-클릭을 하여 'Add files to folder'를 선택한다.
- [TRNSYS16\SourceCode\Type56\OpenSource]로 이동한 후 [*.for]과 [*.f90] 파일을 모두 선택한다.

5. Building the TRNSYS DLL(TRNDll.dll)

- 'Project/Set active project'에서 우측 프로젝트(TRNDll)가 활성화된 것을 확인한다. 이 경우 사용자는 몇 개의 프로젝트들을 가진다.
- 'Build/Set Active Configuration'에서 적당한 configuration(Debug 또는 Release)을 선택한다.
- 'Build/Rebuild all'로 이동한다.

주의 : You need to do a Rebuild all before compiling any file that uses TRNSYS data modules. If you try to compile a routine using the data modules before performing a 'Rebuild' you will get an message saying 'error in opening module file' and the compilation will fail. The 'Rebuild' operation compiles the modules and creates the module files (.mod) before compiling the files that require them.

6. TRNSYS 디버깅

TRNSYS 디버깅은 Visual Studio를 이용할 경우 매우 쉽다. 단지 TRNSYS를 시작하기 위해 F5를 누른다. 만약 사용자가 'Project Settings/Debug/General/Program Arguments'를 빈 상태로 남겨두면, 'Open file' 대화상자가 나타날 것이고 사용자는 여기서 Deck 파일을 선택할 수 있다.

이 디버거를 시작하기 이전에 사용자는 F12키를 이용하여 이 코드 내에 어디에 정지지점(breakpoint)를 제거/설정할 수 있다. 그리고 사용자는 F10키를 이용하여 한 번에 하나의 명령을 이 코드를 통해 수행할 수 있다.

주의 : 'out of bounds' 배열과 같은 오류가 발생되면 컴파일러가 멈추도록 강제하기 위해 사용자는 예외로 남을 수 있도록 이것을 설정해야 한다. 이렇게 하기 위해 F5키를 눌러 디버거를 실행한다. File/Open 대화상자에서 이것이 멈추면

다시 디버거로 되돌아가 Debug/Exceptions으로 이동한다. 아래 텍스트 영역 에서 'all exceptions'를 선택하고 이 조치를 위해 'Stop always'를 선택하고 'change'를 클릭한다.

CVF는 화면에 하나의 버그(bug)를 가지나 만약 사용자가 OK를 클릭하고 동일한 위 치로 되돌아가면 사용자는 사용자가 변경한 것을 볼 수 있을 것이다. 지금까지 CVF는 그러한 예외 규정이 생성되면 멈추게 될 것이고 이 문제의 원인이 되는 행을 표시할 것 이다.

그 외에도 다양한 'TRNDll.dll 재설정 방법'에 관한 설명이 포함되어 있으나 생략하였 으며, 자세한 내용은 TRNSYS 사용자 매뉴얼을 참고하기 바란다.

◉ 참고 문헌

1. 『Engineering Equation Solver』, F-Chart Software, 4406 Fox Bluff Road, Middleton WI, 1994. www.fchart.com.
2. ASHRAE., 『Handbook of Fundamentals』, American Society of Heating Refrigeration and Air Conditioning Engineers, Atlanta, Ga, 2001.

TRNSYS 16 사용자 가이드북
트랜시스 응용 프로그램

2009년 1월 20일 인쇄
2009년 1월 25일 발행

저 자 : 서승직·최원기
펴낸이 : 이정일

펴낸곳 : 도서출판 **일진사**
www.iljinsa.com
140-896 서울시 용산구 효창동 5-104
전화 : 704-1616 / 팩스 : 715-3536
등록 : 1979.4.2, 제3-40호

값 30,000 원

ISBN : 978-89-429-1072-4